高职高专“十三五”规划教材

# 化工分析

# HUAGONG FENXI

孙士铸　张新锋　主编　　　安长华　主审

化学工业出版社

·北京·

《化工分析》以化学分析和常用仪器分析的基础知识为主线，着力编写了分析操作技术和分析方法应用方面的内容。教材内容以学生为中心，围绕“做”做文章，以实验项目为主线，集理论知识与实验技能于一体。内容包括绪论、滴定分析概论、酸碱滴定法、重量分析和沉淀滴定法、氧化还原滴定法、配位滴定法、原子吸收分光光度法、电位分析法、吸光光度法、气相色谱法、常用的分离与富集方法等，辅以阅读材料，知识性、趣味性强，实用性广，符合当前高职学生学习特点。

本书可供高等职业院校化工类及其相关专业教学使用，也可作为化工企业在职分析化验人员培训用书。

**图书在版编目（CIP）数据**

化工分析/孙士铸，张新锋主编．—北京：化学工业出版社，2019.7（2025.2重印）

高职高专“十三五”规划教材

ISBN 978-7-122-34174-7

Ⅰ.①化…　Ⅱ.①孙…②张…　Ⅲ.①化学工业-分析方法-高等职业教育-教材　Ⅳ.①TQ014

中国版本图书馆 CIP 数据核字（2019）第 054965 号

责任编辑：张双进　　文字编辑：孙凤英

责任校对：宋　玮　　装帧设计：王晓宇

出版发行：化学工业出版社（北京市东城区青年湖南街 13 号　邮政编码 100011）

印　　装：北京天宇星印刷厂

787mm×1092mm　1/16　印张 14¼　字数 354 千字　2025 年 2 月北京第 1 版第 2 次印刷

购书咨询：010-64518888　售后服务：010-64518899

网　　址：http://www.cip.com.cn

凡购买本书，如有缺损质量问题，本社销售中心负责调换。

**定　　价：38.00 元**

# 前言
FOREWORD

高职高专院校相关专业开设化工分析课程，教学目标应该是为工业生产一线培养实践动手能力强的专业人才，不断提高企业质量检验人员的素质。但以往的分析化学教材，多以理论知识为主，难以适应当今石油化工、生物医药等行业检验队伍的迅猛发展。

为此，我们组织了多名长期奋战在教学一线的教师，深入到东营各大石化、氯碱、制药、有色金属冶炼等企业走访调研，充分听取企业技术人员的建议，结合目前高职学生的实际学业水平，编写了本教材。

本教材具有以下特点。

1. 针对化工企业生产以及从事分析检验工作所需的专业知识和操作技能的要求，按照够用和实用的原则，以化学分析和常用仪器分析的基础知识为主线，结合全国高职院校技能大赛相关项目，着力编写了分析操作技术和分析方法应用方面的内容。

2. 以学生为中心，围绕“做”做文章。教材每章都选取了典型实验，实验的开展以学生为主，教师引导为辅，实现学生“在做中学，在学中做”。

3. 知识性与趣味性相结合，理论与实践相结合。每章的【生活常识】【阅读材料】增强了教材的知识性与趣味性；【实验项目】【基础知识】又把理论与实践联系起来，这样安排使学生容易接受，并不易产生学习疲劳感。

4. 各章结构设置包括【知识目标】【能力目标】【生活常识】【实验项目】【基础知识】【练一练】【想一想】【查一查】【阅读材料】【本章小结】【课后习题】等专题，从生活中常见的现象入手，易教易学。

5. 本教材共 11 章，以实验项目为主线，集理论知识与实验技能于一体，内容通俗易懂，注重职业能力培养，针对性强，使用方便，建议 72 学时。

本书由东营职业学院孙士铸、张新锋主编。第一章至第三章由巴新红编写，第四章、第十一章由王丽编写，第五章至第七章由高业萍编写，第八章至第十章及附录由张新锋编写，全书由孙士铸统稿，天津理工大学安长华教授主审。另外参加编写、讨论及校稿人员有福耀集团尚贵才高级工程师，东营利华益集团李新强工程师，东营职业学院贺海明教授，东营职业学院孙秀芳、吴秀玲、王红等。在此一并表示感谢。

本书可供高等职业院校化工类及其相关专业教学使用，也可作为化工企业在职分析化验人员培训用书。

限于编者对职教教改的理解及水平，书中难免存在疏漏和不足之处，恳请专家和读者批评指正，不胜感激。

编者

2018 年 12 月

# 目录
CONTENTS

## 第四章　重量分析和沉淀滴定法　/ 073



## 第五章　氧化还原滴定法　/ 091

## 

# 第一章

# 绪　　论

## 知识目标

1. 了解分析化学的任务和作用；
2. 掌握定量分析中误差的表示方法和计算方法；
3. 掌握有效数字及其计算规则；
4. 掌握常见玻璃仪器的使用及校准技术；
5. 掌握电子分析天平的使用。

## 能力目标

1. 会使用电子分析天平、校准玻璃仪器、配制溶液并正确记录、处理实验数据；
2. 小组成员间的团队协作能力；
3. 学会采集与处理固、液、气体样品；
4. 培养学生的动手能力和安全生产的意识。

生活常识 

### 分析化学与食品安全

利用分析化学手段对食品成分、性质等进行测量是分析化学的一大类应用，更是食品安全的重要保障。2008 年奶粉事件一方面充分暴露了我国在食品安全方面的漏洞，另一方面也推动了分析化学的发展。

三聚氰胺俗称密胺、蛋白精，是一种三嗪类含氮杂环有机化合物，被用作化工原料。它是白色单斜晶体，几乎无味，微溶于水，可溶于甲醇、甲醛、乙酸等，不溶于丙酮、醚类。目前被认为毒性轻微，但动物长期摄入三聚氰胺会造成生殖、泌尿系统的损害，膀胱、肾部结石，并可进一步诱发膀胱癌。对于原料乳与乳制品中三聚氰胺含量的测定，国家标准《原料乳与乳制品中三聚氰胺检测方法》（GB/T 22388—2008）中选用了高效液相色谱法、液相色谱-质谱法和气相色谱-质谱联用法。

# 专题一 【基础知识 1】分析化学概述

## 一、分析化学的任务和作用

在人类的生产、生活等实践活动中，会接触和应用到各种物质。人们需要了解这些物质的化学成分是什么，含量是多少，其结构怎样，这正是分析化学要解决的问题。所以，分析化学是关于研究物质的组成、含量、结构和形态等化学信息的分析方法及理论的一门科学，是化学的一个重要分支。

分析化学以化学基本理论和实验技术为基础，并吸收物理、生物、统计、电子计算机、自动化等方面的知识以充实本身的内容，从而解决科学、技术所提出的各种分析问题。

### （一）分析化学的任务

分析化学的主要任务是鉴定物质的化学组成（元素、离子、官能团或化合物）、测定物质的有关组分的含量、确定物质的结构（化学结构、晶体结构、空间分布）和存在形态（价态、配位态、结晶态）及其与物质性质之间的关系等。

### （二）分析化学的作用

分析化学的应用范围几乎涉及国民经济、国防建设、资源开发及人的衣食住行等各个方面。可以说，当代科学领域的所谓“四大理论”（天体、地球、生命、人类的起源和演化）以及人类社会面临的“五大危机”（资源、能源、人口、粮食、环境）问题的解决都与分析化学这一基础学科的研究密切相关。

#### 1. 分析化学在科学研究中的重要性

目前世界范围内的大气、江河、海洋和土壤等环境污染正在破坏着正常的生态平衡，甚至危及人类的发展与生存，为追踪污染源，弄清污染物种类、数量，研究其转化规律及危害程度等方面，分析化学起着极其重要的作用；在新材料的研究中，表征和测定痕量杂质在其中的含量、形态及空间分布等已成为发展高新技术和微电子工业的关键；在资源及能源科学中，分析化学是获取地质矿物组分、结构和性能信息及揭示地质环境变化过程的主要手段，煤炭、石油、天然气及核材料资源的探测、开采与炼制，更是离不开分析检测工作；分析化学在研究生命过程、生物工程、生物医学中，对于揭示生命起源、生命过程、疾病及遗传奥秘等方面具有重要意义。

在医学科学中，医药分析在药物成分含量、药物作用机制、药物代谢与分解、药物动力学、疾病诊断以及滥用药物等的研究中，是不可缺少的手段；在空间科学研究中，星际物质分析已成为了解和考察宇宙物质成分及其转化的最重要手段。

#### 2. 分析化学在工、农业生产及国防建设中的重要性

分析化学在工业生产中的重要性主要表现在产品质量检查、工艺流程控制和商品检验方面。在农业生产方面，分析化学在传统的农业生产中，在水、土成分调查，农药、化肥、残留物及农产品质量检验中占据重要的地位；在以资源为基础的传统农业向以生物科学技术和生物工程为基础的“绿色革命”的转变中，分析化学在细胞工程、基因工程、发酵工程和蛋

白质工程等的研究中，也将发挥重要作用。在国防建设中，分析化学在化学战剂，武器结构材料，航天、航海材料，动力材料及环境气氛的研究中都有广泛的应用。

## 二、分析化学的分类

分析化学的内容十分丰富，按照不同标准，可以对分析化学进行不同分类。

### 1. 定性分析和定量分析

这是按照工作任务进行的划分。定性分析的任务是鉴定物质由哪些元素或离子组成，对于有机物还需要确定其官能团和分子结构；定量分析的任务是确定物质各组成成分的具体含量。

### 2. 无机分析和有机分析

这是按照工作对象进行的划分。无机分析以金属和无机物为分析对象，分析结果以某种元素、离子、化合物或某相是否存在及其相对含量的多少来表示。如岩石、矿物、陶瓷、钢铁、无机酸碱等天然产物和工业制品的分析测定。有机分析的对象是有机物，在有机分析中，虽然组成有机物的元素种类不多，但由于有机物结构复杂，其种类达数千万种，故分析方法不仅有元素分析，还包括官能团分析和结构分析。

### 3. 化学分析和仪器分析

这是按照工作对象进行的划分。化学分析是依赖于特定的化学反应及其计量关系来对物质进行分析的方法。化学分析法历史悠久，是分析化学的基础，又称经典分析，主要包括重量分析法和滴定分析法，以及试样的处理和一些分离、富集、掩蔽等化学手段。在当今生产生活的许多领域，化学分析法作为常规的分析方法，发挥着重要作用。其中滴定分析法操作简便快速，具有很大的使用价值。

仪器分析（近代分析法或物理分析）是利用能直接或间接地表征物质的各种特性（如物理的、化学的、生理性质等）的实验现象，通过探头或传感器、放大器、分析转化器等转变成人可直接感受的已认识的关于物质成分、含量、分布或结构等信息的分析方法。也就是说，仪器分析是利用各种学科的基本原理，采用电学、光学、精密仪器制造、真空、计算机等先进技术探知物质化学特性的分析方法。因此仪器分析是体现学科交叉、科学与技术高度结合的一个综合性极强的科技分支。这类方法通常是测量光、电、磁、声、热等物理量而得到分析结果，而测量这些物理量，一般要使用比较复杂或特殊的仪器设备，故称为“仪器分析”。

仪器分析根据测定的方法原理不同，可分为电化学分析、光学分析、色谱分析、其他分析等 4 大类，见表 1-1。

化学分析是基础，仪器分析是目前的发展方向。

**表 1-1　仪器分析分类**

| | | |
|---|---|---|
| 仪器分析（按方法原理分类） | 电化学分析 | 电位分析法 |
| | | 电导分析法 |
| | | 电解分析法 |
| | | 库伦分析法 |
| | | 极谱分析法 |

续表

<table>
<tr><td rowspan="12">仪器分析（按方法原理分类）</td><td rowspan="5">光学分析</td><td rowspan="4">光谱分析</td><td>原子光谱法</td></tr>
<tr><td>分子光谱法</td></tr>
<tr><td>X 射线光谱法</td></tr>
<tr><td>核磁共振波谱法</td></tr>
<tr><td colspan="2">非光谱</td></tr>
<tr><td colspan="2" rowspan="4">色谱分析</td><td>气相色谱法</td></tr>
<tr><td>液相色谱法</td></tr>
<tr><td>薄层色谱法</td></tr>
<tr><td>纸色谱法</td></tr>
<tr><td colspan="2" rowspan="3">其他分析</td><td>质谱分析法</td></tr>
<tr><td>热分析法</td></tr>
<tr><td>放射化学分析法</td></tr>
</table>

### 4. 常量分析、半微量分析和微量分析

分析工作中根据试样用量的多少可分为常量分析、半微量分析和微量分析，见表 1-2。

**表 1-2　根据试样用量划分的分析方法**

| 分析方法名称 | 常量分析 | 半微量分析 | 微量分析 |
|---|---|---|---|
| 固态试样质量/g | 0.1～1 | 0.01～0.1 | ＜0.01 |
| 液态试样体积/mL | 10～100 | 1～10 | 0.01～1 |

另外，按照被测组分范围还可分为：常量组分（＞1%）、微量组分（0.01%～1%）和痕量组分（＜0.01%）分析。

### 5. 例行分析、快速分析和仲裁分析

这是按照生产部门的要求进行的划分。例行分析是指一般化验室日常生产中的分析，又叫常规分析。快速分析是例行分析的一种，主要用于生产过程的控制。例如炼钢厂的炉前快速分析，要求在尽量短的时间内报出结果，分析误差一般允许较大。仲裁分析是不同单位对分析结果有争议时，要求有关单位用指定的方法进行准确的分析，以判断分析结果的准确性。显然，仲裁分析的准确度是主要矛盾。

## 三、分析化学的发展历程

在化学还没有成为一门独立学科的中世纪，甚至古代，人们已开始从事分析检验的实践活动。这一实践活动来源于生产和生活的需要。如为了冶炼各种金属，需要鉴别有关的矿石；采取天然矿物做药物治病，需要识别它们。这些鉴别是一个由表及里的过程，古人首先注意和掌握的当然是它们的外部特征，如水银又名“流珠”，“其状如水似银”，硫化汞名为“朱砂”“丹砂”等。人们初步对不同物质进行概念上的区别，用感官对各种客观实体的现象和本质加以鉴别，就是原始的分析化学。在制陶、冶炼和制药、炼丹的实践活动中，人们对矿物的认识便逐步深化，于是便能进一步通过它们的一些其他物理特性和化学变化作为鉴别的依据。如中国曾利用“丹砂烧之成水银”来鉴定硫汞矿石。

随着商品生产和交换的发展，很自然地就会产生控制、检验产品的质量和纯度的需求，于是产生了早期的商品检验工作。在古代主要是用简单的比重法来确定一些溶液的浓度，可用比重法衡量酒、醋、牛奶、蜂蜜和食油的质量。到了 6 世纪已经有了和现在所用的基本相同的比重计了。

商品交换的发展又促进了货币的流通，高值的货币是贵金属的制品，于是出现了货币的检验，也就是金属的检验。古代的金属检验，最重要的是试金技术。在我国古代，关于金的成色就有“七青八黄九紫十赤”的谚语。在古罗马帝国则利用试金石，根据黄金在其上划痕的颜色和深度来判断金的成色。16 世纪初，在欧洲又有检验黄金的所谓“金针系列试验法”，这是简易的划痕试验法的进一步发展。

16 世纪，化学的发展进入所谓的“医药化学时期”。关于各地各类矿泉水药理性能的研究是当时医药化学的一项重要任务，这种研究促进了水溶液分析的兴起和发展。1685 年，英国著名物理学家兼化学家 R. 波义耳（Boyle，1627～1691）编写了一本关于矿泉水的专著《矿泉的博物学考察》，相当全面地概括总结了当时已知的关于水溶液的各种检验方法和检定反应。波义耳在定性分析中的一项重要贡献是用多种动、植物浸液来检验水的酸碱性。波义耳还提出了“定性检出极限”这一重要概念。这一时期的湿法分析从过去利用物质的一些物理性质为主，发展到广泛应用化学反应为主，提高了分析检验法的多样性、可靠性和灵敏性，并为近代分析化学的产生做了准备。

18 世纪以后，由于冶金、机械工业的大规模发展，要求提供数量更大、品种更多的矿石，促进了分析化学的发展。这一时期，分析化学的研究对象主要以矿物、岩石和金属为主，而且这种研究从定性检验逐步发展到较高级的定量分析。其中干法的吹管分析法曾起过重要作用。此法是把要化验的金属矿样放在一块木炭的小孔中，然后以吹管将火焰吹到它上面，一些金属氧化物便熔化并会被还原为金属单质。但这种方法能够还原出的金属种类并不多。到了 18 世纪中叶，重量分析法使分析化学迈入了定量分析的时代。当时著名的瑞典化学家和矿物学家贝格曼（Torbern Bergman，1735～1784）在《实用化学》一书中指出：“为了测定金属的含量，并不需要把这些金属转变为它们的单质状态，只要把它们以沉淀化合物的形式分离出来，如果我们事先测定沉淀的组成，就可以进行换算了。”到了 19 世纪，新元素如雨后春笋般出现，加之矿物组成复杂，湿法检验若没有丰富的经验和周密的检验方案，想得到确切的检验结果显然是非常困难的。德国化学家汉立希（Pfaff Christian Heinrich，1773～1852）在他 1821 年出版的书中指出：“为了使湿法定性检验的问题简单化和减少盲目性，应进行初步试验。”1829 年，德国化学家罗塞（Hoinrich Rose，1795～1864）首次明确地提出并制定了系统定性分析法。1841 年德国化学家伏累森纽斯（Carl Remegius Fresenius，1818～1897）改进了系统定性分析法，较之罗塞的方案使用的试剂较少。后来又得到美国化学家诺伊斯（Arthur A. Noyes）的进一步精细研究和改进，使定性分析趋于完善。

同一期间，定量分析也迅猛发展。由伏累森纽斯对各种沉淀组成的测定结果和今天的数据加以对比，可以看出重量分析法到了伏累森纽斯时期已经非常准确。他当年研究的某些测定方法至今仍在沿用，其精确度也很可靠。他还对一系列复杂的分离问题如钙与镁、铜和汞、锡和锑等的分离都提出了创造性的见解。他还将缓冲溶液、金属置换、络合掩蔽等手段用于解决这些问题。

随着过滤技术的改进，有机沉淀剂的应用，加热、净化、重结晶、高精度分析天平等方面研究工作的进展，使重量分析的精确度得到更进一步的提高。但这种方法操作手续烦琐，耗时长，这就使得容量分析迅速发展。根据沉淀反应、酸碱反应、氧化-还原反应及配位反应的特点，相应出现了沉淀滴定、酸碱滴定、氧化-还原滴定及配位滴定的容量分析法。法国物理学家兼化学家盖吕萨克（Gay-Lussac，1778～1850）应该算是滴定分析的创始人，他继承前人的分析成果对滴定分析进行深入研究，对滴定法的进一步发展，特别是在提高准确度方面做出了贡献，他所提出的银量法至今仍在应用。

在各种滴定法中，氧化-还原滴定法占有最重要的地位。碘量法在19世纪中叶已经具有了今天沿用的各种形式。1853年赫培尔（Hempel）应用高锰酸钾标准溶液滴定草酸，这一方法的建立为以后一些重要的间接法和回滴法打下了基础。沉淀滴定法则在盖吕萨克银量法的启发下，继续有了较大发展，其中最重要的是1856年莫尔提出的以铬酸钾为指示剂的银量法，这便是广泛应用于测定氯化物的“莫尔法”。1874年伏尔哈特（T. Volhard）提出了间接沉淀滴定的方法，使沉淀滴定法的应用范围得以扩大。配位滴定法在19世纪的中叶，借助于有机试剂而得以形成，且有较大进展。酸碱滴定法由于找不到合适的指示剂进展不大，直到19世纪70年代，酸碱滴定的状况仍没有重大改变。只是当人工合成指示剂问世并开始应用后，由于它们可在一个很宽的pH范围内变色，这才使酸碱滴定的应用范围显著地扩大。滴定分析发展中的另一个方面是仪器的设计和改进，使分析仪器已基本上具备了现有的各种形式。因而，这一时期堪称滴定分析的极盛时期。

直到19世纪末，分析化学基本上仍然是许多定性和定量的检测物质组成的技术汇集。分析化学作为一门学科，很多分析家认为是以著名的德国物理化学家奥斯特瓦尔德（Wilholn Ostwald，1853～1932）出版《分析化学的科学基础》的1894年为新纪元的。20世纪初，关于沉淀反应、酸碱反应、氧化-还原反应及配合物形成反应的四个平衡理论的建立，使分析化学家的检测技术一跃成为分析化学学科，称为经典分析化学。因此，20世纪初这一时期是分析化学发展史上的第一次革命。

20世纪以来，原有的各种经典方法不断充实、完善。目前，分析试样中的常量元素或常量组分的测定，基本上仍普遍采用经典的化学分析方法。20世纪中叶，由于生产和科研的发展，分析的样品越来越复杂，要求对试样中的微量及痕量组分进行测定，对分析的灵敏度、准确度、速度的要求不断提高，一些以化学反应和物理特性为基础的仪器分析方法逐步创立和发展起来。这些新的分析方法都采用了电学、电子学和光学等仪器设备，因而称为“仪器分析”。仪器分析所牵涉到的学科领域远较19世纪时的经典分析化学宽阔得多。光度分析法、电化学分析法、色层法相继产生并迅速发展。

这一时期的分析化学的发展要受到物理、数学等学科的广泛影响，同时也开始对其他学科做出显著贡献，这是分析化学史上的第二次革命。20世纪70年代以后，分析化学已不仅仅局限于测定样品的成分及含量，而是着眼于降低测定下限、提高分析准确度。并且打破化学与其他学科的界限，利用化学、物理、生物、数学等其他学科一切可以利用的理论、方法、技术对待测物质的组成、组分、状态、结构、形态、分布等性质进行全面的分析。由于这些非化学方法的建立和发展，有人认为分析化学已不只是化学的一部分，而是正逐步转化成为一门边缘学科，并认为这是分析发展史上的第三次革命。

目前，分析化学处于日新月异的变化之中，它的发展同现代科学技术的总发展是分不开的。一方面，现代科学技术对分析化学的要求越来越高。另一方面，又不断地向分析化学输送新的理论、方法和手段，使分析化学迅速发展。特别是近年来电子计算机与各类化学分析仪器的结合，更使分析化学的发展如虎添翼，不仅使仪器的自动控制和操作实现了高速、准确、自动化，而且在数据处理的软件系统和计算机终端设备方面也大大前进了一步。作为分析化学两大支柱之一的仪器分析发挥着越来越重要的作用，但对于常量组分的精确分析仍然主要依靠化学分析，即经典分析。化学分析和仪器分析两部分内容互相补充，化学分析仍是分析化学的一大支柱。美国 Analytical Chemistry 杂志于 1991 年和 1994 年两次刊登同一作者的长文“经典分析的过去、现在和未来”，强调经典分析的重要性。

### 想一想

1. 分析化学的任务和作用是什么？它怎样分类？
2. 分析化学的发展方向是什么？

## 专题二　【实验项目 1】玻璃仪器的使用与校准

**【任务描述】**

学会玻璃仪器的洗涤、干燥、保管等方法。

**【教学器材】**

试管、烧杯、移液管、滴定管、容量瓶、锥形瓶、砂芯漏斗等常用玻璃仪器。

**【教学药品】**

铬酸洗液。

**【组织形式】**

三个同学为一实验小组，根据教师给出的引导步骤和要求，自行完成实验。

**【注意事项】**

（1）待洗涤的仪器应洗至内壁完全不挂水珠。

（2）滴定管、移液管不可随意乱放，必须放在滴定管架及移液管架上。

**【实验步骤】**

### 一、玻璃仪器的洗涤

在分析工作中，洗涤玻璃仪器不仅是一个实验前的准备工作，也是一个技术性的工作。仪器洗涤是否符合要求，对分析结果的准确度和精确度均有影响。不同分析工作（如工业分析、一般化学分析和微量分析等）有不同的仪器洗涤要求，以一般定量化学分析为基础介绍玻璃仪器的洗涤方法。

#### 1. 洗涤仪器的一般步骤

（1）用水刷洗　使用用于各种形状仪器的毛刷，如试管刷、瓶刷、滴定管刷等。首先用毛刷蘸水刷洗仪器，用水冲去可溶性物质及刷去表面黏附灰尘。

（2）用合成洗涤水刷洗　市售的餐具洗涤灵是以非离子表面活性剂为主要成分的中性洗液，可配制成 1%～2%的水溶液，也可用 5%的洗衣粉水溶液刷洗仪器，它们都有较强的去污能力，必要时可温热或短时间浸泡。

洗涤后的仪器倒置时，水流出后，器壁应不挂小水珠。至此再用少许纯水冲仪器三次，洗去自来水带来的杂质，即可使用。

### 2. 各种洗涤液的使用

针对仪器沾污物的性质，采用不同洗涤液能有效地洗净仪器。各种洗涤液见表1-3。要注意在使用各种性质不同的洗涤液时，一定要把上一种洗涤液除去后再用另一种，以免相互作用生成更难洗净的产物。

**表1-3 各种洗涤液**

| 洗涤液名称 | 配制方法 | 使用方法 |
| --- | --- | --- |
| 铬酸洗液 | 研细的重铬酸钾20g溶于40mL水中，慢慢加入360mL浓硫酸 | 用于去除器壁残留油污，用少量洗液刷洗或浸泡一夜，洗液可重复使用 |
| 工业盐酸 | 浓盐酸或1∶1盐酸 | 用于洗去碱性物质及大多数无机物残渣 |
| 碱性洗液 | 10%氢氧化钠水溶液或乙醇溶液 | 水溶液加热(可煮沸)使用，其去油效果较好。注意：煮的时间太长会腐蚀玻璃，碱-乙醇洗液不要加热 |
| 碱性高锰酸钾洗液 | 4g高锰酸钾溶于水中，加入10g氢氧化钠，用水稀释至100mL | 洗涤油污或其他有机物，洗后容器沾污处有褐色二氧化锰析出，再用浓盐酸或草酸洗液、硫酸亚铁、亚硫酸钠等还原剂去除 |
| 草酸洗液 | 5～10g草酸溶于100mL水中，加入少量浓盐酸 | 用于洗涤高锰酸钾洗液后产生的二氧化锰，必要时加热使用 |
| 碘-碘化钾洗液 | 1g碘和2g碘化钾溶于水中，用水稀释至100mL | 洗涤用过硝酸银滴定液后留下的黑褐色沾污物，也可用于擦洗沾过硝酸银的白瓷水槽 |
| 有机溶剂 | 苯、乙醚、二氯乙烷等 | 可洗去油污或可溶于该溶剂的有机物质，使用时要注意其毒性及可燃性。<br>用乙醇配制的指示剂干渣、比色皿，可用盐酸-乙醇(1∶2)洗液洗涤 |
| 乙醇、浓硝酸 | 注意：不可事先混合 | 用一般方法很难洗净的少量残留有机物，可用此法：于容器内加入不多于2mL的乙醇，加入10mL浓硝酸，静置即发生激烈反应，放出大量热及二氧化氮，反应停止后再用水冲洗，操作应在通风橱中进行，不可塞住容器，做好防护 |

铬酸洗液因毒性较大尽可能不用，近年来多以合成洗涤剂和有机溶剂来除去油污，但有时仍要用到铬酸洗液，故也列入表内。

### 3. 砂芯玻璃滤器的洗涤

(1) 新的滤器使用前应以热的盐酸或铬酸洗液边抽滤边清洗，再用蒸馏水洗净。

(2) 针对不同的沉淀物采用适当的洗涤剂先溶解沉淀，或反复用水抽洗沉淀物，再用蒸馏水冲洗干净，在110℃烘箱中烘干，然后保存在无尘的柜内或有盖的容器内。否则积存的灰尘和沉淀堵塞滤孔，很难洗净。表1-4列出一些洗涤砂芯滤板的洗涤液可供选用。

**表1-4 洗涤砂芯玻璃滤器常用洗涤液**

| 沉淀物 | 洗　涤　液 |
| --- | --- |
| AgCl | 1∶1氨水或10% $Na_2S_2O_3$ 水溶液 |
| $BaSO_4$ | 100℃浓硫酸或用EDTA-$NH_3$水溶液(3%EDTA二钠盐500mL与浓氨水100mL混合)加热近沸 |
| 汞渣 | 热浓硝酸 |
| 有机物质 | 铬酸洗液浸泡或温热洗液抽洗 |
| 脂肪 | 四氯化碳或其他适当的有机溶剂 |
| 细菌 | 化学纯浓硫酸5.7mL、化学纯亚硝酸钠2g、纯水94mL充分混匀，抽气并浸泡48h后，以热蒸馏水洗净 |

4. 特殊要求的洗涤方法

在用一般方法洗涤后再用蒸汽洗涤是很有效的方法。有的实验要求用蒸汽洗涤，方法是烧瓶安装一个蒸汽导管，将要洗的容器倒置在上面用水蒸气吹洗。

某些测量痕量金属的分析对仪器要求很高，要求洗去 μg 级的杂质离子，洗净的仪器还要浸泡至 1∶1 盐酸或 1∶1 硝酸中数小时至 24h，以免吸附无机离子，然后用纯水冲洗干净。有的仪器需要在几百摄氏度条件下烧净，以达到痕量分析的要求。

## 二、玻璃仪器的干燥

做实验经常要用到的仪器应在每次实验完毕之后洗净干燥备用。用于不同实验的仪器对干燥有不同的要求，一般定量分析中的烧杯、锥形瓶等仪器洗净即可使用，而用于有机化学实验或有机分析的仪器很多是要求干燥的，有的要求无水迹，有的要求无水。应根据不同要求来干燥仪器。

(1) 晾干　不急用的，要求一般干燥，可在纯水刷洗后，在无尘处倒置晾干水分，然后自然干燥。可用安有斜木钉的架子和带有透气孔的玻璃柜放置仪器。

(2) 烘干　洗净的仪器控去水分，放在电烘箱中烘干，烘箱温度为 105～120℃烘 1h 左右，也可放在红外灯干燥箱中烘干。此法适用于一般仪器。称量用的称量瓶等烘干后要放在干燥器中冷却和保存。带实心玻璃塞的及厚壁仪器烘干时要注意慢慢升温并且温度不可过高，以免烘裂，量器不可放于烘箱中烘。

硬质试管可用酒精灯烘干，要从底部烘起，把试管口向下，以免水珠倒流把试管炸裂，烘到无水珠时，把试管口向上赶净水汽。

(3) 热（冷）风吹干　对于急于干燥的仪器或不适合放入烘箱的较大的仪器可用吹干的办法，通常用少量乙醇、丙酮（或最后再用乙醚）倒入已控去水分的仪器中摇洗控净溶剂（溶剂要回收），然后用电吹风吹，开始用冷风吹 1～2min，当大部分溶剂挥发后吹入热风至完全干燥，再用冷风吹残余的蒸气，使其不再冷凝在容器内。此法要求通风好，防止中毒，不可接触明火，以防有机溶剂爆炸。

## 三、玻璃仪器的保管

在储藏室内玻璃仪器要分门别类地存放，以便取用。经常使用的玻璃仪器放在实验柜内，要放置稳妥，高的、大的放在里面，以下为一些仪器的保管办法。

(1) 移液管　洗净后置于防尘的盒中。

(2) 滴定管　用后，洗去内装的溶液，洗净后装满纯水，上盖玻璃短试管或塑料套管，也可倒置夹于滴定管架上。

(3) 比色皿　用毕洗净后，在瓷盘或塑料盘中下垫滤纸，倒置晾干后装入比色皿盒或清洁的器皿中。

(4) 带磨口塞的仪器　容量瓶或比色管最好在洗净前就用橡皮筋或小线绳把塞和管口拴好，以免打破塞子或互相弄混。需长期保存的磨口仪器要在塞间垫一张纸片，以免日久粘住。长期不用的滴定管要在除掉凡士林后垫纸，用皮筋拴好活塞保存。

(5) 成套仪器　如索氏萃取器、气体分析器等用完要立即洗净，放在专门的纸盒里保存。

总之要本着对工作负责的精神，对所用的一切玻璃仪器用完后要清洗干净，按要求保管，要养成良好的工作习惯，不要在仪器里遗留油脂、酸液、腐蚀性物质（包括浓碱液）或有毒药品，以免造成后患。

## 四、玻璃仪器的校准

主要玻璃仪器有三种：滴定管、移液管、容量瓶。其真实容积与它所标示的体积并非完全一致，因此，在准确度要求高的分析中，需对上述仪器进行校正。

### （一）容量的定义及玻璃仪器的分类

（1）容量的定义　校正使其表面容量和真实容量一致。

表面容量（或标称容量）：仪器上所标示的容量值。

真实容量（或实际容量）：满足规定准确度，用来代替真值使用的容量值。

（2）玻璃仪器的分类　工作玻璃仪器按使用范围，可分为常用玻璃仪器（如滴定管、容量瓶等）、通用玻璃仪器（比色管、离心管等）和专用玻璃仪器（如雨量筒、血糖管等）。

工作玻璃仪器按使用方法，可分为量入式量器（In）和量出式量器（Ex）。

### （二）标准温度

玻璃具有热胀冷缩的特性，其容积会随温度改变而改变。规定某一温度值为标准温度，是指量器的标示容量是在该温度下标定的。容器的容积一般是以 20℃为标准温度。

### （三）常用玻璃仪器的校准

#### 1. 原理

玻璃仪器的校准就是通过称量量入或量出玻璃仪器的水的质量，以及一定温度下对应的水的密度，从而计算出玻璃仪器的准确容积。不同温度中水的密度见表 1-5。

计算公式为：

$$V_{20}=m/\rho_w[1+\beta(20-t)] \tag{1-1}$$

式中　$V_{20}$——标准温度 20℃时的被检玻璃仪器的实际容量，mL；

$m$——被检玻璃仪器内所能容纳水的质量，g；

$\rho_w$——纯化水 $t$℃时的密度，g/mL；

$\beta$——被检玻璃仪器的体胀系数，$℃^{-1}$（钠钙玻璃的体胀系数为 $25\times10^{-6}℃^{-1}$，硼硅玻璃的体胀系数为 $10\times10^{-6}℃^{-1}$）；

$t$——检定时纯化水的温度，℃。

**表 1-5　不同温度中水的密度**　　单位：g/L

| $t$/℃ | 0 | 0.1 | 0.2 | 0.3 | 0.4 | 0.5 | 0.6 | 0.7 | 0.8 | 0.9 |
|---|---|---|---|---|---|---|---|---|---|---|
| 10 | 999.699 | 999.691 | 999.682 | 999.672 | 999.663 | 999.654 | 999.644 | 999.634 | 999.625 | 999.615 |
| 11 | 999.605 | 999.595 | 999.584 | 999.574 | 999.563 | 999.553 | 999.542 | 999.531 | 999.52 | 999.508 |
| 12 | 999.497 | 999.486 | 999.474 | 999.462 | 999.45 | 999.439 | 999.426 | 999.414 | 999.402 | 999.389 |
| 13 | 999.377 | 999.384 | 999.351 | 999.338 | 999.325 | 999.312 | 999.299 | 999.285 | 999.271 | 999.258 |
| 14 | 999.244 | 999.23 | 999.216 | 999.202 | 999.187 | 999.173 | 999.158 | 999.144 | 999.129 | 999.114 |
| 15 | 999.099 | 999.084 | 999.069 | 999.053 | 999.038 | 999.022 | 999.006 | 998.991 | 998.975 | 998.959 |

续表

| t/℃ | 0 | 0.1 | 0.2 | 0.3 | 0.4 | 0.5 | 0.6 | 0.7 | 0.8 | 0.9 |
|---|---|---|---|---|---|---|---|---|---|---|
| 16 | 998.943 | 998.926 | 998.91 | 998.893 | 998.876 | 998.86 | 998.843 | 998.826 | 998.809 | 998.792 |
| 17 | 998.774 | 998.757 | 998.739 | 998.722 | 998.704 | 998.686 | 998.668 | 998.65 | 998.632 | 998.613 |
| 18 | 998.595 | 998.576 | 998.557 | 998.539 | 998.52 | 998.501 | 998.482 | 998.463 | 998.443 | 998.424 |
| 19 | 998.404 | 998.385 | 998.365 | 998.345 | 998.325 | 998.305 | 998.285 | 998.265 | 998.244 | 998.224 |
| 20 | 998.203 | 998.182 | 998.162 | 998.141 | 998.12 | 998.099 | 998.077 | 998.056 | 998.035 | 998.013 |
| 21 | 997.991 | 997.97 | 997.948 | 997.926 | 997.904 | 997.882 | 997.859 | 997.837 | 997.815 | 997.792 |
| 22 | 997.769 | 997.747 | 997.724 | 997.701 | 997.678 | 997.655 | 997.631 | 997.608 | 997.584 | 997.561 |
| 23 | 997.537 | 997.513 | 997.49 | 997.466 | 997.442 | 997.417 | 997.393 | 997.396 | 997.344 | 997.32 |
| 24 | 997.295 | 997.27 | 997.246 | 997.221 | 997.195 | 997.17 | 997.145 | 997.12 | 997.094 | 997.069 |
| 25 | 997.043 | 997.018 | 996.992 | 996.966 | 996.94 | 996.914 | 996.888 | 996.861 | 996.835 | 996.809 |
| 26 | 996.782 | 996.755 | 996.729 | 996.702 | 996.675 | 996.648 | 996.621 | 996.594 | 996.566 | 996.539 |
| 27 | 996.511 | 996.484 | 996.456 | 996.428 | 996.401 | 996.373 | 996.344 | 996.316 | 996.288 | 996.26 |
| 28 | 996.231 | 996.203 | 996.174 | 996.146 | 996.117 | 996.088 | 996.059 | 996.03 | 996.001 | 996.972 |
| 29 | 995.943 | 995.913 | 995.884 | 995.854 | 995.825 | 995.795 | 995.765 | 995.753 | 995.705 | 995.675 |
| 30 | 995.645 | 995.615 | 995.584 | 995.554 | 995.523 | 995.493 | 995.462 | 995.431 | 995.401 | 995.37 |

### 2. 检定条件

环境条件：室温（20±5)℃，且室温变化不得大于1℃/h；水温与室温之差不得大于2℃；校正介质为纯化水。

### 3. 检定设备

分析天平（分度值：0.1mg、0.01g），温度计（分度值：0.1℃），秒表（分辨力0.1s）。

### 4. 计量性能要求

滴定管、单标线吸量管、分度吸量管、单标线容量瓶、量筒和量杯计量要求见表1-6～表1-11。

**表 1-6 滴定管计量要求一览表**

| 标称容量/mL | | 1 | 2 | 5 | 10 | 25 | 50 | 100 |
|---|---|---|---|---|---|---|---|---|
| 分度值/mL | | 0.01 | | 0.02 | 0.05 | 0.1 | 0.1 | 0.2 |
| 容量允差/mL | A | ±0.010 | | ±0.010 | ±0.025 | ±0.04 | ±0.05 | ±0.10 |
| | B | ±0.020 | | ±0.020 | ±0.050 | ±0.08 | ±0.10 | ±0.20 |
| 流出时间/s | A | 20～35 | | 30～45 | | 45～70 | 60～90 | 70～100 |
| | B | 15～35 | | 20～45 | | 35～70 | 50～90 | 60～100 |
| 等待时间/s | | 30 | | | | | | |
| 分度线宽度/mm | | ≤0.3 | | | | | | |

**表 1-7　单标线吸量管计量要求一览表**

| 标称容量/mL | | 1 | 2 | 3 | 5 | 10 | 15 | 20 | 25 | 50 | 100 |
|---|---|---|---|---|---|---|---|---|---|---|---|
| 容量允差/mL | A | ±0.007 | ±0.010 | ±0.015 | | ±0.020 | ±0.025 | ±0.030 | | ±0.05 | ±0.08 |
| | B | ±0.015 | ±0.020 | ±0.030 | | ±0.040 | ±0.050 | ±0.060 | | ±0.10 | ±0.16 |
| 流出时间/s | A | 7～12 | | 15～25 | | 20～30 | | 25～35 | | 30～40 | 35～45 |
| | B | 5～12 | | 10～25 | | 15～30 | | 20～35 | | 25～40 | 30～45 |
| 分度线宽度/mm | | ≤0.4 | | | | | | | | | |

**表 1-8　分度吸量管计量要求一览表**

| 标称容量/mL | 分度值/mL | 容量允差/mL | | | | 流出时间/s | | | | 分度线宽度/mm |
|---|---|---|---|---|---|---|---|---|---|---|
| | | 流出式 | | 吹出式 | | 流出式 | | 吹出式 | | |
| | | A | B | A | B | A | B | A | B | |
| 1 | 0.01 | ±0.008 | ±0.015 | ±0.008 | ±0.015 | 4～10 | | 3～6 | | A 级：≤0.3 |
| 2 | 0.02 | ±0.012 | ±0.025 | ±0.012 | ±0.025 | 4～12 | | | | |
| 5 | 0.05 | ±0.025 | ±0.050 | ±0.025 | ±0.050 | 6～14 | | 5～10 | | |
| 10 | 0.1 | ±0.05 | ±0.10 | ±0.05 | ±0.10 | 7～17 | | | | |
| 25 | 0.2 | ±0.10 | ±0.20 | — | | 11～21 | | — | | B 级≤0.4 |
| 50 | 0.2 | ±0.10 | ±0.20 | — | | 15～25 | | | | |

**表 1-9　单标线容量瓶计量要求一览表**

| 标称容量/mL | | 10 | 25 | 50 | 100 | 200 | 250 | 500 | 1000 | 2000 |
|---|---|---|---|---|---|---|---|---|---|---|
| 容量允差/mL | A | ±0.020 | ±0.03 | ±0.05 | ±0.10 | ±0.15 | ±0.15 | ±0.25 | ±0.40 | ±0.60 |
| | B | ±0.040 | ±0.06 | ±0.10 | ±0.20 | ±0.30 | ±0.30 | ±0.50 | ±0.80 | ±1.20 |
| 分度线宽度/mm | | | ≤0.4 | | | | | | | |

**表 1-10　量筒计量要求一览表**

| 标称容量/mL | | 5 | 10 | 25 | 50 | 100 | 250 | 500 | 1000 | 2000 |
|---|---|---|---|---|---|---|---|---|---|---|
| 分度值/mL | | 0.1 | 0.2 | 0.5 | 1 | 1 | 2 或 5 | 5 | 10 | 20 |
| 容量允差/mL | 量入式 | ±0.05 | ±0.10 | ±0.25 | ±0.25 | ±0.5 | ±1.0 | ±2.5 | ±5.0 | ±10 |
| | 量出式 | ±0.10 | ±0.20 | ±0.50 | ±0.50 | ±1.0 | ±2.0 | ±5.0 | ±10 | ±20 |
| 分度线宽度/mm | | ≤0.3 | | | ≤0.4 | | | ≤0.5 | | |

**表 1-11　量杯计量要求一览表**

| 标称容量/mL | 5 | 10 | 20 | 50 | 100 | 250 | 500 | 1000 | 2000 |
|---|---|---|---|---|---|---|---|---|---|
| 分度值/mL | 1 | 1 | 2 | 5 | 10 | 25 | 25 | 50 | 100 |
| 容量允差/mL | ±0.2 | ±0.4 | ±0.5 | ±1.0 | ±1.5 | ±3.0 | ±6.0 | ±10 | ±20 |
| 分度线宽度/mm | ≤0.4 | | | | | ≤0.5 | | | |

## 5. 容量允差

在标准温度 20℃时，滴定管、分度吸量管的标称容量和零至任意分量以及任意两检定点之间的最大误差，均应符合表 1-5 和表 1-8 的规定。单标线吸量管和容量瓶的标称容量允差，应符合表 1-7 和表 1-9 的规定。量筒和量杯的标称容量和任意分量的容量允差，应符合表 1-10 和表 1-11 的规定。

### 6. 检定方法

（1）流出时间

① 滴定管。将滴定管垂直夹在检定架上，活塞芯涂上一层薄而均匀的油脂，不应有水渗出；

充水于最高标线，流液口不应接触接水器壁；

将活塞完全开启并计时（对于无活塞滴定管应用力挤压玻璃小球），使水充分地从流液口流出，直到液面降到最低标线为止的流出时间应符合表 1-5 的规定。

② 分度吸量管和单标线吸量管。注水至最高标线以上约 5mm，然后将液面调至最高标线处；

将吸量管垂直放置，并将流液口轻靠接水器壁，此时接水器倾斜约 30°角，在保持不动的情况下流出并计时，至流至口端不流时为止。其流出时间应符合表 1-7 和表 1-8 的规定。

（2）容量示值　容量示值的检定方法采用衡量法。检定前需对量器进行清洗，清洗方法为：先用强洗液清洗，然后用水冲净，器壁上不应有挂水等沾污现象。清洗干净的被检量器需在检定前 4h 放入实验室内。

（3）检定次数及要求　凡使用需要实际值的检定，其检定次数至少 2 次，2 次检定数据的最大差值应不超过被检量器容量允差的 1/4，并取其平均值。

（4）检定点的选择

① 滴定管。1～10mL：半容量和总容量两点；

25mL：0～5mL、0～10mL、0～15mL、0～20mL、0～25mL 五点；

50mL：0～10mL、0～20mL、0～30mL、0～40mL、0～50mL 五点；

100mL：0～20mL、0～40mL、0～60mL、0～80mL、0～100mL 五点。

② 分度吸量管。0.5mL 以下（包括 0.5mL）：半容量（自留液口起）和总容量两点；

0.5mL 以上（不包括 0.5mL）：流液口至总容量的 1/10（若无总容量的 1/10 分度线，则检 2/10 点）、流液口至半容量、流液口至总容量三点。

③ 量筒、量杯。底部至总容量的 1/10（若无总容量的 1/10 分度线，则检 2/10 点）、底部至半容量、底部至总容量三点。

### 7. 操作步骤

（1）滴定管　被检分度线以上约 5mm 处时，等待 30s，然后 10s 内将液面调至被检分度线上，随即用称量杯移去流液口的最后一滴水。

① 在调整液面的同时，应观察水温，读数准确至 0.1℃。

② 称量带盖称量杯和纯化水的总质量，减去空杯质量，即得纯化水的质量（$m$）。

将洗干净的被检滴定管垂直稳固地安装在检定架上，充水至最高标线以上约 5mm 处，擦去滴定管外表面的水。

缓慢调节弧形液面至零位，同时排出流液口中的气泡，移去流液口最后一滴水珠。

取容量大于被检滴定管容积的带盖称量杯，称得空杯质量。

③ 完全开启活塞（对于无塞滴定管需用力挤压玻璃小球），使水充分地从流液口流出。当液面降至式（1-1）计算的被检滴定管在标准温度 20℃时的实际容量，同时进行误差计算。

（2）分度吸量管和单标线吸量管

① 将清洗干净的吸量管垂直放置，至最高标线以上约 5mm 处，擦去吸量管流液口外面的水。

② 缓慢将液面调整到被检分度线上，移去流液口最后一滴水。

③ 取容量大于被检吸量管容积的带盖称量杯，称得空杯质量。

④ 将流液口与称量杯内壁接触，称量杯倾斜30°角，使水充分地流入称量杯中。对于流出式吸量管，当水流至流液口口端不流时，近似等待3s，随即用称量杯移去流液口最后一滴水。对于吹出式吸量管，当水流至流液口口端不流时，随即将流液口残留液排出。

⑤ 在调整液面的同时，应观察水温，读数准确至0.1℃。

⑥ 称量带盖称量杯和纯化水的总质量，减去空杯质量，即得纯化水的质量（$m$）。

⑦ 根据式（1-1）计算被检吸量管在标准温度20℃时的实际容量，同时进行误差计算。

(3) 容量瓶和量入式量筒

① 将洗净并经干燥处理过的被检量器进行称量。

② 注入纯化水至标线处或被检分度线上，随即盖上盖子，称量量器和水的总质量，减去空量器的质量，即得纯化水的质量（$m$）。

③ 将温度计插入被检量器中，测量水的温度，读数准确至0.1℃。

④ 根据式（1-1）计算被检量器在标准温度20℃时的实际容量，同时进行误差计算。

(4) 量筒和量杯（量出式）

① 取容量大于被检吸量管容积的带盖称量杯，称得空杯质量。

② 将水加入已洗净的待检量筒或量杯中，缓慢调整液面至被检分度线上。

③ 将水从倒液嘴倒入称量杯中，排出后等待30s。

④ 称量带盖称量杯和纯化水的总重，减去空杯质量，即得纯化水的质量（$m$）。

⑤ 根据式（1-1）计算被检量器在标准温度20℃时的实际容量，同时进行误差计算。

### 8. 检定周期

玻璃量器的检定周期为三年，其中无塞滴定管为一年。

### 想一想

1. 怎样日常维护玻璃仪器？
2. 玻璃仪器为什么要校准？
3. 滴定管、吸量管、容量瓶如何校准？

## 专题三 【基础知识2】分析数据的记录和处理

## 一、误差

定量分析是为了测得试样中某组分的含量，因此希望测量得到的是客观存在的真值。但实际的情况是：很有经验的分析人员，对一个试样进行测定，即使采用的是最可靠的方法、最精密的仪器，所得的结果也不可能和真实值$T$值完全一致；同一个有经验的分析人员对同一样品进行重复测定，结果也不可能完全一致。

也就是说分析的误差是客观存在的，因此必须对分析结果进行分析，对结果的准确度和精密度进行合理的评价和准确的表述，了解误差产生的原因、存在的客观规律以及如何减小误差。

### 1. 误差的种类

在正常操作条件下，测量值与真实值之间的差异称为误差。根据误差的来源和性质不同，误差可分为系统误差和偶然误差。

（1）系统误差 系统误差是由某种固定因素造成的，在同样条件下，重复测定时，它会重复出现，其大小、正负是可以测定的，最重要的特点是“单向性”。根据产生的原因，系统误差可以分为以下几种。

① 方法误差。是由于分析方法不够完善所引起的，即使仔细操作也不能克服，如：选用指示剂不恰当，使滴定终点和等化学计量点不一致，在重量分析中沉淀的溶解、共沉淀现象等，在滴定中溶解矿物时间不够、干扰离子的影响等。

② 仪器和试剂误差。仪器误差来源于仪器本身不够精确，如砝码质量、容量器皿刻度和仪表刻度不准确等，试剂误差来源于试剂不纯、基准物不纯。

③ 操作误差。操作误差是分析人员在操作中由于经验不足，操作不熟练，实际操作与正确的操作有出入引起的，如器皿没加盖使灰尘落入，滴定速度过快，坩埚没完全冷却就称重，滴定管读数偏高或偏低，有人对指示剂的颜色变化不够敏锐等。

以上各类误差可以用对照实验、空白实验、校准仪器等方法加以校正。

（2）偶然误差 偶然误差又称随机误差，是由一些偶然的原因造成的（如环境、湿度、温度、气压的波动、仪器的微小变化等），其影响时大时小，有正有负，在分析中无法避免，又称不定误差。偶然误差的产生难以找出原因，难以控制，似乎无规律性。但进行多次测定，便会发现偶然误差也具有规律性，一般服从正态统计分布规律：大小相近的正负误差出现的概率相等；小误差出现的机会大，大误差出现的概率小。

除了系统误差和偶然误差外，还会遇到由于过失或差错造成的“过失误差”，如数据记录错误、读错刻度、加错试剂、试液溅失等。工作中应认真细致，严格遵守操作规程，避免类似过失。

### 2. 准确度和误差

准确度是指测量值（分析结果）与真实值接近的程度。测量值越接近真实值，准确度越高，反之，准确度越低。准确度高低用误差表示。

误差可用绝对误差和相对误差表示。

（1）绝对误差 表示测定值与真实值之差。

$$E=X(\text{测定结果})-X_{\mathrm{T}}(\text{真实值})$$

测量值大于真实值，误差为正误值；测量值小于真实值，误差为负误值。误差越小，测量值的准确度越好；误差越大，测量值的准确度越差。

（2）相对误差 指误差在真实结果中所占的百分数，它能反映误差在真实结果中所占的比例。

$$\text{相对误差}=\frac{E}{X_{\mathrm{T}}}\times 100\%$$

## 二、精密度和偏差

在实际分析中，真实值难以得到，实际工作中常以多次平行测定结果的算术平均值 $\bar{x}$ 代替真实值，来表示分析结果：

$$\overline{x}=\frac{x_1+x_2+\cdots+x_n}{n}$$

每次测定值与平均值之差称为偏差。偏差的大小可表示分析结果的精密度，是指相同条件下同一样品多次平行测定结果相互接近的程度，偏差越小说明测定数值的重复性越高。偏差也分为绝对偏差和相对偏差。

### 1. 绝对偏差

单次测量值与平均值之差

$$d_i=x_i-\overline{x}$$

### 2. 相对偏差

绝对偏差占平均值的百分比

$$d_r=\frac{d_i}{\overline{x}}\times 100\%=\frac{x_i-\overline{x}}{\overline{x}}\times 100\%$$

### 3. 平均偏差

在一般的分析工作中，常用平均偏差和相对平均偏差来衡量一组测得值的精密度，平均偏差是各个偏差的绝对值的平均值，如果不取绝对值，各个偏差之和接近于零。

$$\overline{d}=\frac{|d_1|+|d_2|+|d_3|+|d_4|+\cdots+|d_n|}{n}=\frac{\sum_{i=1}^{n}|d_i|}{n}$$

平均偏差没有正负号，平均偏差小，表明这一组分析结果的精密度好；平均偏差是平均值，它可以代表一组测得值中任何一个数据的偏差。

### 4. 相对平均偏差

平均偏差占平均值的百分数

$$\overline{d}_r=\frac{\overline{d}}{\overline{x}}\times 100\%=\frac{\sum_{i=1}^{n}|x_i-\overline{x}|}{n\overline{x}}\times 100\%$$

### 5. 标准偏差

$$S=\sqrt{\frac{d_1^2+d_2^2+d_3^2+\cdots+d_n^2}{n-1}}=\sqrt{\frac{\sum_{i=1}^{n}(x_i-\overline{x})^2}{n-1}}$$

测定次数在 3～20 次时，可用 $S$ 来表示一组数据的精密度，式中（$n-1$）称为自由度，表明 $n$ 次测量中只有（$n-1$）个独立变化的偏差。因为 $n$ 个偏差之和等于零，所以只要知道（$n-1$）个偏差就可以确定第 $n$ 个偏差了。

标准偏差 $S$ 与相对平均偏差的区别在于：偏差平方后再相加，消除了负号，再除自由度和再开根，标准偏差是数据统计上的需要，在表示测量数据不多的精密度时，更加准确和合理。

$S$ 对单次测量偏差平方和，不仅避免单次测量偏差相加时正负抵消，更重要的是大偏差能更显著地反映出来，能更好地说明数据的分散程度，如以下两组数据，各次测量的偏差为：

+0.3，−0.2，−0.4，+0.2，+0.1，+0.4，0.0，−0.3，+0.2，−0.3；

0.0，+0.1，−0.7，+0.2，−0.1，−0.2，+0.5，−0.2，+0.3，+0.1。

两组数据的平均偏差均为 0.24，$S_1=0.28$，$S_2=0.33$。

很明显，第二组数据分散度大，可见第一组数据较好。

（注意计算 $S$ 时，若偏差 $d=0$ 时，也应算进去，不能舍去）

6. 相对标准偏差

$$S_r=\frac{S}{\bar{x}}\times100\%$$

准确度与精密度的关系：

准确度高，一定需要精密度高；但精密度高，不一定准确度高。精密度是保证准确度的先决条件，精密度低的说明所测结果不可靠，当然其准确度也就不高。

## 三、提高分析结果准确度的方法

1. 消除系统误差

选择合适的分析方法：减小方法误差。

例如，测定样品中总 Fe 含量，可用 $K_2Cr_2O_7$ 法，也可以用比色法，已知：

$K_2Cr_2O_7$ 法：40.20%±0.2%×40.20%

比色法：40.20%±2.0%×40.20%

所以，应选用相对误差较小的 $K_2Cr_2O_7$ 法。

2. 减小测量误差

如称量时，分析天平的称量误差为±0.0001g，滴定管的读数准确至±0.01mL，要使相对误差小于1‰，试样的质量和滴定的体积就不能太小。

$$相对误差=\frac{绝对误差}{试样质量}$$

称量量

$$\frac{2\times0.0001}{m}\times100\%\leqslant0.1\%$$

$$\Rightarrow m\geqslant0.2000(\text{g})$$

滴定体积

$$\frac{2\times0.01}{V}\times100\%\leqslant0.1\%$$

$$\Rightarrow V\geqslant20(\text{mL})$$

即试样质量不能低于 0.2g，滴定体积在 20～30mL 之间（滴定时需读数两次，考虑极值误差为 0.02mL）。

3. 校准仪器

仪器使用前应先校准，以消除仪器误差。

4. 空白实验

根据具体分析条件做空白实验，以消除试剂误差。

5. 对照实验

采取对照实验，以消除方法误差。对照实验是检验系统误差的有效方法。根据标准试样的分析结果与已知含量的差值，即可判断有无系统误差，并可用此误差对实际试样的结果进行校正。

### 6. 减小偶然误差

增加平行测定次数可减小偶然误差对分析结果的影响，一般测 3～4 次以减小偶然误差。

## 四、分析数据的处理

### 1. 有效数字

有效数字是指分析工作中实际上所能测量到的数字，它包括所有准确数字和最后一位不准确数字。最后一位是估计值，又称可疑数字。有效数字位数由仪器准确度决定，它直接影响测定的相对误差。

例如，用不同类型的天平称量同一试样，所得称量结果如表 1-12 所示。

**表 1-12　不同类型天平称量结果数据记录比较**

| 使用的仪器 | 误差范围/g | 称量结果/g | 真值的范围/g |
|---|---|---|---|
| 台式天平 | ±0.1 | 5.1 | 5.1±0.1 |
| 分析天平 | ±0.0001 | 5.1023 | 5.1023±0.0001 |
| 半微量分析天平 | ±0.00001 | 5.10228 | 5.10228±0.00001 |

再如 0.5000 与 0.5 的区别？

0.5000±0.0001　　　　　　0.5±0.1

相对误差分别是

$$\frac{\pm 0.0001}{0.5000}\times 100\% = \pm 0.02\% \qquad \frac{\pm 0.1}{0.5}\times 100\% = \pm 20\%$$

有效数字反映了仪器的精度，记录数据只能保留一位可疑数字。

判断有效数字的位数，要注意以下几点。

（1）有效数字的位数，要注意“0”的作用　0 在数字中间和后面，为有效数字。如在 1.0008 中，“0”是有效数字；在 0.0382 中，“0”为定位作用，不是有效数字；在 0.0040 中，前面 3 个“0”不是有效数字，后面 1 个“0”是有效数字。在 3600 中，一般看成是 4 位有效数字，但它可能是 2 位或 3 位有效数字，分别写 $3.6\times10^3$、$3.60\times10^3$ 或 $3.600\times10^3$ 较好。

（2）倍数、分数关系　无限多位有效数字。

（3）pH、pM、lg$c$、lg$K$ 等对数值　有效数字的位数取决于小数部分（尾数）位数，因整数部分代表该数的方次。如 pH＝11.20，有效数字的位数为 2 位。

（4）9 以上数要多算 1 位有效数字，9.00、9.83 有 4 位有效数字。

### 2. 数字修约规则

“四舍六入五成双”规则：当测量值中修约的那个数字等于或小于 4 时，该数字舍去；等于或大于 6 时，进位；等于 5 时（5 后面无数据或是 0 时），如进位后末位数为偶数则进位，舍去后末位数为偶数则舍去；5 后面有数时，进位。修约数字时，只允许对原测量值一次修约到所需要的位数，不能分次修约。

**【例 1】** 将下列测量值修约为四位有效数字

14.2442　14.24　24.4863　24.49　15.0250　15.02

15.0150　15.02　15.0251　15.03

注意：要一次修约，不能分次。如 2.3457→2.3

2.3457→2.346→2.35→2.4　错

### 3. 有效数字的运算规则

加减法：当几个数据相加减时，它们和或差的有效数字位数，应以小数点后位数最少（即绝对误差最大的）的数据为依据。

**【例 2】** 0.0121+25.64+1.05782=?

绝对误差　±0.0001　±0.01　±0.00001

在加和的结果中总的绝对误差值取决于 25.64。

原式=0.01+25.64+1.06=26.71

乘除法：当几个数据相乘除时，它们积或商的有效数字位数，应以有效数字位数最少（即相对误差最大）的数据为依据。

**【例 3】** 0.0121×25.64×1.05782=?

相对误差　±0.8%　±0.4%　±0.009%

结果的相对误差取决于 0.0121，因它的相对误差最大，所以

$$0.0121\times25.6\times1.06=0.328$$

（1）遇到分数、倍数，可视为无限多位。

（2）第一位大于或等于 8 的，多算一位。0.95 三位。如：0.95×1.23×2.34=2.73。

（3）数字运算过程中暂时多保留一位有效数字，而后进行运算，最后结果修约到应有的位数。

运用这一规则的好处：既可保证运算结果准确度取舍合理，符合实际，又可简化计算减少差错，节省时间。

（4）分析结果　高含量，四位；中含量，三位；微量，两位。误差：一位，最多两位。

## 五、可疑数据的取舍

在一组平行测定中，常出现个别测定值与其他测定值相差甚远，这个数据称为可疑值。

### 1. Q 检验法

适用 3～10 次的测定。

（1）排序　将数据按从小到大的顺序排列 $x_1$，$x_2$，…，$x_n$。

（2）求极距　$x_n-x_1$。

（3）求出可疑值与其临近数据之间的差　$x_n-x_{n-1}$ 或 $x_2-x_1$。

（4）求 $Q$　$Q=(x_n-x_{n-1})/(x_n-x_1)$ 或 $Q=(x_2-x_1)/(x_n-x_1)$。

（5）根据测定次数 $n$ 和要求的置信度（90%）查出 $Q$。

（6）将 $Q$ 与 $Q_{表}$ 相比较　若 $Q\geq Q_{表}$，舍弃可疑值；$Q<Q_{表}$，保留。

（7）在三个以上数据中，首先检验相差较大的值。

舍弃可疑数据的 $Q$ 值见表 1-13。

**表 1-13　舍弃可疑数据的 $Q$ 值**（置信度 90%和 95%）

| 测定次数 | 3 | 4 | 5 | 6 | 7 | 8 | 9 | 10 |
|---|---|---|---|---|---|---|---|---|
| $Q_{0.90}$ | 0.94 | 0.76 | 0.64 | 0.56 | 0.51 | 0.47 | 0.44 | 0.41 |
| $Q_{0.95}$ | 1.53 | 1.05 | 0.86 | 0.76 | 0.69 | 0.64 | 0.60 | 0.58 |

**【例 4】** 试对以下七个数据进行 $Q$ 检验，置信度 90%：

5.12　6.82　6.12　　6.32　6.22　6.32　6.02

**解**：(1) 5.12、6.02、6.12、6.22、6.32、6.32、6.82

(2) $x_n - x_1 = 6.82 - 5.12 = 1.70$

(3) $x_2 - x_1 = 6.02 - 5.12 = 0.90$

(4) $Q = (x_2 - x_1)/(x_n - x_1) = 0.90 \div 1.70 = 0.53$

(5) 查表 $n=7$ 时　$Q_{0.90} = 0.51$

(6) $0.53 > Q_{0.90}$，舍弃 5.12

再检验 6.82

$Q = (6.82 - 6.32) \div (6.82 - 6.02) = 0.625$

$n=6$ 时　$Q_{0.90} = 0.56$　$(0.625 > 0.56)$，舍弃 6.82

### 2. $4\bar{d}$ 法

对于一些实验数据也可用 $4\bar{d}$ 法判断可疑值的取舍。$4\bar{d}$ 法步骤如下。

(1) 数据从小到大排列，确定可疑数值，异常值通常为最大或最小值，排在两端；

(2) 排除可疑数值，求 $4\bar{d}$；

(3) 将可疑数值与平均值之差的绝对值与 $4\bar{d}$ 比较；

(4) 取舍规律：绝对值大于或等于 $4\bar{d}$，则舍之。

### 算一算

标定某溶液的浓度得 0.1014mol/L、0.1013mol/L、0.1019mol/L、0.1014mol/L，问 0.1019mol/L 是否应该舍去？

## 六、平均值的置信度和置信区间

### 1. 置信度 P

在统计学中，通常把分析结果在某一范围内（即误差范围内）出现的概率，称为置信度。误差为 $\pm\sigma$ 置信度为 68.3%，$\pm 2\sigma$ 置信度为 95.5%，$\pm 3\sigma$ 置信度为 99.7%。

### 2. 置信区间

即总体平均值 $\mu$ 所在范围，是指在一定置信度下，总体平均值（或称真值）以测定值的平均值为中心的可靠性范围。在分析化学中，当测定次数无限多时，所得平均值即为总体平均值 $\mu$，而实际分析中，通常只涉及少量实验数据的处理，按照统计学可以推导出有限次的平均值和总体平均值的关系：

$$\mu = \bar{x} \pm \frac{ts}{\sqrt{n}}$$

## 专题四　【实验项目 2】电子分析天平的使用

**【任务描述】**

通过利用电子分析天平称取 0.5000gNaCl，学会固体样品的称取方法；学会有效数字的读取和记录。

【教学器材】

电子分析天平（含毛刷），烧杯，干燥器，称量瓶，手套或纸条。

【教学药品】

化学纯 NaCl、硅胶。

【组织形式】

三个同学为一实验小组，根据教师给出的引导步骤和要求，自行完成实验。

【注意事项】

（1）取称量瓶时要佩戴手套（无手套可用纸条）；

（2）称量物不能污染分析天平；

（3）开干燥器时要轻轻推开。

【实验步骤】

（1）称量前接通电源，预热 30min；

（2）称量前检查天平是否调水平（调平完成后坐下）；

（3）打开电子天平侧门，先用毛刷扫一遍，然后关上侧门，检查示数是否为 0.0000，如果不是，按“去皮（TAPE）”键（这一步坐着完成）；

（4）取盛有 NaCl 的称量瓶，放在天平托盘中心位置，关侧门，记录数据 $m_{前}$；

（5）取出称量瓶，小心倾倒适量 NaCl 于小烧杯中，然后把称量瓶放回天平托盘中心位置，关侧门，记录数据 $m_{后}$，$m_{前}-m_{后}$ 即为倒出的 NaCl 质量；

（6）称量完成后整理实验台，完成表格。

【任务解析】

比较烧杯称量前后质量的增加与称量瓶称量前后质量的减少可得知称量结果的准确性，具体数据可记于表 1-14。

**表 1-14 称量记录表**

| 项目＼次数 | 1 | 2 | 3 |
|---|---|---|---|
| 空烧杯的质量 $m_1$/g | | | |
| 倾出前称量瓶的质量 $m_2$/g | | | |
| 倾出后称量瓶的质量 $m_3$/g | | | |
| 称量瓶倾出的质量$(m_2-m_3)$/g | | | |
| 烧杯接收药品后的质量 $m_4$/g | | | |
| 烧杯接收药品的质量$(m_4-m_1)$/g | | | |

## 想一想

使用电子分析天平时应注意什么？

# 【基础知识 3】试样的采集、制备与分解

## 一、概述

工业分析的基本步骤为：采样、制样、分解样品、消除干扰、方法的选择及测定、结果的计算和数据的评价。

### 1. 样品采集的意义

从被检的总体物料中取得有代表性的样品的过程称为采样。

在工业分析工作中，常需要从大批物料中或大面积的矿山上采取实验室样品。采样的要求是采集到的样品能够代表原始物料的平均组成。因为分析结果的总标准偏差 $S_0$ 与取样的标准偏差 $S_s$ 和分析操作的标准偏差 $S_a$ 有关。

$$S_0^2=S_s^2+S_a^2$$

### 2. 有关采样的基本术语

(1) 采样单元（sampling unit） 具有界限的一定数量物料（界限可以是有形的也可以是无形的）。

(2) 份样（increment，子样） 用采样器从一个采样单元中一次取得的一定量的物料。

(3) 原始样品（primary sample，送检样） 合并所采集的所有份样所得的样品。

(4) 实验室样品（laboratory sample） 为送往实验室供分析检验用的样品。

(5) 参考样品（reference sample，备检样品） 与实验室样品同时制备的样品，是实验室样品的备份。

(6) 试样（test sample） 由实验室样品制备，用于分析检验的样品。

### 3. 采样的原则

对于均匀的物料，可以在物料的任意部位进行采样；非均匀的物料应随机采样，对所得的样品分别进行测定。采样过程中不应带进任何杂质，尽量避免引起物料的变化（如吸水、氧化等）。

### 4. 采样的具体要求

(1) 采样单元数的确定 对于化工产品，如总体物料的单元数小于 500，则根据表 1-15 选取采样单元数。

**表 1-15 总物料较少的采样单元数**

| 总体物料的单元数 | 选取的最少单元数 | 总体物料的单元数 | 选取的最少单元数 |
|---|---|---|---|
| 1～10 | 全部单元 | 182～216 | 18 |
| 11～49 | 11 | 217～254 | 19 |
| 50～64 | 12 | 255～296 | 20 |
| 65～81 | 13 | 297～343 | 21 |
| 82～101 | 14 | 344～394 | 22 |
| 102～125 | 15 | 395～450 | 23 |
| 126～151 | 16 | 451～512 | 24 |
| 152～181 | 17 | | |

如总体物料的单元数大于500，则用下式计算采样单元数：

$$n=3\sqrt[3]{N}$$

式中，$N$ 为总体单元数。

(2) 采集样品的量　采集的样品的量应满足下列要求：至少应满足三次重复测定的要求；如需留存备考样品，应满足备考样品的要求；如需对样品进行制样处理时，应满足加工处理的要求。

对于不均匀的物料，可采用下列试样的采集量经验计算式：

$$m \geqslant kd^a$$

式中　$m$——采取实验室样品的最低可靠质量，kg；

$d$——实验室样品中最大颗粒的直径，mm；

$k$，$a$——经验常数，由实验室求得。

一般 $k$ 值在0.02～1之间，样品越不均匀，$k$ 值越大，物料均匀为0.1～0.3，物料不太均匀为0.4～0.6，物料极不均匀为0.7～1.0；$a$＝1.8～2.5，地质部门一般规定为2。

物料的颗粒越大，则最低采样量越多；样品越不均匀，最低采样量也越多。因此，对块状物料，应在破碎后再采样。

例如，采集某矿石样品时，若此矿石的最大颗粒直径为20mm，$k$ 值为 $0.06\text{kg/mm}^2$，则采样量 $m \geqslant 0.06\text{kg/mm}^2 \times (20\text{mm})^2 = 24\text{kg}$；如果将上述矿石最大颗粒破碎至4mm，$m \geqslant 0.06\text{kg/mm}^2 \times (4\text{mm})^2 = 0.96\text{kg} \approx 1\text{kg}$。

(3) 采样记录和采样报告　采样时应记录被采物料的状况和采样操作。如物料的名称、来源、编号、数量、包装情况、存放环境、采样部位、所采样品数和样品量、采样日期、采样者等。

### 5. 采样的方式

(1) 随机取样　随机取样又称概率取样。基本原理是物料总体中每份被取样的概率相等。将取样对象的全体划分成不同编号的部分，用随机数表进行取样。

(2) 分层取样　当物料总体有明显不同组成时，将物料分成几个层次，按层数大小成比例取样。

(3) 系统取样　系统取样是按已知的变化规律取样。如按时间间隔或物料量的间隔取样。

(4) 两步取样　两步取样是将物料分成几个部分，首先用随机取样的方式从物料批中取出若干个一次取样单元，然后再分别从各取样单元中取出几个份样。

## 二、试样的采集

### 1. 固体样品的采集

(1) 采样工具　采集固体样品所用的工具为采样探子、采样钻以及气动探针和真空探针。

采样探子长750mm，外径18mm，槽口宽12mm，下端30°角锥的不锈钢管或铜管，形状如图1-1所示。

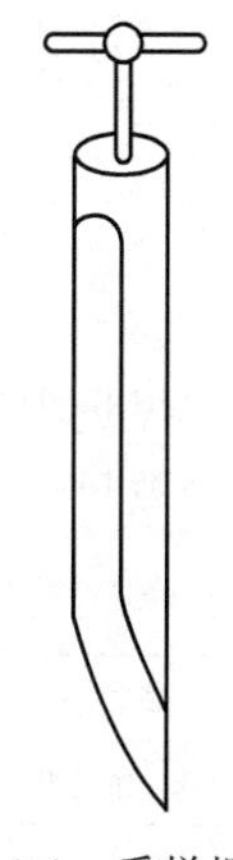

图1-1　采样探子

取样时，将采样探子由袋（罐、桶）口的一角沿对角线插入袋（罐、桶）内的1/3～3/4处，旋转180°后抽出，刮出钻槽中物料作为一个子样。

采样探子适用于粉末、小颗粒、小晶体等固体化工产品采样；采样钻则适用于采集较坚硬的固体样品；气动探针和真空探针适用于粉末和细小颗粒等松散物料的采样。

（2）采样方法　从物料堆中采样时，根据物料堆的形状和份样数目，将份样分布在堆的顶部、腰部和底部。底部采样时，采样点应距地面 0.5m，顶部采样时，应先除去 0.2m 的表面层，再沿垂直方向用铲一类的工具进行挖取。

从物料流中采样时，大都是使用自动化的采样器，定时、定量连续采样。当采用相同的时间间隔采样时，若物料流的流量均匀，则采用的时间间隔 $T$ 可用下式计算：

$$T \leqslant \frac{60Q}{nG}$$

式中　$T$——采样的时间间隔，min；

$Q$——物料批量，t；

$n$——份样数目，个；

$G$——物料流量，t/h。

从运输工具中采样时，应根据运输工具的不同，选择不同的布点方法。

车皮容量低于 30t 时，采用斜线三点法；容量在 30～50t 时，采用四点法；容量超过 50t 时，采用五点法。三种方法示意图见图 1-2。

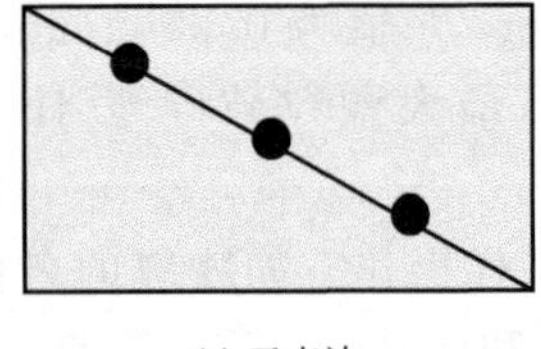

(a) 三点法

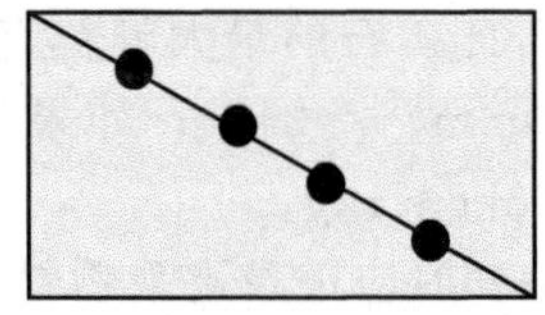

(b) 四点法

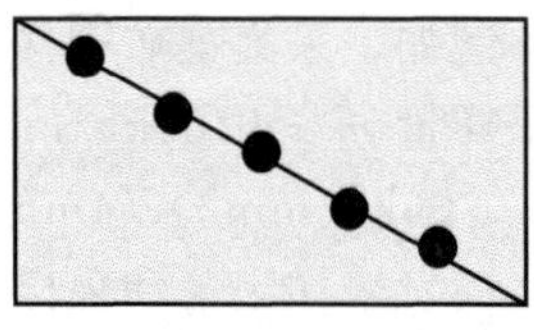

(c) 五点法

图 1-2　布点方法示意图

（3）固体物料采样实例　如煤量为 1000t，份样数目见表 1-16。

**表 1-16　1000t 份样数目表**　　单位：个

| 品种 | 煤流 | 火车 | 汽车 | 船舶 | 煤堆 |
|---|---|---|---|---|---|
| 原煤、筛选煤 | 60 | 60 | 60 | 60 | 60 |
| 精煤 | 15 | 20 | 20 | 20 | 20 |

如煤量超过 1000t，份样数目按下式计算：

$$n_1 = n\sqrt{\frac{m}{1000}}$$

式中　$n_1$——实际应采份样数目，个；

$n$——表 1-16 中的份样数目，个；

$m$——煤量，t。

如煤量少于 1000t，份样数目可根据表 1-16 的数目按比例递减，但不能少于表 1-17 中规定的数目。

**表 1-17　少于 1000t 份样数目表**　　单位：个

| 品种 | 煤流 | 火车 | 汽车 | 船舶 | 煤堆 |
|---|---|---|---|---|---|
| 原煤、筛选煤 | 表 1-16 中规定数目的 1/3 | 18 | 18 | 表 1-16 中规定数目的 1/2 | 表 1-16 中规定数目的 1/2 |
| 精煤 | | 6 | 6 | | |

份样的最小质量可按表 1-18 规定的量采集。

**表 1-18 最小份样数目表** 单位：个

| 商品煤最大粒度/mm | 0～25 | 25～50 | 50～100 | >100 |
|---|---|---|---|---|
| 每个份样的最小质量/kg | 1 | 2 | 4 | 5 |

在不同形状的物料中采样的方法也有所不同。

在煤堆中采样，应在料堆的周围，从地面起每隔 0.5m 左右，用铁铲划一横线，然后每隔 1～2m 划一竖线，间隔选取横竖线的交叉点作为取样点，如图 1-3 所示。在取样点取样时，用铁铲将表面刮去 0.1m，深入 0.3m 挖取一个子样的物料量，每个子样的最小质量不小于 5kg。最后合并所采集的子样。料堆上采样点的分布见图 1-3。

从煤流中采样，先计算出采样时间间隔，在煤流下落点，根据煤的流量和传送带宽度，以一次或分多次用接斗在横截煤流的全断面采取一个份样。

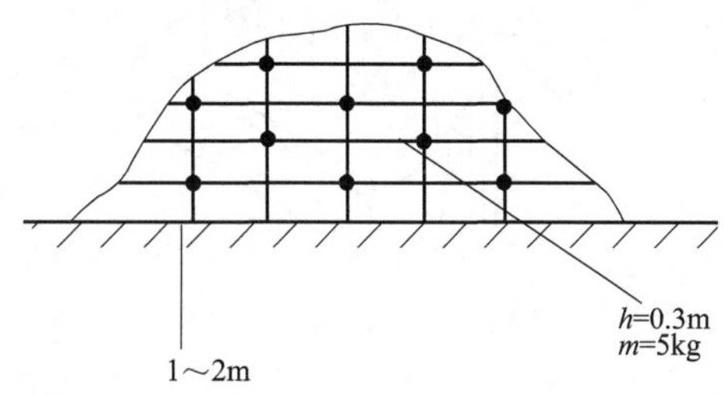

图 1-3 煤堆上采样点的分布

从火车或汽车中采样，不管车皮容量大小，每车至少采取三个份样，按三点法布点。

从船舶中采样，应直接在船上采样，以舱煤为一个采样单元，将船舱分成 2～3 层，每 3～4m 为一层，将份样均匀分布在各层表面上。

### 2. 液体样品的采集

液体样品组成比较均匀，溶液采得均匀样品。液体物料包括输送管道中的物料和储罐中的物料。

所用的采样工具为由不与物料发生反应的金属或塑料制成的采样勺和采样杯。此外，还有采样管和采样瓶。采样管是由玻璃、金属或塑料制成的管子，能插入到桶、罐、槽车中所需要的液面上。采样瓶一般为 500mL 的具塞玻璃瓶，套上加重铅锤。

### 3. 气体样品的采集

由于气体物料易于扩散，而容易混合均匀。工业气体物料存在状态如动态、静态、正压、常压、负压、高温、常温、深冷等，且许多气体有刺激性和腐蚀性，所以，采样时一定要按照采样的技术要求，并且注意安全。

## 三、试样的制备

原始的试样一般不能直接用于分析，必须经过制备过程。液态和气态样品，易于混合均匀，且采样量较少，混匀后可直接进行分析。固态样品一般要经过破碎、过筛、混匀和缩分四个程序。

### 1. 破碎

通过机械或人工的方法将大块的物料分散成一定细度的物料。破碎可分为粗碎、中碎、细碎和粉碎 4 个阶段。破碎工具是破碎机、辊式破碎机、球磨机、铁锤、研钵等。

### 2. 过筛

物料在破碎过程中，每次磨碎后均需过筛，未通过筛孔的粗粒再磨碎，直至样品全部通过指定的筛子为止（易分解的试样过 170 目筛，难分解的试样过 200 目筛）。

### 3. 混匀

混匀法通常有人工混匀和机械混匀两种。

人工法是将实验室样品置于光滑而干净的混凝土或木制平台上，用堆锥法进行混匀。用铁铲将物料堆积成一圆锥，然后从锥底一铲一铲将物料铲起，在距圆锥一定距离的地方重新堆成另一个圆锥，每一铲的物料必须从锥顶自然洒落。来回反复操作 3 次，即可认为样品混合均匀。

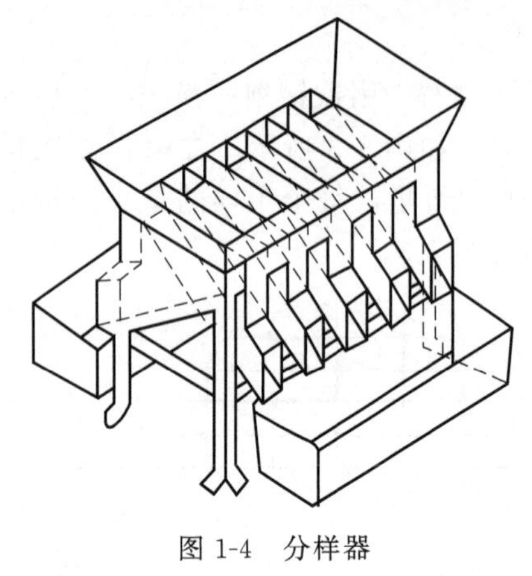
图 1-4 分样器

机械混匀法是将物料倒入机械搅拌器中，启动机器，经一段时间的运作，即可将物料混匀。

### 4. 缩分

缩分是在不改变物料的平均组成的情况下，逐步缩小试样量的过程。常用的缩分方法有分样器缩分法、锥形四分法和棋盘缩分法。

（1）分样器缩分法　分样器下面的两侧有承接样槽（见图 1-4）。将样品倒入后，即从两侧流入两边的样槽内，把样品均匀地分成两份，其中的一份弃去，另一份再进一步破碎、过筛和缩分。

（2）锥形四分法　将混合均匀的样品堆成圆锥形，用铲子将锥顶压平成截锥体，通过截面圆心将锥体分成四等份，弃去任一相对两等份。重复操作，直至取用的物料量符合要求（见图 1-5）。

（3）棋盘缩分法　将混匀的样品铺成正方形的均匀薄层，用直尺或特制的木格架划分成若干个小正方形。将每一定间隔内的小正方形中的样品全部取出，放在一起混合均匀，其余部分弃去或留作副样保管（见图 1-6）。

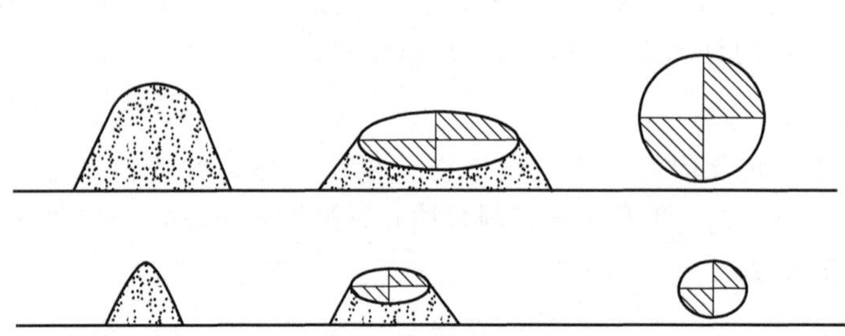
图 1-5 锥形四分法

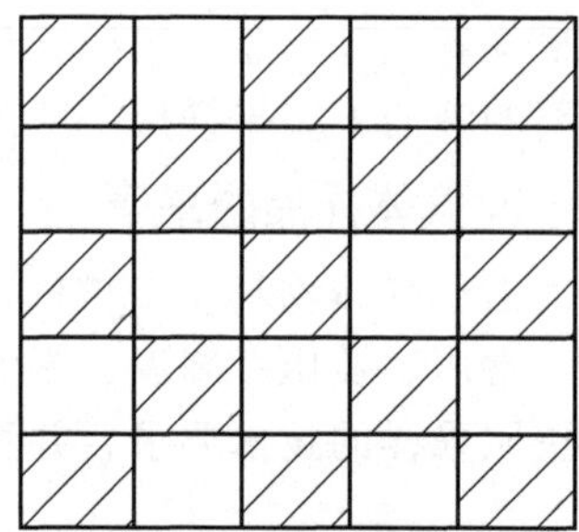
图 1-6 棋盘缩分法

## 四、试样的分解

### 1. 分解试样的目的

分解试样的目的是将固体试样处理成溶液，或将组成复杂的试样处理成简单、便于分离和测定的形式。

### 2. 分解试样的要求

要求试样分解完全；防止待测组分损失；不能引入与被测组分相同的物质；选择的分解

试样的方法与组分的测定方法相适应。

### 3. 分解试样的方法

常用的分解方法有湿法分解法、干法分解法和其他分解法。

（1）湿法分解法　湿法分解法是将试样与溶剂作用，使待测组分转变为可供分析测定的离子或分子的溶液。湿法分解所用的溶剂主要有：水、有机溶剂、酸、碱等，应用最广泛的是 HCl、$HNO_3$、$H_2SO_4$、$H_3PO_4$、HF、$HClO_4$ 等酸。

矿物中的晶体溶解过程如下。

$$\text{MX(晶体)} \xrightarrow{-U_0} M^+(g) + X^-(g)$$

$$\downarrow H_+ \qquad \downarrow H_-$$

$$\xleftarrow{-L} M^+(\text{溶剂化}) + X^-(\text{溶剂化})$$

$U_0$ 为晶格能；$H$ 为气体状态离子的溶剂化能；$L$ 为无限稀释的溶解热。

$$L = H_+ + H_- - U_0$$

当 $L$ 为正值时，是放热反应，晶体较易溶解，反之为吸热反应，较难溶解。矿物中的四种晶体，只有离子晶体比较容易溶解。

表 1-19 是几种常用酸的适用范围。

**表 1-19　常用酸的适用范围**

| 酸 | 适用范围 |
|---|---|
| HCl | 铁、铝、镁、锰、锌、锡、钛、铬、稀土等金属及合金<br>大多数的碳酸盐、氧化物、磷酸盐、硼酸盐、硫化物等化合物<br>软锰矿、褐铁矿、硅酸盐矿、水泥 |
| $HNO_3$ | 铁、铜、镍、钼等金属及合金<br>碳酸盐、磷酸盐、硫化物、氧化物等 |
| $H_2SO_4$ | 稀硫酸可溶解氧化物、氢氧化物、碳酸盐、硫化物及砷化物矿石等<br>热浓硫酸可以分解锑、氧化砷、锡、铅的合金及冶金工业产品<br>几乎所有有机物都能被热浓硫酸氧化 |
| $H_3PO_4$ | 合金钢；铬矿、氧化铁矿和炉渣 |
| HF | 难分解的硅酸盐与硝酸、高氯酸、磷酸或硫酸混合使用，可以分解硅酸盐、磷矿石、银矿石、石英、富铝矿石、铌矿石 |
| $HClO_4$ | 硫化物、氟化物、氧化物、碳酸盐等<br>铀、钍、稀土的磷酸盐等矿物 |

实际工作中，常常将两种或两种以上的酸按比例混合使用，如表 1-20 所示。

**表 1-20　常用溶解试样混合酸**

| 样品及质量 | 混合酸及比例 |
|---|---|
| 钢，0.5g | 2.5mL 浓 $HNO_3$+5mL 浓 HCl+3mL $H_2O$ |
| 铜合金，0.25g | 2.5mL 浓 $HNO_3$+2.5mL 浓 HCl+5mL $H_2O$ |
| 黄铁矿，0.5g | 10～20mL 混合酸(浓 $HNO_3$ ∶ 浓 HCl=3 ∶ 1) |
| 钼钢，1g | 30mL 王水+6mL HF(40%) |

(2) 干法分解法　干法分解法是将不能完全被溶剂所分解的试样与熔剂混匀，在高温下发生复分解反应，使其转变为易被水或酸溶解的物质，然后用水或酸浸取。干法分解分为熔融和烧结两种。

① 熔融法。熔融法也称全熔法。最早在高于熔剂熔点的温度下熔融分解，熔剂与样品之间反应在液相或固-液之间进行，完全反应生成均一的熔融体。熔融法使用的熔剂按酸碱性可分为酸性熔剂和碱性熔剂。

常用的酸性熔剂有氟化氢钾、焦硫酸钾（钠）、硫酸氢钾（钠）、强酸的铵盐等；碱性熔剂主要有碱金属碳酸盐、苛性碱、碱金属过氧化物等。

碱金属碳酸盐分解法：碳酸钠是分解硅酸盐、硫酸盐、磷酸盐、碳酸盐、氧化物、氟化物等矿物的熔剂。

$$K_2Al_2Si_6O_{16}\text{(正长石)}+7Na_2CO_3 \xlongequal{} 6Na_2SiO_3+K_2CO_3+2NaAlO_2+6CO_2$$

$$BaSO_4\text{(重晶石)}+Na_2CO_3 \xlongequal{} BaCO_3+Na_2SO_4$$

苛性碱分解法：NaOH 对样品的分解作用与碳酸钠类似，只是 NaOH 的碱性强，熔点更低。

$$CaAl_2Si_6O_{16}\text{(斜长石)}+14NaOH \xlongequal{} 6Na_2SiO_3+2NaAlO_2+CaO+7H_2O$$

$$FeCr_2O_4+2NaOH \xlongequal{} 2NaCrO_2+Fe(OH)_2$$

过氧化钠分解法：$Na_2O_2$ 既是强碱又是强氧化剂，可以分解某些碳酸钠、苛性碱不能分解的物质。

$$2Na_2O_2+2SnO_2 \xlongequal{} 2Na_2SnO_3+O_2$$

$$2FeCr_2O_4+7Na_2O_2 \xlongequal{} 2NaFeO_2+4Na_2CrO_4+2Na_2O$$

② 烧结法。烧结法又称半熔法。加热至熔剂熔点的 57%左右时，由于晶格中的离子或分子获得的能量超过了其晶格能，在它们之间便可发生相互替换作用，即明显发生反应，反应后仍然是不均匀的固态混合物。

烧结法是在低于熔点的温度下使用的，其分解的程度取决于试样的细度和熔剂与试样混匀的程度，一般要求有较长的反应时间和过量的熔剂。

(3) 其他分解法　其他分解样品的方法包括增压溶解法、电解溶解法、微波溶解法和超声波振荡溶解法等。

## 专题六　【阅读材料】分析化学的应用

分析化学是最早发展起来的化学分支学科，在化学学科本身的发展过程中曾起过并将继续起着重要的作用。一些化学基本定律，如质量守恒定律、定比定律、倍比定律的发现，原子论、分子论的创立，原子量的测定，元素周期律的建立，以及确立近代化学学科体系等等方面，都与分析化学的卓越贡献分不开。不仅在化学学科领域的发展上，分析化学起着重大作用，而且在与化学有关的各类科学领域的发展中，例如矿物学、材料科学、生命科学、医药学、环境科学、天文学、考古学及农业科学等等，无不与分析化学紧密相关。任何科学研究，只要涉及化学现象，都需要分析化学提供各种信息，以解决科学研究中的问题。反过来，各有关科学技术的发展，又给分析化学提出了新的要求，从而促进分析化学的发展。

在国民经济建设中，分析化学的实用意义就更为明显。许多工业部门如冶金、化工、建材等部门中原料、材料、中间产品和出厂成品的质量检测，生产过程中的控制和管理，都应用到分析化学，所以人们常把分析化学誉为工业生产的“眼睛”。同样，在农业生产方面，对于土壤的性质、化肥、农药以及作物生长过程中的研究也都离不开分析化学。近年来，环境保护问题越来越引起人们的重视，对大气和水质的连续监测，也是分析化学的任务之一。至于废水、废气和废渣的治理和综合利用，也都需要分析化学发挥作用。在国防建设、刑事侦探方面，以及针对各种恐怖袭击和重大疾病的斗争中，也常需要分析化学的紧密配合。总之由于分析化学在许多领域中起着重要作用，因而，分析化学的发展水平被认为是衡量一个国家科学技术水平的重要标志之一。

以下仅举四个例子，从中可以看出分析化学在工农生产与日常生活中的应用。

## 一、世界最大稀土矿藏白云鄂博矿的发现

1933 年化学家何作霖采用原子发射光谱进行定性分析和定量分析研究白云鄂博的矿石时发现含有稀土元素并大胆预测该矿稀土元素储量丰富，但却被当时的有关部门认为是无稽之谈，无足轻重。

1949 年后，百废待兴，由苏联“援建”的内蒙古包头钢铁厂于 1954 年正式开工生产，但产钢后的炉渣被全部运往苏联。苏联撤走专家后，炉渣成了做抽水马桶的原料，日本大量定购抽水马桶引起有关部门的注意。在何作霖的领导下，经过几年的艰苦努力，终于查明，这个矿山不仅仅是大型铁矿，而且是世界上最大的稀土矿，稀土储量占世界总储量的 80%，使中国成为世界上绝对的“稀土大国”。

## 二、水果之王“猕猴桃”

猕猴桃亦称“中华猕猴桃”，果黄褐色，近球形，原产我国，猕猴桃果实味美，营养丰富，果肉呈绿色，气味芳香，除鲜食外，可加工成果汁饮料、果酒、果酱、果脯、罐头等。据分析，猕猴桃含有 1.47%的蛋白质，12 种氨基酸，尤其是维生素 C 的含量远超一般水果和蔬菜。

维生素 C 是人类营养中所需的最重要维生素之一，属己糖衍生物。蔬菜水果中的维生素 C 一般主要以还原型形态存在。具体测定方法是在中性或弱酸性环境中，以淀粉为指示剂，用碘标准溶液滴定事先处理好的溶液至蓝色为滴定终点，由碘标准溶液的消耗量计算出维生素 C 含量。测定结果表明，以 100g 水果的维生素 C 的含量来计算，猕猴桃含 420mg，鲜枣含 380mg，草莓含 80mg，橙含 49mg，枇杷含 36mg，柑橘、柿子各含 30mg，香蕉、桃子各含 10mg，葡萄、无花果、苹果各自只有 5mg，梨仅含 4mg。故猕猴桃不愧为“水果之王”，可以说是人人称赞的美容水果。

## 三、二噁英事件

1999 年 2 月，比利时养鸡业者发现母鸡产蛋率下降，蛋壳坚硬，肉鸡也出现病态反应，怀疑饲料有问题。经比利时国家检疫部门花了三个月的时间分析检测后发现饲料受到了超量的二噁英污染，有的鸡体内二噁英含量高于正常极限的 1000 倍。事件被揭开后，比利时畜牧业遭受了巨大的经济损失，国家形象受到极大损害，最终导致比利时政府被迫集体辞职，同时也引起各国政府的重视和反思。

二噁英是多氯甲苯和多氯乙苯类有机化学品的俗称，毒性大，是氰化钠的 130 倍、砒霜的 900 倍，故被称为“毒中之毒”。1997 年 2 月 14 日世界卫生组织宣布二噁英家族中的 2,3,7,8-四氯二苯并对二噁英是已知致癌物中的头号致癌物质。自然界中不存在天然的二噁英，二噁英完全是由于人为污染造成的。由于各类食品中二噁英的含量极低（pg/kg 级），因此目前二噁英类化学物质的检测主要采用色谱法、免疫法和生物检测法。

## 四、兴奋剂检测

兴奋剂是指国际奥委会和其他国际体育组织所确定的禁用药物和方法，特指运动员应用任何形式的药物，或者以非正常量，或者通过不正常途径摄入生理物质，企图以人为的和不正当的方式提高竞赛能力。服用“兴奋剂”的确在某种程度上可以提高运动员的竞技水平，但是它违背了“公平竞争”的奥林匹克精神；所带来的毒副作用也严重威胁着运动员的身体健康。

自从 1968 年开始尿检、血检以及尿检和血检相结合的兴奋剂检测以来，分析化学尤其是药物分析成为兴奋剂检测的生力军，气相色谱-质谱（GC-MS）联用技术被认为是较为理想的检测手段。随着分析化学中分离技术的发展和新的分析仪器的出现，更多的兴奋剂可以被检测出来，但是兴奋剂的检测仍然是比较困难的，因为违禁药物在体内的含量很低；有时需要检测其代谢产物；在药物代谢过程中，不同的使用者存在个体差异；而且用药时间长短不同，药物在体内的浓度不同；有的兴奋剂在代谢后，可能转化为其他类的兴奋剂。因此，反兴奋剂的斗争是一项长期而艰巨的任务，尤其需要分析化学能够提供更新的、更为有效的分析检测手段，以维护、弘扬神圣的奥林匹克精神。

## 本章小结

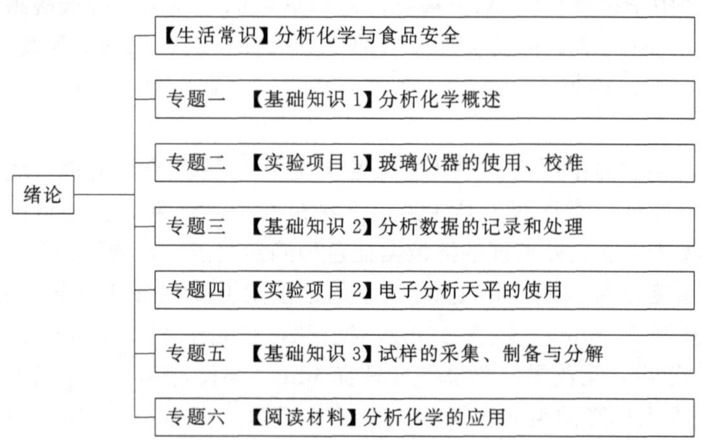


## 课后习题

1. 单项选择题

（1）用 10mL 移液管移出的溶液体积应记录为（　　）。

A. 10mL　　B. 10.0mL　　C. 10.00mL　　D. 10.000mL

（2）滴定分析的相对误差一般要求为±0.1%，滴定时消耗标准溶液的体积应控制在（　　）。

A. 10mL 以下　　B. 15～20mL　　C. 20～30mL　　D. 40～50mL

（3）下面何种（　　）称量要求需用万分之一天平。

A. 1g 样品　　B. 1.0g 样品　　C. 1.00g 样品　　D. 1.000g 样品

E. 1.0000g 样品

（4）以下情况产生的误差属于随机误差的是（　　）。

A. 指示剂变色点与化学计量点不一致　　B. 称量时砝码数值记错

C. 滴定管读数最后一位估计不准　　D. 称量完成后发现砝码破损

（5）对某试样进行三次平行测定，得 MgO 平均含量为 30.6%，而真实含量为 30.3%，则 30.6%－30.3%＝0.3%为（　　）。

A. 绝对误差　　B. 绝对偏差　　C. 相对误差　　D. 相对偏差

（6）欲测某水泥熟料中的 $SiO_2$ 含量，由五人分别进行测定。试样称量皆为 2.2g，五人获得四份报告如下：其中合理的是（　　）。

A. 2.085%　　B. 2.08%　　C. 2.09%　　D. 2.1%

（7）下列情况哪些不属于分析化学的任务（　　）。

A. 确定试样中的元素组成　　B. 无机分析与有机分析

C. 测定某材料的力学性能　　D. 监测大气中 $SO_2$ 浓度

（8）下列数据包括两位有效数字的是（　　），包括四位有效数字的是（　　）。

A. pH＝2.0；$8.7\times10^{-6}$　　B. 0.50%；pH＝4.74

C. 114.0；40.02%　　D. 0.00300；1.052

（9）以测定原理分类，分析方法包括（　　）。

A. 化学分析与仪器分析　　B. 无机分析与有机分析

C. 微量分析与常量分析　　D. 矿物分析

（10）下列算式的结果应以几位有效数字报出：1.20×（112－1.240）÷5.4375（　　）。

A. 5　　B. 4　　C. 3　　D. 2

2. 计算题

（1）按有效数字运算规则，计算下列结果：

① $3.72+10.6355=?$

② $2.187\times0.584+9.6\times10^{-5}-0.0326\times0.00814=?$

③ $0.03250\times5.703\times60.1\div126.4=?$

（2）用分析天平称得 A、B 两物质的质量分别为 1.7765g、0.1776g；两物体的真实值分别为 1.7766g、0.1777g，求两者的绝对误差与相对误差。计算结果说明了什么？

（3）天平称量的相对误差为±0.1%，称量：0.5g；1g；2g。试计算绝对误差各为多少。

（4）测定某亚铁盐中铁的质量分数（%）分别为 38.04、38.02、37.86、38.18、37.93。计算平均值、平均偏差、相对平均偏差、标准偏差、相对标准偏差和极差。

3. 分析题

| （1）测定某元素： | 平均值 | 标准偏差 |
| --- | --- | --- |
| 甲测定结果 | 6.96% | 0.03 |
| 乙测定结果 | 7.06% | 0.03 |

若多次测定的总体平均值为 7.02%，试比较甲乙测定结果的优劣。

（2）用 $Na_2CO_3$ 作基准试剂，对溶液的浓度进行标定，共作六次，其结果（单位为

mol/L）为：0.5050、0.5042、0.5086、0.5063、0.5051、0.5064，用 $4\overline{d}$ 法判断 0.5086mol/L 是否应弃去（置信度为 90%）？

4.计算题

（1）钢中铬含量五次测定结果为：1.12%、1.15%、1.11%、1.16%、1.12%。计算标准偏差、相对标准偏差和分析结果的置信区间（置信度 95%）。

（2）石灰石中铁含量测定结果 1.61%、1.53%、1.54%、1.83%。试用 $Q$ 检验法和 $4\overline{d}$ 检验法检验是否有应舍弃的可疑数据（置信度 90%）。

# 第二章

# 滴定分析概论

## 知识目标

1. 了解责任关怀与绿色化工的社会意义；
2. 掌握滴定分析的基本术语、滴定反应条件、分类、滴定方式；
3. 掌握基准物质、标准溶液等概念；
4. 掌握物质的量及其单位；
5. 掌握溶液浓度的各种表示方法及不同表示方法间的计算。

## 能力目标

1. 学会配制溶液，学会滴定操作并计算结果；
2. 小组成员间的团队协作能力；
3. 培养学生的动手能力和绿色环保、安全生产的意识。

生活常识 

### 责任关怀与绿色化工

“责任关怀”是于20世纪80年代国际上开始推行的一种企业理念，1985年，它由加拿大政府首先提出，1992年被化工协会国际联合会接纳并形成在全球推广的计划。其宗旨是在全球石油和化工企业实现自愿改善健康、安全和环境质量。

三十多年来，“责任关怀”在全球一百多个国家和地区得到推广，几乎所有跻身世界500强的化工企业都践行了这一理念。“责任关怀”是化工行业针对自身的发展情况，提出的一整套自律性的，持续改进环保、健康及安全绩效的管理体系。它不只是一系列规则和口号，而是通过信息分享，严格的检测体系，运行指标和认证程序，向世人展示化工企业在健康、安全和环境质量方面所做的努力。全球化学工业通过实施“责任关怀”，可以使其生产过程更为安全有效，从而为企业创造更大的经济效益，并且极大程度地取得公众信任，实现全行业的可持续发展。

绿色化工正是践行责任关怀理念的具体实施，指的是在化工产品生产过程中，从工艺源头上就运用环保的理念，推行源消减，进行生产过程的优化集成，废物再利用与资源化，从而降低成本与消耗，减少废弃物的排放和毒性，减少产品全生命周期对环境的不良影响。绿色化工的兴起，使化学工业环境污染的治理由先污染后治理转向从源头上根治环境污染。

# 专题一 【基础知识 1】滴定分析法概述

## 一、滴定分析基本术语

### 1. 滴定分析

通过滴定操作，将已知准确浓度的标准溶液滴加到被测物质的溶液中，直至标准溶液与被测物质恰好定量反应完全，再根据所加标准溶液的浓度和所消耗的体积，计算出试样中待测组分的含量。这一类分析方法称为滴定分析，也称容量分析。

### 2. 标准溶液

在滴定分析过程中，确定了准确浓度的用于滴定分析的溶液，称为标准溶液（或滴定剂）。

### 3. 滴定

用滴定管将标准溶液逐滴加入到盛有一定量被测物质溶液中的操作过程称为滴定。

### 4. 化学计量点

当加入的标准溶液的量与被测物的量恰好符合化学反应式所表示的化学计量关系量时，称反应到达化学计量点（以 sp 表示）。

### 5. 指示剂

滴定操作时通常加入某种辅助试剂，利用该试剂的颜色突变来判断化学计量点。这种辅助试剂称为指示剂。

### 6. 滴定终点

简称终点，是指滴定时指示剂突然改变颜色的那一点（常以 ep 表示）。

### 7. 终点误差

化学计量点是理论上确定的，滴定终点是通过指示剂颜色突变而确定的，在实际分析中，二者很难达到完全一致。滴定终点往往与理论上的化学计量点不一致，它们之间存在一定的差别。由滴定终点和化学计量点不一致所引起的误差称为终点误差，是滴定分析误差的主要来源之一，其大小决定于化学反应的完全程度和指示剂的选择。

滴定分析适用于常量组分（被测组分含量在 1%以上）的测定，滴定分析方法准确度高，分析的相对误差可在 0.1%左右，主要仪器为滴定管、移液管、容量瓶和锥形瓶等，操作简便、快速。

## 二、滴定分析的分类

### 1. 酸碱滴定法

酸碱滴定法是以酸、碱之间质子传递反应为基础的一种滴定分析法，可用于测定酸、碱和两性物质。其基本反应为

$$H^+ + OH^- \longrightarrow H_2O$$

### 2. 配位滴定法

配位滴定法是以配位反应为基础的一种滴定分析法，可用于对金属离子进行测定。常采用 EDTA 作配位剂，其反应为：

$$M^{n+} + Y^{4-} \longrightarrow MY^{n-4}$$

式中　$M^{n+}$——金属离子；

$Y^{4-}$——EDTA 的阴离子。

### 3. 氧化还原滴定法

氧化还原滴定法是以氧化还原反应为基础的一种滴定分析法，可用于对具有氧化还原性质的物质或某些不具有氧化还原性质的物质进行测定，如重铬酸钾法测定铁，其反应为：

$$Cr_2O_7^{2-} + 6Fe^{2+} + 14H^+ \longrightarrow 2Cr^{3+} + 6Fe^{3+} + 7H_2O$$

### 4. 沉淀滴定法

沉淀滴定法是以沉淀生成反应为基础的一种滴定分析法。可用于对 $Ag^+$、$CN^-$、$SCN^-$ 及类卤素等离子进行测定，如银量法，其反应为：

$$Ag^+ + Cl^- \longrightarrow AgCl\downarrow$$

## 三、滴定反应的条件与滴定方式

### 1. 滴定分析对化学反应的要求

(1) 反应要按一定的化学反应式进行完全，通常要求达到 99.9%以上，不发生副反应；

(2) 反应速率要快，速率较慢的反应，应采取适当措施提高反应速率；

(3) 有适当的指示剂或其他简便方法确定滴定终点。

### 2. 滴定方式

(1) 直接滴定法　凡能满足滴定分析对化学反应要求的反应都可用标准溶液直接滴定被测物质。例如用 NaOH 标准溶液可直接滴定 HAc、HCl、$H_2SO_4$ 等试样。直接滴定法是最常用和最基本的滴定方式，简便、快速，引入的误差较小。如果反应不能完全符合上述要求时，则可选择采用下述方式进行滴定。

(2) 返滴定法　又称回滴法。在待测试液中准确加入适当过量的标准溶液，待反应完全后，再用另一种标准溶液返滴定剩余的第一种标准溶液，从而测定待测组分的含量，这种滴定方式称为返滴定法。例如，$Al^{3+}$ 与 EDTA（乙二胺四乙酸）溶液反应速率慢，不能直接滴定，可采用返滴定法。即在一定的 pH 条件下，在待测的 $Al^{3+}$ 试液中加入过量的 EDTA 溶液，加热使反应完全，再用另外一种锌标准溶液返滴定剩余的 EDTA 溶液，从而计算出试样中 $Al^{3+}$ 的含量。

(3) 置换滴定法　先加入适当的试剂与待测组分定量反应，生成另一种可被滴定的物

质，再利用标准溶液滴定反应产物，由标准溶液的消耗量、反应生成的物质与待测组分等物质的量关系计算出待测组分的含量。例如，$K_2Cr_2O_7$ 标定 $Na_2S_2O_3$ 溶液的浓度时，在酸性溶液中 $K_2Cr_2O_7$ 能将 $Na_2S_2O_3$ 部分氧化成 $S_4O_6^{2-}$ 及 $SO_4^{2-}$ 等混合物。所以 $K_2Cr_2O_7$ 溶液不能直接滴定 $Na_2S_2O_3$，采用置换滴定法，即在一定量的 $K_2Cr_2O_7$ 酸性溶液中，与过量的 KI 作用析出相当量的 $I_2$，以淀粉为指示剂，用 $Na_2S_2O_3$ 溶液滴定析出的 $I_2$，进而求得 $Na_2S_2O_3$ 溶液的浓度。

(4) 间接滴定法　某些待测组分不能直接与标准溶液反应，但可通过其他化学反应间接测定其含量。例如用氧化还原滴定法测定 $Ca^{2+}$ 时，利用 $(NH_4)_2C_2O_4$ 与 $Ca^{2+}$ 作用形成 $CaC_2O_4$ 沉淀，过滤洗涤后，加入 $H_2SO_4$ 使其溶解，用 $KMnO_4$ 标准滴定溶液滴定与 $Ca^{2+}$ 结合的 $C_2O_4^{2-}$ 就可间接测定 $Ca^{2+}$ 的含量。

由于返滴定法、置换滴定法和间接滴定法的应用，使滴定分析法的应用更加广泛。

## 四、基准物质和标准溶液

标准溶液是指已知准确浓度的溶液，在各种滴定分析方法中都要用到标准溶液，配制方法有直接配制法和间接配制法（基准物质标定法）。

能够直接配制标准溶液或标定溶液浓度的物质称为基准物质。基准物质必须具备下列条件：

(1) 组成恒定并与化学式相符，包括结晶水。例如，$H_2C_2O_4 \cdot 2H_2O$、$Na_2B_4O_7 \cdot 10H_2O$ 等。

(2) 纯度足够高，达 99.9%以上。

(3) 试剂性质稳定，不易吸收空气中的水分和 $CO_2$，不易被氧化、风化或潮解。

(4) 有较大的摩尔质量，以减少称量时的相对误差。

(5) 试剂参加滴定反应时，应严格按反应式定量进行，没有副反应。

常用的基准物质有 $NaHCO_3$、$Na_2B_4O_7 \cdot 10H_2O$、$KHC_8H_4O_4$、$H_2C_2O_4 \cdot 2H_2O$、$K_2Cr_2O_7$、NaCl、$CaCO_3$、金属锌等。

### 算一算

欲配 $c(Na_2CO_3)=0.1000mol/L$ 的 $Na_2CO_3$ 标准滴定溶液 250.00mL，应称取基准试剂 $Na_2CO_3$ 多少克？已知 $M(Na_2CO_3)=106.00g/mol$。

## 专题二　【实验项目】标准溶液的配制

**【任务描述】**

通过配制与标定盐酸、氢氧化钠标准溶液，学会滴定标准溶液的配制与标定。

**【教学器材】**

药匙、250mL 容量瓶、电子分析天平、烧杯、玻璃棒、量筒、胶头滴管。

**【教学药品】**

化学纯 HCl、NaOH。

【组织形式】

三个同学为一实验小组，根据教师给出的引导步骤和要求，自行完成实验。

【注意事项】

(1) 容量瓶与塞子必须原配，不能混用，否则密封会不好；

(2) 容量瓶使用前要检查是否漏水（检漏）：加水—塞塞—倒立观察—若不漏—正立旋转 180°—再倒立观察—不漏则用；

(3) 溶解或稀释的操作不能在容量瓶中进行；

(4) 容量瓶不能存放溶液或进行化学反应；

(5) 根据所配溶液的体积选取规格；

(6) 考虑温度因素，使用时手握瓶颈刻度线以上部位。

【实验步骤】

## 一、 氢氧化钠标准溶液的配制和标定（依据国标 GB/T 5009.1—2003）

$c(NaOH)=1mol/L$

$c(NaOH)=0.5mol/L$

$c(NaOH)=0.1mol/L$

### 1. 氢氧化钠标准溶液的配制

称取 120g NaOH，溶于 100mL 无 $CO_2$ 的水中，摇匀，注入聚乙烯材质容器中，密闭放置至溶液清亮，即制得 NaOH 饱和溶液。用塑料管吸取下列规定体积的上层清液，用不含 $CO_2$ 的水稀释至 1000mL，摇匀。

| $c(NaOH)/(mol/L)$ | NaOH 饱和溶液/mL |
|---|---|
| 1 | 56 |
| 0.5 | 28 |
| 0.1 | 5.6 |

### 2. 氢氧化钠标准溶液的标定

(1) 测定方法　称取下列规定量的基准试剂邻苯二甲酸氢钾，于 105～110℃电烘箱烘至恒重。称准至 0.0001g，溶于下列规定体积的无 $CO_2$ 的水中，加 2 滴酚酞指示液(10g/L)，用配制好的 NaOH 溶液滴定至溶液呈粉红色并保持 30s。同时做空白实验。

| $c(NaOH)/(mol/L)$ | 基准邻苯二甲酸氢钾/g | 无 $CO_2$ 水/mL |
|---|---|---|
| 1 | 7.5 | 80 |
| 0.5 | 3.8 | 80 |
| 0.1 | 0.75 | 50 |

(2) 计算　氢氧化钠标准溶液浓度按下式计算：

$$c(NaOH)=\frac{1000m}{(V-V_0)\times 204.2}$$

式中　$c(NaOH)$——氢氧化钠标准溶液的物质的量的浓度，mol/L；

$V$——消耗氢氧化钠的量，mL；

$V_0$——空白实验消耗氢氧化钠的量，mL；

$m$——邻苯二甲酸氢钾的质量，g；

204.2——邻苯二甲酸氢钾的摩尔质量，g/mol。

## 二、 盐酸标准溶液的配制和标定（依据国标GB/T 5009.1—2003）

$c(HCl)=1mol/L$

$c(HCl)=0.5mol/L$

$c(HCl)=0.1mol/L$

### 1. 盐酸标准溶液的配制

量取下列规定体积的盐酸，注入1000mL水中，摇匀。

| $c(HCl)/(mol/L)$ | HCl/mL |
|---|---|
| 1 | 90 |
| 0.5 | 45 |
| 0.1 | 9 |

### 2. 盐酸标准溶液的标定

（1）测定方法　称取下列规定量的无水碳酸钠于270～300℃灼烧至质量恒定，称准至0.0001g。溶于50mL水中，加10滴溴甲酚绿-甲基红混合指示液，用配制好的盐酸溶液滴定至溶液由绿色变为紫红色，再煮沸2min，冷却后，继续滴定至溶液再呈暗紫色。同时做空白实验。

| $c(HCl)/(mol/L)$ | 基准无水碳酸钠/g | 无$CO_2$水/mL |
|---|---|---|
| 1 | 1.5 | 50 |
| 0.5 | 0.8 | 50 |
| 0.1 | 0.15 | 50 |

（2）计算　盐酸标准溶液的浓度按下式计算：

$$c(HCl)=\frac{2\times1000m}{(V-V_0)\times106.0}$$

式中　$c(HCl)$——盐酸标准溶液的物质的量的浓度，mol/L；

$m$——无水碳酸钠的质量，g；

$V$——盐酸溶液的用量，mL；

$V_0$——空白实验盐酸溶液的用量，mL；

106.0——无水碳酸钠的摩尔质量，mol/L。

溴甲酚绿-甲基红混合指示剂：三份2g/L的溴甲酚绿乙醇溶液与两份1g/L的甲基红乙醇溶液混合。

**【任务解析】**

标准溶液的配制方法有直接法和标定法两种。

### 1. 直接法

准确称取一定量的基准物质，经溶解后，定量转移于一定体积容量瓶中，用蒸馏水稀释至刻度，摇匀。根据溶质的质量和容量瓶的体积，即可计算出该标准溶液的准确浓度。

### 2. 间接法

如 HCl、NaOH、$KMnO_4$、$I_2$、$Na_2S_2O_3$ 等试剂，不能满足基准物质的条件，不适合用直接法配制成标准溶液，需要采用间接法（又称为标定法）。

首先用分析纯试剂配制成接近于所需浓度的溶液（所配溶液的浓度值应在所需浓度值的±5%范围以内），然后用基准物质来确定它的准确浓度，此测定过程称为标定。

配制好的溶液贴上标签，标明物质名称、浓度、日期、配制人员。标准溶液在常温（15～25℃）下保存一般不超过两个月，当出现沉淀、浑浊或变色时应重新配制。

标准溶液的配制可参考 GB/T 601—2002《化学试剂　标准滴定溶液的制备》。

**想一想**

怎样校正容量瓶？

## 专题三　【基础知识 2】溶液浓度的表示方法

## 一、物质的量及其单位——摩尔

### 1. 发展历史

摩尔是在 1971 年 10 月有 41 个国家参加的第 14 届国际计量大会决定增加的国际单位制（SI）的第七个基本单位，见表 2-1。摩尔用于计算微粒的数量、物质的质量、气体的体积、溶液的浓度、反应过程的热量变化等。摩尔来源于拉丁文 moles，原意为大量、堆积。

### 2. 定义

物质的量是国际单位制（SI）中七个基本物理量之一，是一个物理量的整体名词。它表示含有一定数目粒子的集体，符号为 $n$。物质的量的单位为摩尔，简称摩，符号为 mol。国际上规定，1mol 粒子集体所含的粒子数与 0.012kg $^{12}C$（碳 12）中所含的碳原子数相同，即 1mol 任何物质所包含的结构粒子的数目都等于 0.012kg $^{12}C$ 所包含的原子个数。

根据科学实验的精确测定，0.012kg 的碳原子 $^{12}C$ 中含有的 $^{12}C$ 原子数约 $6.02\times10^{23}$ 个。这一数据被称为阿伏伽德罗数（Avogadro constant），符号 $N_A$，因意大利化学家阿莫迪欧·阿伏伽德罗（1776～1856）得名。

**表 2-1　七个基本物理量及其单位**

| 物理量 | 单位 | 单位符号 |
| --- | --- | --- |
| 质量 | 千克 | kg |
| 长度 | 米 | m |
| 电流强度 | 安培 | A |
| 发光强度 | 坎德拉 | cd |
| 时间 | 秒 | s |
| 热力学温度 | 开尔文 | K |
| 物质的量 | 摩尔 | mol |

摩尔与一般的单位不同，它有两个特点：一是它计量的对象是微观基本单元，如分子、离子等，而不能用于计量宏观物质。二是它以阿伏加德罗数为计量单位，是个批量，不是以个数来计量分子、原子等微粒的数量。也可以用于计量微观粒子的特定组合，例如，用摩尔计量硫酸的物质的量，即 1mol 硫酸含有 $6.02\times10^{23}$ 个硫酸分子。

摩尔是化学上应用最广的计量单位，化学反应式的计算、溶液中的计算、溶液的配制及其稀释、有关化学平衡的计算、气体摩尔体积及热化学中都离不开这个基本单位。

### 3. 摩尔质量

1mol 物质的质量称为该物质的摩尔质量，用符号 $M$ 表示，单位是 g/mol（克/摩），读作“克每摩”。例如，水的摩尔质量为 18g/mol，写成 $M(H_2O)=18g/mol$。

物质的质量（$m$）、物质的量（$n$）与物质的摩尔质量（$M$）相互之间的关系如下：

$$n=m/M$$

## 二、气体摩尔体积

单位物质的量的气体所占的体积，叫作该气体的摩尔体积，用符号 $V_m$ 表示，单位是 L/mol（升/摩尔）。气体摩尔体积不是固定不变的，它取决于气体所处的温度和压强。在标准状况下（STP，0℃、101kPa），1mol 任何理想气体所占的体积都约为 22.4L，气体摩尔体积为 22.4L/mol。在 25℃、$1.01\times10^5$ Pa 时气体摩尔体积约为 24.5L/mol。

气体摩尔体积 $V_m$ 与 $T$、$P$、$n$ 等之间关系：相同温度、相同压强下，体积 $V$ 相同，则气体物质的量 $n$ 相同。由此推出，同温度、同压强下，

$$\frac{V_1}{V_2}=\frac{n_1}{n_2}$$

使用气体摩尔体积时应注意：

① 必须是标准状况（0℃、101kPa）；

②“任何理想气体”既包括纯净物又包括气体混合物；

③ 22.4L 是个近似数值；

④ 单位是 L/mol，而不是 L；

⑤ 决定气体摩尔体积大小的因素是气体分子间的平均距离，而影响气体分子间的平均距离的因素是温度和压强；

⑥ 在标准状况下，1mol $H_2O$ 的体积不是 22.4L，因为，标准状况下的 $H_2O$ 是冰水混合物，不是气体；

⑦ 气体摩尔体积通常用 $V_m$ 表示，计算式 $n=V/V_m$，$V_m$ 表示气体摩尔体积，$V$ 表示体积，$n$ 表示物质的量。

## 三、溶液浓度的表示方法

### 1. 物质的量浓度

标准溶液的浓度常用物质的量浓度表示。物质 B 的物质的量浓度是指溶液中 B 的物质的量除以溶液的体积，用 $c_B$ 表示。即

$$c_B=\frac{n_B}{V}$$

式中　$n_B$——溶液中溶质 B 的物质的量，mol 或 mmol；

$V$——溶液的体积，L 或 mL；

$c_B$——浓度，mol/L。

由于物质的量 $n_B$ 的数值，取决于基本单元的选择，因此表示 B 的浓度时，必须标明基本单元。待测物质的基本单元的确定：在滴定反应中，根据酸碱反应的质子转移数、氧化还原反应的电子得失数或反应的计量关系来确定。

在滴定分析反应中，标准溶液基本单元一般均有规定。如在酸碱反应中常以 NaOH、HCl、$1/2H_2SO_4$ 为基本单元；在氧化还原反应中常以 $1/2I_2$、$Na_2S_2O_3$、$1/5KMnO_4$、$1/6KBrO_3$、$1/6K_2Cr_2O_7$ 等为基本单元。在配位反应中 EDTA 标准滴定溶液基本单元规定为 EDTA；在沉淀滴定法中 $AgNO_3$ 标准滴定溶液基本单元规定为 $AgNO_3$。即物质 B 在反应中的转移质子数或得失电子数为 $Z_B$ 时，基本单元选 $1/Z_B$。

例如，$H_2SO_4$ 溶液的浓度，当选择 $H_2SO_4$ 为基本单元时，其物质的量为 $n(H_2SO_4)$；当选择 $1/2H_2SO_4$ 为基本单元时，其物质的量为 $n(1/2H_2SO_4)$。

当用 HCl 标准溶液滴定 $Na_2CO_3$ 时，滴定反应为：

$$2HCl+Na_2CO_3 \longrightarrow 2NaCl+CO_2\uparrow+H_2O$$

则：

$$n(Na_2CO_3)=\frac{1}{2}n(HCl)$$

$$Na_2CO_3 \text{ 的基本单元为} \frac{1}{2}Na_2CO_3\text{。}$$

在酸性溶液中用 $KMnO_4$ 标准滴定溶液滴定 $Fe^{2+}$ 时，滴定反应为

$$MnO_4^-+5Fe^{2+}+8H^+ \longrightarrow Mn^{2+}+5Fe^{3+}+4H_2O$$

则：

$$n\left(\frac{1}{5}KMnO_4\right)=n(Fe^{2+})$$

$$Fe^{2+} \text{ 的基本单元为 } Fe^{2+}\text{。}$$

### 2. 质量分数

100g 溶液中含有溶质的质量（g）数，如 10%氢氧化钠溶液，就是 100g 溶液中含 10g 氢氧化钠。如果溶液中含百万分之几（$10^{-6}$）的溶质，用$\times10^{-6}$ 或 μg/g、mg/kg 表示，如果溶液中含十亿分之几（$10^{-9}$）的溶质，用$\times10^{-9}$ 表示。

### 3. 体积分数

100mL 溶液中所含溶质的体积（mL）数，如 95%乙醇，就是 100mL 溶液中含有 95mL 乙醇和 5mL 水。如果浓度很稀也可用$\times10^{-6}$、$cm^3/m^3$ 或 μg/L 表示。

### 4. 体积比浓度

是指用溶质与溶剂的体积比表示的浓度。如 1∶1 盐酸，即表示 1 体积量的盐酸和 1 体积量的水混合的溶液。

### 5. 滴定度

滴定度是指 1mL 标准溶液相当于被测物质的质量（g 或 mg），用 $T_{B/A}$ 表示。用滴定度表示标准溶液的浓度。例如，若 1mL $KMnO_4$ 标准溶液恰好能与 0.005012g $Fe^{2+}$ 反应，则该 $KMnO_4$ 标准溶液的滴定度可表示为 $T_{Fe/KMnO_4}=0.005012g/mL$。如滴定时消耗 20.00mL $KMnO_4$ 标准滴定溶液，则相当于铁的质量为 $m=0.005012g/mL\times20.00mL=0.1002g$。

用 $T_A$ 表示时是指 1mL 标准滴定溶液相当于溶质的质量。例如 $T_{NaOH}=0.004876g/mL$，则表示 1mL NaOH 标准溶液相当于溶质的质量是 0.004876g。

用滴定度来表示标准溶液的浓度，在工厂化验室中，对大量的试样中同一组分进行常规分析十分简便。

## 四、滴定分析法计算

滴定分析是用标准溶液滴定被测物质的溶液，滴定分析结果计算的依据为：当滴定到化学计量点时，它们的物质的量之间的关系恰好符合其化学反应所表示的化学计量关系。根据这个基本的化学计量关系，可以计算待测组分物质的量浓度，或待测组分在试样中所占的质量分数。计算中要注意选取的分子、离子或原子的基本单元，避免不同物质间化学计量关系错误。

### 1. 滴定分析计算的依据

设标准溶液（滴定剂）中的溶质 B 与被滴定物质（被测组分）A 之间的化学反应为：

$$aA+bB=\!=\!=cC+dD$$

反应定量完成后达到计量点时，$b$ mol 的 B 物质恰与 $a$ mol 的 A 物质完全作用，生成了 $c$ mol 的 C 物质和 $d$ mol 的 D 物质。

完全反应，反应前和反应后物质的量相等。

溶液稀释前后，其中溶质的物质的量不会改变。

$$c_{浓}V_{浓}=c_{稀}V_{稀}$$

### 2. 滴定分析法计算实例

（1）标准溶液的配制（直接法）、稀释与增浓的计算　基本公式：

$$m_B=c_BV_BM_B$$

$$c_BV_B=c'_BV'_B$$

**【例 1】** 已知浓盐酸的密度为 1.19g/mL，其中 HCl 含量约为 37%。

计算：（1）每升浓盐酸中所含 HCl 的物质的量和浓盐酸的浓度。

（2）欲配制浓度为 0.10mol/L 的稀盐酸 5000mL，需量取上述浓盐酸多少毫升？

**解：** $M_{HCl}=36.46g/mol$

$$n_{HCl}=\frac{m_{HCl}}{M_{HCl}}=\frac{1.19g/mL\times1.0\times10^3mL\times0.37}{36.46g/mol}=12mol$$

$$c_{HCl}=\frac{n_{HCl}}{V_{HCl}}=\frac{12mol}{1.0L}=12mol/L$$

$$c_{浓}V_{浓}=c_{稀}V_{稀}$$

$$12V_{浓}=0.10\times5000$$

$$V_{浓}=41.67(mL)$$

**【例 2】** 现有 HCl 溶液（0.09760mol/L）4800mL，欲使其浓度为 0.1000mol/L，问应加入 HCl 溶液（0.5000mol/L）多少？

**解：** $c_{原}\times4800+0.5000V_{加}=0.1000\times(4800+V_{加})$

$$V_{加}=28.8(mL)$$

（2）标定溶液浓度的有关计算　基本公式：

$$\frac{m_A}{M_A}=c_BV_B$$

**【例 3】** 用 $Na_2CO_3$ 标定 0.2mol/L HCl 标准溶液时，若使用 25mL 左右滴定液，问应称取基准 $Na_2CO_3$ 多少克？已知：$M_{1/2\ Na_2CO_3}=106.02\div 2=53.01$（g/mol）

**解：** $2HCl+Na_2CO_3 \longrightarrow 2NaCl+CO_2+H_2O$

$$c_{HCl}V/1000=m/M_{1/2Na_2CO_3}$$

$$m=c_{HCl}V\frac{M_{1/2Na_2CO_3}}{1000}=0.2\times 25\times\frac{53.01}{1000}=0.265(g)$$

**【例 4】** 要求在标定时用去 0.10mol/L NaOH 溶液 20～25mL，问应称取基准试剂邻苯二甲酸氢钾（KHP）多少克？如果改用草酸（$H_2C_2O_4\cdot 2H_2O$）作基准物质，又应称取多少克？从计算结果能看出什么结论？

已知：$M_{KHP}=204.22$g/mol，$M_{H_2C_2O_4\cdot 2H_2O}=126.07$g/mol

**解：** 以邻苯二甲酸氢钾（KHP）为基准物质，其滴定反应为：

$$KHP+NaOH \longrightarrow KNaP+H_2O$$

即 $c_{NaOH}V/1000=m/M_{KHP}$

$$m=c_{NaOH}VM_{KHP}/1000$$

$$V=20mL, m_{KHP}=0.10\times 20\times 204.22\div 1000=0.40(g)$$

$$V=25mL, m_{KHP}=0.10\times 25\times 204.22\div 1000=0.50(g)$$

因此，以邻苯二甲酸氢钾（KHP）的称量范围为 0.40～0.50g。

若改用草酸（$H_2C_2O_4\cdot 2H_2O$）为基准物质，此时的滴定反应为：

$$H_2C_2O_4+2NaOH \longrightarrow Na_2C_2O_4+2H_2O$$

即

$V=20$mL，$m_{H_2C_2O_4\cdot 2H_2O}=0.10\times 20\times 126.07\div 2000=0.13$（g）

$V=25$mL，$m_{H_2C_2O_4\cdot 2H_2O}=0.10\times 25\times 126.07\div 2000=0.16$（g）

因此，草酸的称量范围为 0.13～0.16g。

结论：由于邻苯二甲酸氢钾（KHP）的摩尔质量较大，草酸（$H_2C_2O_4\cdot 2H_2O$）的摩尔质量较小，且又是二元酸，所以在标定同一浓度的 NaOH 溶液时，后者的称量范围要小得多。显然，在分析天平的（绝对）称量误差一定时，采用摩尔质量较大的邻苯二甲酸氢钾（KHP）作为基准试剂，可以减小称量的相对误差。

（3）物质的量浓度与滴定度之间的换算

① 因为滴定度是指每毫升滴定剂溶液相当于待测物质的质量，所以滴定度 $T_T\times$ 1000mL 即为 1L 标准溶液中所含溶质 T 的质量（$m_T$），$T_T$ 除以溶质 T 的摩尔质量 $M_T$，即得溶质 T 的物质的量浓度 $c_T$，即

$$c_T=\frac{T_T\times 1000}{M_T}\qquad T_T=\frac{c_TM_T}{1000}$$

② 如果求 T 对 B 的滴定度 $T_{T/B}$ 时，$tT+bB \longrightarrow cC+dD$。

T 与 B 的反应的物质的量之比为 $t/b$，因此每毫升滴定剂 T 标准溶液中，T 的物质的量相当于被测物质的量乘以 $t/b$，$T_{T/B}$ 单位为 g/mL。

因为 $T_{T/B}=\dfrac{m_B}{V_T}$

又由于 $\dfrac{n_T}{n_B}=\dfrac{t}{b}=\dfrac{c_TV_T}{m_B/M_B}=\dfrac{c_T}{\dfrac{m_B}{V_TM_B}}=\dfrac{c_T\times 1000}{T_{T/B}/M_B}$

故 $T_{T/B}=\dfrac{c_T M_B}{1000}\times\dfrac{b}{t}$

③ 被测物质质量分数的计算。当滴定剂的浓度用滴定度 $T_{T/B}$ 表示时，则被测组分 B 的百分含量可由下式求得：

$$w_B=\frac{V_T T_{T/B}}{m_s}\times 100\%$$

**【例 5】** 称取 $Na_2CO_3$ 试样 0.2600g，溶于水后用 $T_{HCl}=0.007640\text{g/mL}$ 的 HCl 标准溶液滴定，共用去 22.50mL，求 $Na_2CO_3$ 的百分含量。

**解：** 因为 $c_T=\dfrac{T_T\times 1000}{M_T}$ 得

$$c_{HCl}=\frac{T_{HCl}\times 1000}{M_{HCl}}=\frac{0.007640\text{g/mL}\times 1000}{36.46\text{g/mol}}=0.2095\text{mol/L}$$

$$w(Na_2CO_3)=\frac{c_{HCl}V_{HCl}\times\frac{1}{2}M_{Na_2CO_3}}{m_s}\times 100\%$$

$$w(Na_2CO_3)=\frac{0.2095\text{mol/L}\times 22.50\times 10^{-3}\text{L}\times\frac{1}{2}M_{Na_2CO_3}}{0.2600\text{g}}\times 100\%=96.08\%$$

**【例 6】** 要加多少体积水到 $5.000\times 10^2$mL 0.2000mol/L HCl 溶液中，才能使稀释后的 HCl 标准溶液对 $CaCO_3$ 的滴定度 $T_{HCl/CaCO_3}=5.005\times 10^{-3}\text{g/mL}$？

**解：** 已知 $M_{CaCO_3}=100.09\text{g/mol}$

$$CaCO_3+2HCl=\!=\!=CaCl_2+H_2O+CO_2\uparrow$$

根据前式计算可得：

$$c_{HCl}=\frac{10^3\times T_{HCl/CaCO_3}}{M_{CaCO_3}}\times 2=\frac{10^3\times 5.005\times 10^{-3}\times 2}{100.09}=0.1000(\text{mol/L})$$

设稀释时加入纯水为 $V$（mL），得：

$$0.2000\times 5.000\times 10^2=0.1000\times(5.000\times 10^2+V)$$

$$V=500.00(\text{mL})$$

**【例 7】** 称取铁矿样 0.5000g，溶解还原成 $Fe^{2+}$ 后，用 $T_{K_2Cr_2O_7/Fe}=0.005022\text{g/mL}$ 的重铬酸钾标准溶液滴定，消耗 25.10mL，求 $T_{K_2Cr_2O_7/Fe_3O_4}$ 和试样中以 Fe、$Fe_3O_4$ 表示时的质量分数。

**解：** $Cr_2O_7^{2-}+6Fe^{2+}+14H^+\longrightarrow 2Cr^{3+}+6Fe^{3+}+7H_2O$

因为 $n_{Fe_3O_4}=\dfrac{1}{3}n_{Fe}$，故 $T_{K_2Cr_2O_7/Fe_3O_4}=T_{K_2Cr_2O_7/Fe}\dfrac{M_{Fe_3O_4}}{3M_{Fe}}$

$$=0.005022\times\frac{231.5}{3\times 55.85}=0.006939\ (\text{g})$$

$$w_{Fe}=\frac{m_{Fe}}{m_s}=\frac{T_{K_2Cr_2O_7/Fe}V_{K_2Cr_2O_7}}{m_s}\times 100\%$$

$$=\frac{0.005022\times 25.10}{0.5000}\times 100\%=25.21\%$$

$$w_{Fe_3O_4}=\frac{m_{Fe_3O_4}}{m_s}=\frac{T_{K_2Cr_2O_7/Fe_3O_4}V_{K_2Cr_2O_7}}{m_s}\times 100\%$$

$$=\frac{0.006939\times25.10}{0.5000}\times100\%=34.83\%$$

想一想

滴定度与物质的量浓度如何换算？

## 专题四　【阅读材料】责任关怀全球宪章

责任关怀理念由加拿大于1985年提出，是全球化工行业针对化学品安全生命周期的安全管理做出的共同承诺，目前已在全球60多个国家和地区得到实践。通过贯彻责任关怀理念，化工行业领军企业强化了他们在提高行业绩效、提升生活品质以及促进全球可持续发展中的角色。

2014年，国际化工协会联合会理事会重新修订《责任关怀全球宪章》，着重强调了全球化工企业在维护“责任关怀”理念中的责任和义务，并将流程安全性、防护措施和可持续性等重要的企业运营环节列入目标。签署《全球宪章》的企业不但要在其组织内贯彻“责任关怀”理念，而且要为这一理念在全球的推动发挥引领作用。

《责任关怀全球宪章》自2014年重新修订以来，得到了包括中国企业在内的全球化工企业的拥护和支持。

## 一、采用全球责任关怀的核心原则

责任关怀全球宪章的核心原则包括：

（1）不断提高化工企业在技术、生产工艺和产品中对环境、健康和安全的认知度和行动意识，从而避免产品周期对人类和环境造成损害；

（2）充分使用能源并使废物达到最小化；

（3）公开报告其行动、成绩和缺陷；

（4）倾听、鼓励并与大众共同努力以达到理解和主张他们关注和期望的内容；

（5）与政府和相关组织在相关规则和标准的发展和实施中进行合作，来更好地制定和协助实现这些规则和标准；

（6）在生产链中给所有管理和使用“化学品责任管理”的人提供帮助和建议。

## 二、实施国家责任关怀项目的基本特征

各国化学组织需根据以下八项指导原则来制定自己的责任关怀计划：

（1）建立并执行一套会员企业共同签署的指导性原则；

（2）使用与责任关怀理念相一致的标语；

（3）通过一系列制度、准则、政策或指导性文件来实施有效的管理，以帮助企业取得更好的成绩；

（4）拟定一套绩效指标来衡量企业所取得的成绩；

（5）与会员和非会员组织进行交流；

（6）通过网络信息分享最佳实践成果；

（7）鼓励所有企业和组织参与到责任关怀的行列中来；

（8）会员企业通过系统程序来检验其执行责任关怀的情况。

## 三、坚持推进可持续发展

责任关怀是化学工业创办的一个独特的、自发的活动，旨在使全球的化工企业为责任关怀事业做出更多的贡献，整个化工行业会通过提高行动意识、经济条件和发展创新工艺向责任关怀活动迈出实质性的步伐，以大力扶持可持续发展。

企业将增加与股东之间的交流以获取更多的机会，通过责任关怀来致力于可持续发展。化工行业通过合理管理化学品能力的构建来实现可持续发展目标，并将继续支持所有国际性活动向这一目标迈进。

## 四、不断提高和报告表现

希望每个参与责任关怀的化工公司都为自己的环境、健康和安全措施收集资料并报告表现。

预计每个国家的协会都会收集、对照、报告来自于他的成员的资料，将以国际水平公开对照并报告这些资料，并且在最小范围内每两年更新一次。为了继续在改善上取得成果，每个实施责任关怀的国家协会将：

（1）与参与的成员一起定期评定利益相关者对扩大、修订行为报告或行为的其他因素的期望。

（2）在分享并采用最好的实践去改善环境、健康和安全行为上，提供实际帮助和支持，以及其他与责任关怀实施需要有关的帮助。

实施责任关怀的化工公司将：

（1）在实施责任关怀时，国际上普遍认可责任关怀由“计划、实施、验证、改进”各因素组成，采用管理系统。

（2）在世界范围内建立新的工厂和扩大现有的设备时，利用洁净、安全的技术和方法。

（3）超越对责任关怀实施的自我评定，采用无论是协会、政府部门还是其他外部组织实行的验证方法。

## 五、加强世界范围内的化学品的管理

在未来几年内，产品管理问题将逐渐地影响责任关怀倡议。化学协会国际理事会（ICCA）将建立一个强大的全球项目来评价并管理化工产品带来的风险，并且发展一个统一的产品管理系统分支。

国家协会与其成员企业将致力于这个全球性的努力：

（1）致力于现有责任关怀产品生产事项的全部实施，包括所有现有的规定、指导和实践。

（2）改善产品管理行为并加强行业承担的义务和结果的公共意识。

（3）通过多方协助，发展并共享最好的实践。

（4）为了安全和有效使用化学品，与上游提供者和下游化学品使用者合作改善方式方法。

（5）通过一些倡议，像高生产量化学检测项目和长程研究倡议，鼓励并支持教育、研究和检测，将带来关于化学品的风险和利益有用的信息。

（6）符合 ICCA 全球管理政策，实施加强生产管理义务，并且对照化学品的社会期望，不断地进行生产管理实践。

## 六、沿着化学工业价值链支持拥护和推动责任关怀的扩大

责任关怀的公司和协会都致力于沿着自身的价值链促进责任关怀的理念、原则的实施，并且传达化学工业对经济和社会贡献的重要性。

化学公司和国家的协会都致力于增加与他们商业伙伴和其他利益相关者的对话和透明度，扩大对化学工业的了解和理解。他们将和国家政府、多边和非政府组织共同定义相互协助的优先事项，并且分享信息和专门的技术。

全球化学工业将在公司之间发展和分享信息和实践。

## 七、积极地支持自己国家和全球责任关怀的管理程序

化学工业通过化学协会国际理事会致力于加强透明和有效的全球责任关怀管理程序，确保在集体实施过程中的责任义务。

管理程序将由化学协会国际理事会来实施，并承担其他一些事项，例如：跟踪和交流表现承诺；定义和监测责任关怀责任义务的实施；支持国家协会的管理；帮助公司完成宪章承诺；当任何一家责任关怀公司或者协会达到他的承诺时，建立全球撤销程序。

## 八、致力于利益相关者对化学工业活动和产品的期望

全球化学工业将延伸当地的、国家的和全球的对话程序，使得化学工业可以解决外部利益相关者的期望，帮助责任关怀不断地发展。

## 九、提供合理的资源更有效地实施责任关怀

参与责任关怀的公司必须支持和达到国家项目的要求，并且提供充足的资源。

（刘丽丽 陶宁 杨飞岳 译） ［注：《责任关怀全球宪章》由化学协会国际理事会（ICCA）拟定，于 2006 年 2 月 5 日在阿联酋迪拜召开的国际化学品管理大会上通过并发布。］

## 本章小结

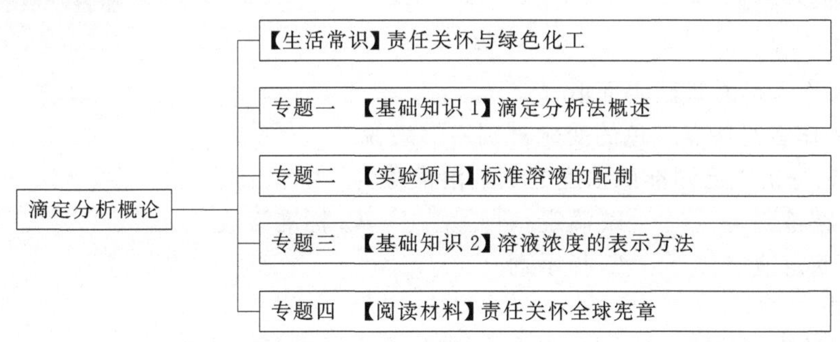

## 课后习题

1. 单项选择题

(1) 终点误差的产生是由于（　　）。

A. 滴定终点和化学计量点不符　　B. 滴定反应不完全

C. 试样不够纯净　　D. 滴定管读数不准确

(2) 在滴定分析中，通常借助于指示剂的颜色的突变来判断化学计量点的到达，在指示剂变色时停止滴定。这一点称为（　　）。

A. 化学计量点　B. 滴定分析　C. 滴定终点　D. 滴定误差

(3) 滴定分析所用的指示剂是（　　）。

A. 本身具有颜色的辅助试剂

B. 利用自身颜色变化确定化学计量点的外加试剂

C. 本身无色的辅助试剂

D. 能与标准溶液起作用的有机试剂

(4) 测定 $CaCO_3$ 的含量时，加入一定量过量的 HCl 标准溶液与其完全反应，过量部分 HCl 用 NaOH 溶液滴定，此滴定方式属（　　）。

A. 直接滴定方式　B. 返滴定方式　C. 置换滴定方式　D. 间接滴定方式

(5) 下列是四位有效数字的是（　　）。

A. 1.005　B. 2.1000　C. 1.00

D. 1.1050　E. pH=12.00

(6) 用万分之一分析天平进行称量时，结果应记录到以克为单位小数点后几位（　　）。

A. 一位　B. 两位　C. 三位

D. 四位　E. 五位

(7) 在定量分析结果的一般表示方法中，通常要求相对误差（　　）。

A. ≤2%　B. ≤0.02%　C. ≥0.2%

D. ≥0.02%　E. ≤0.2%

(8) 用 HCl 标准溶液滴定相同体积的 NaOH 溶液时，五个学生记录的消耗 HCl 溶液体积如下，哪一个正确（　　）。

A. 24.100mL　B. 24.2mL　C. 24.0mL

D. 24.10mL　E. 24mL

(9) 下列哪种误差属于操作误差（　　）。

A. 加错试剂

B. 溶液溅失

C. 操作人员看错砝码面值

D. 操作者对终点颜色的变化辨别不够敏锐

(10) 滴定分析中已知准确浓度的试剂溶液称为（　　）。

A. 溶液　B. 滴定　C. 标准溶液

D. 滴定液　E. 指示剂

2. 填空题

(1) 一同学测得某溶液的 pH=6.24，则该数据的有效数字为________位。

(2) 欲配制 1mol/L 的氢氧化钠溶液 250mL，完成下列步骤：

① 用天平称取氢氧化钠固体________ g。

② 将称好的氢氧化钠固体放入________中加________蒸馏水将其溶解，待________后将溶液沿________移入________ mL 的容量瓶中。

③ 用少量蒸馏水冲洗________次，将冲洗液移入________中，在操作过程中不能损失点滴液体，否则会使溶液的浓度偏________（高或低）。

④ 向容量瓶内加水至刻度线________时，改用________小心地加水至溶液凹液面与刻度线相切，若加水超过刻度线，会造成溶液浓度偏________，应该________。

⑤ 最后盖好瓶盖，________，将配好的溶液移入________中并贴好标签。

(3) 某同学测得某试样中含铁量为 0.923%，此数据的有效数字为________位。

3. 简答题

(1) 滴定分析对化学反应的要求是什么？

(2) 什么是基准物？基准物质应符合哪些要求？

4. 计算题

(1) 已知浓盐酸的密度为 1.19g/mL，其中 HCl 含量约为 37%。求①每升浓盐酸中所含 HCl 的物质的量浓度；②欲配制浓度为 0.10mol/L 的稀盐酸 500mL，需量取上述浓盐酸多少毫升？

(2) 在稀硫酸溶液中，用 0.02012mol/L $KMnO_4$ 溶液滴定某草酸钠溶液，如欲两者消耗的体积相等，则草酸钠溶液的浓度为多少？若需配制该溶液 100.0mL，应称取草酸钠多少克？

# 第三章

# 酸碱滴定法

## 知识目标

1. 了解酸碱电离理论、酸碱质子理论；
2. 了解指示剂的变色原理，掌握缓冲溶液的作用原理；
3. 掌握影响酸碱平衡的因素，掌握酸碱滴定计算。

## 能力目标

1. 能根据酸碱质子理论判断溶液的酸碱性；
2. 能根据实验需要选择合适的指示剂；
3. 学会使用电子分析天平，学会选择指示剂并完成规范的滴定操作。

生活常识 

### 食物酸碱性与人体健康

人体酸碱性通常指人体血液的酸碱性，正常 pH 值在 7.2～7.4，呈弱碱性。如果人体 pH 值小于 7.2，就是非常不健康，7.0 或以下，就是处于病态。

若用脑过度或体力透支之后，则血液呈酸性；如果长期偏食酸性食物，也会使血液酸性化。而血液长期呈酸性则会使大脑和神经功能退化，导致记忆力减退。补养之道就是常吃碱性食物，少吃酸性食物，保持血液的弱碱性。它能使血液中乳酸、尿素等酸性毒素减少，并防止其在血管壁上沉积，因而有软化血管的作用，故有人称碱性食物为“血液和血管的清洁剂”。此外，碱性食物对于美容、提高智力、解除疲劳都有显著效果！

所谓食物的酸碱性，是指食物中的无机盐属于酸性还是属于碱性。食物的酸碱性取决于食物中所含矿物质的种类和含量多少的比率：钾、钠、钙、镁、铁进入人体之后呈现的是碱性反应；磷、氯、硫进入人体之后则呈现酸性。

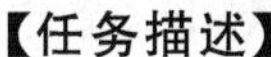

## 专题一 【实验项目 1】食醋中总酸度的测定

**【任务描述】**

学会规范的滴定操作，并能测定出食醋中总酸量。

**【教学器材】**

250mL 锥形瓶、50mL 碱式滴定管、500mL 聚乙烯塑料洗瓶、5mL 吸量管、100mL 烧杯、250mL 烧杯、量筒等。

**【教学药品】**

0.1mol/L 氢氧化钠、酚酞指示剂（10g/L 的乙醇溶液）、食醋样品。

**【组织形式】**

三个同学为一实验小组，根据教师给出的引导步骤和要求，自行完成实验。

**【注意事项】**

氢氧化钠不可沾在皮肤及衣物上；保存氢氧化钠的试剂瓶应用橡胶塞。

**【实验步骤】**

准确移取澄清试样 1.00mL，置于预先装有 50mL 新煮沸且冷却的蒸馏水的 250mL 锥形瓶中，加 2 滴酚酞指示剂，用 NaOH 标准溶液进行滴定，至溶液呈浅粉红色，半分钟内不退色，即为终点。平行滴定 3 次，同时做空白实验。

**【任务解析】**

## 一、反应原理

$$NaOH + HAc = NaAc + H_2O$$

## 二、滴定管

滴定管是用来准确放出不确定量液体的容量仪器，是用细长而均匀的玻璃管制成的，管上有刻度，下端是一尖嘴，中间有节门用来控制滴定的速度。

滴定管分酸式和碱式两种，前者用于量取对橡皮管有侵蚀作用的液态试剂；后者用于量取对玻璃有侵蚀作用的液体。滴定管容量一般为 50mL，刻度的每一大格为 1mL，每一大格又分为 10 小格，故每一小格为 0.1mL。

酸式滴定管的下端为一玻璃活塞，开启活塞，液体即自管内滴出。使用前，先取下活塞，洗净后用滤纸将水吸干或吹干，然后在活塞的两头涂一层很薄的凡士林油（切勿堵住塞孔）。装上活塞并转动，使活塞与塞槽接触处呈透明状态，最后装水试验是否漏液。

碱式滴定管的下端用橡皮管连接一支带有尖嘴的小玻璃管。橡皮管内装有一个玻璃圆球。用左手拇指和食指轻轻地往一边挤压玻璃球外面的橡皮管，使管内形成一缝隙，液体即从滴管滴出。挤压时，手要放在玻璃球的稍上部。如果放在球的下部，则松手后，会在尖端玻璃管中出现气泡。

在滴定时，加入的液体量不必正好落于刻度线上，只要能正确地读取溶液的量即可。实验时将滴定前管内液体的量减去滴定后管内液体的存量即为滴定溶液的用量。底部的开关可有效地控制滴定液的流速，使滴定完全时，可适时地停止滴定液流入其下的锥形瓶中。在远离滴定终点时可快速地添加滴定液，节省实验所需的时间。若滴定管在欲使用时并未先完全晾干，则在正式添加滴定液前，滴定管应以待填充的滴定液润洗三次，避免附着在管壁的液体污染滴定液。滴定管因管口狭小，填充滴定液时，宜细心充填，以防止滴定液漏出。滴定管装入液体后管中不可有气泡，若有气泡应用橡皮或其他不会敲破玻璃的物品轻敲管壁，让气泡浮出液面。活塞开关的信道内也可能会有空气存在，此时应快速地扭转活塞数次，则气泡即可排出。滴定管于使用时应保持在垂直的位置，不宜倾斜，以免读取刻度时发生误差。

以前的滴定管所用的活塞都是玻璃做的，在盛装碱性滴定液时，因为考虑到玻璃活塞会因碱性液的腐蚀而卡住，所以用内含一圆珠的橡皮管来取代活塞的功用。只要以手轻压圆珠的侧面，滴定液即可流出。但是现今滴定管上的活塞已采用铁氟龙为材质，而铁氟龙对碱性液有很好的耐受性，故即使滴定碱液也不必再改用前述的橡皮管式活栓。

必须注意，滴定管下端不能有气泡。快速放液，可赶走酸式滴定管中的气泡；轻轻抬起尖嘴玻璃管，并用手指挤压玻璃球，可赶走碱式滴定管中的气泡。

酸式滴定管不得用于装碱性溶液，因为玻璃的磨口部分易被碱性溶液侵蚀，使塞子无法转动。碱式滴定管不宜装对橡皮管有侵蚀性的溶液，如碘、高锰酸钾和硝酸银等。

滴定管读数应注意哪些问题？仰视或俯视分别带来什么误差？

## 专题二 【基础知识 1】酸碱平衡的理论基础

## 一、酸碱理论

### 1. 人们最初对酸碱的认识

人们最初是根据物质的物理性质来分辨酸碱的。有酸味的物质就归为酸一类；而接触有滑腻感的物质、有苦涩味的物质就归为碱一类；类似于食盐一类的物质就归为盐一类。直到17 世纪末期，英国化学家波义耳才根据实验的结果提出了朴素的酸碱理论如下。

酸：凡是该物质水溶液能溶解一些金属，能与碱反应失去原先特性，能使石蕊水溶液变红的物质。

碱：凡是该物质水溶液有苦涩味，能与酸反应失去原先特性，能使石蕊水溶液变蓝色的物质。

从现在的眼光来看，这个理论明显有很多漏洞，如碳酸氢钠，它符合碱的设定，但是它是一种盐。

### 2. 酸碱电离理论

1887 年瑞典科学家阿伦尼乌斯率先提出了酸碱电离理论。他认为，凡是在水溶液中电离出来的阳离子都是氢离子的物质就是酸，凡是在水溶液中电离出来的阴离子都是氢氧根离子的物质就是碱。酸碱反应的实质其实就是氢离子与氢氧根离子的反应。

这个理论能解释很多事实，例如，强、弱酸的问题，强酸能够电离出更多的氢离子，因而与金属的反应更为剧烈。他还解释了酸碱反应的实质，就是氢离子与氢氧根离子的反应。可以说阿伦尼乌斯的酸碱电离理论是酸碱理论发展的一个里程碑，至今仍被人们广泛应用。

### 3. 酸碱质子理论

酸碱电离理论无法解释非电离的溶剂中的酸碱性质。针对这一点，1923 年，布朗斯特跟罗瑞分别独立地提出了酸碱质子理论。他们认为，酸是能够给出质子（$H^+$）的物质，碱是能够接收质子（$H^+$）的物质。可见，酸给出质子后生成相应的碱，而碱结合质子后又生成相应的酸。酸碱之间的这种依赖关系称为共轭关系。相应的一对酸碱被称为共轭酸碱对。酸碱反应的实质是两个共轭酸碱对的结合，质子从一种酸转移到另一种碱的过程。

与酸碱的电离理论和溶剂理论相比，酸碱质子理论已有了很大的进步，扩大了酸碱的范畴，使人们加深了对酸碱的认识。但是，质子理论也有局限性，它只限于质子的给予和接受，对于无质子参与的酸碱反应就无能为力了。酸碱理论比较见表 3-1。

**表 3-1 酸碱理论比较**

| 理论名称 | 年代和创立者 | 主要论点 | 示例 | 缺陷 |
|---|---|---|---|---|
| 酸碱的电离理论 | 1887 年 Arrhenius | 凡是在水溶液中能够电离产生质子的物质叫作酸，能电离产生 $OH^-$ 的物质叫作碱 | 酸：HCl<br>碱：NaOH | 酸碱电离理论的酸碱仅限于水溶液中，碱仅限于氢氧化物 |
| 酸碱的质子理论 | 1923 年 Bronsted & Lowry | 凡是能给出质子的分子或离子称为酸，凡是能接受质子的分子或离子称为碱 | 酸：HCl<br>碱：$Cl^-$ | 酸碱质子理论只能局限于包含质子的放出和接受的反应 |
| 酸碱的电子理论 | 1923 年 Lewis | 凡是可以接受电子对的物质称为酸；凡是可以给出电子对的物质称为碱 | 酸：$H^+$<br>碱：$OH^-$ | Lewis 酸碱理论对酸碱的认识过于笼统，不易掌握酸碱的特征 |

## 二、强、弱电解质

物质可分为单质、化合物、混合物。在水溶液中或熔融状态下能够导电的化合物，叫电解质，例如酸、碱和盐等；凡在上述情况下不能导电的化合物叫非电解质，例如蔗糖、酒精等。

根据电离的程度，电解质可分为强电解质和弱电解质。在熔融状态或水溶液中能完全电离的是强电解质，如强酸、强碱及大部分盐（乙酸铅是弱电解质）；不能完全电离的就是弱电解质，如弱酸乙酸、弱碱氨水等。

**想一想**

设盐酸的浓度是乙酸的两倍，前者的 $H^+$ 浓度是否也是后者的两倍？

## 三、酸碱离解平衡与溶液 pH 值的计算

常见的弱电解质有弱酸，如乙酸、碳酸、氢硫酸等；弱碱，如氨水等；以及少数盐类，如氯化汞、乙酸铅等。

### 1. 弱电解质的特点

（1）溶液的导电能力较弱　实验证明同体积同浓度的 NaCl、HAc、$C_2H_5OH$ 溶液导电

能力不同。$C_2H_5OH$ 溶液不导电，$C_2H_5OH$ 是非电解质；NaCl 溶液导电能力强，是强电解质；HAc 溶液导电能力弱，是弱电解质。

（2）在溶液中形成电离平衡　一方面，弱电解质在水溶液中只有部分分子电离成离子；另一方面，电离了的离子互相吸引重新结合成分子，电离是可逆的，最终达平衡。例如，在乙酸（HAc）溶液中的电离平衡：

$$HAc \rightleftharpoons H^+ + Ac^-$$

由于弱电解质在水溶液中只发生部分电离，因而溶液的导电能力弱。

## 2. 弱电解质溶液中的电离平衡

（1）离解度　弱电解质在溶液中的电离能力大小，可以用离解度（$\alpha$）或称电离度来表示。离解度是指弱电解质达到电离平衡时，已电离的分子数与原有分子总数的百分数。

$$\alpha = \frac{\text{已电离的弱电解质浓度}}{\text{弱电解质的初始浓度}} \times 100\%$$

在温度、浓度相同的条件下，离解度大，表示该弱电解质相对较强。离解度与离解常数不同，它与溶液的浓度有关，故在表示离解度时必须指出酸或碱的浓度。

（2）离解常数　弱酸、弱碱在溶液中部分离解，在已离解的离子和未离解的分子之间存在着离解平衡。以 HA 表示一元弱酸，离解平衡式为

$$HA \rightleftharpoons H^+ + A^-$$

标准离解常数 $K_a^\ominus$：

$$K_a^\ominus = \frac{[c(H^+)/c^\ominus][c(A^-)/c^\ominus]}{c(HA)/c^\ominus} = \frac{c'(H^+)c'(A^-)}{c'(HA)} \tag{3-1}$$

式中，$c'$为系统中物种的浓度 $c$ 与标准浓度 $c^\ominus$ 的比值，即 $c'(A)=c(A)/c^\ominus$。由于 $c^\ominus=1mol/L$，故 $c$ 和 $c'$数值完全相等，只是量纲不同，$c$ 量纲为 mol/L，$c'$量纲为 1，或者说 $c'$只是个数值。因此 $K^\ominus$ 的量纲也为 1。以后关于其他平衡常数的表示将经常使用这类表示方法。请注意 $c'$与 $c$ 的异同。

以 BOH 表示一元弱碱，离解平衡式为

$$BOH \rightleftharpoons B^+ + OH^-$$

标准离解常数 $K_b^\ominus$：

$$K_b^\ominus = \frac{[c(B^+)/c^\ominus][c(OH^-)/c^\ominus]}{c(BOH)/c^\ominus} = \frac{c'(B^+)c'(OH^-)}{c'(BOH)} \tag{3-2}$$

$K_a^\ominus$、$K_b^\ominus$ 分别表示弱酸、弱碱的离解常数。对于具体的酸或碱的离解常数，则在 $K^\ominus$ 的后面注明酸或碱的化学式，例如 $K^\ominus(HAc)$、$K^\ominus(NH_3)$ 和 $K^\ominus[Mg(OH)_2]$ 分别表示乙酸、氨水和 $Mg(OH)_2$ 的离解常数。与其他平衡常数一样，离解常数与温度有关，与浓度无关。但温度对离解常数的影响不太大，在室温下可不予考虑。

离解常数的大小表示弱电解质的离解程度，$K^\ominus$ 值越大，离解程度越大，该弱电解质相对较强。如 25℃时乙酸的离解常数为 $1.75\times10^{-5}$，次氯酸的离解常数为 $2.8\times10^{-8}$，可见在相同浓度下，乙酸的酸性较次氯酸为强。通常把在 $K^\ominus$ 在 $10^{-3}\sim10^{-2}$ 之间的称为中强电解质；$K^\ominus<10^{-4}$ 为弱电解质；$K^\ominus<10^{-7}$ 为极弱电解质。本书附录表 1 列出了一些常见弱

酸和弱碱的离解常数。

(3) 离解度与离解常数的关系——稀释定律　离解度和离解常数都能反映弱电解质的相对强弱，离解度相当于化学平衡中的转化率，随浓度的改变而改变，而离解常数是平衡常数的一种形式，不随浓度的变化而改变。因此离解常数应用范围比离解度广泛。

离解度、离解常数和浓度之间有一定的关系。以一元弱酸 HA 为例，设浓度为 $c$，离解度为 $\alpha$，推导如下：

$$HA \rightleftharpoons H^+ + A^-$$

起始浓度 $c_0$　　　$c$　　0　　0

平衡浓度 $c$　　　$c(1-\alpha)$　　$c\alpha$　　$c\alpha$

代入平衡常数表达式中：

$$K_a^\ominus = \frac{c'(H^+)c'(A^-)}{c'(HA)} = \frac{c'\alpha c'\alpha}{c'(1-\alpha)} = \frac{c'\alpha^2}{1-\alpha}$$

也即

$$c'\alpha^2 + K_a^\ominus \alpha - K_a^\ominus = 0$$

$$\alpha = \frac{-K_a^\ominus + \sqrt{(K_a^\ominus)^2 + 4c'K_a^\ominus}}{2c'} \tag{3-3a}$$

$$c(H^+) = c\alpha = c\,\frac{-K_a^\ominus + \sqrt{(K_a^\ominus)^2 + 4c'K_a^\ominus}}{2c'} = \frac{-K_a^\ominus + \sqrt{(K_a^\ominus)^2 + 4c'K_a^\ominus}}{2}c^\ominus \tag{3-3b}$$

当电解质很弱（即对应的 $K^\ominus$ 较小）时，离解度很小，可认为 $1-\alpha \approx 1$，作近似计算时，得以下简式：

$$K_a^\ominus = c'\alpha^2$$

$$\alpha = \sqrt{K_a^\ominus / c'} \tag{3-4a}$$

$$c'(H^+) = \sqrt{K_a^\ominus c'} \tag{3-4b}$$

同样对于一元弱碱溶液，得到：

$$c'(OH^-) = \sqrt{K_b^\ominus c'} \tag{3-5}$$

由式 (3-5) 可以看出弱电解质的浓度、离解度与离解常数三者之间的关系。它表明，在一定温度下，一元弱电解质的离解度与其离解常数的平方根成正比，并与其浓度的平方根成反比。这一关系称为稀释定律。但 $c(H^+)$ 或 $c(OH^-)$ 并不因浓度稀释、离解度增加而增大。

需要指出的是：在弱酸或弱碱溶液中，同时还存在着水的离解平衡，两个平衡相互联系、相互影响。但当 $K_a^\ominus$（或 $K_b^\ominus$）$\gg K_w^\ominus$，而弱酸（弱碱）又不是很稀时，溶液中 $H^+$ 或 $OH^-$ 主要是由弱酸或弱碱离解产生的，计算时可忽略水的离解。

$c/K_a^\ominus > 500$ 时，相对误差不超过 2%，这是应用式 (3-4) 或式 (3-5) 计算的必要条件。

### 3. 同离子效应和盐效应

往弱电解质溶液中，分别加入一种含有相同离子的盐（如将 NaAc 加入 HAc 溶液中），或加入不含相同离子的盐（如将 NaCl 加入 HAc 溶液中），情况将如何呢？

在两支试管中各加入 10mL 1mol/L HAc，再各加指示剂甲基橙两滴，溶液呈红色，表明 HAc 溶液为酸性。若在一支试管中加少量固体 NaAc，边振荡和另一试管比较，发现前者的红色变成黄色（甲基橙在酸中为红色，在微酸和碱中为黄色）。实验表明，在 HAc 溶液中，因加入 NaAc 后，酸性逐渐降低。这是因为 HAc-NaAc 溶液中存在着下列电离平衡：

$$HAc \rightleftharpoons H^+ + Ac^-$$

$$NaAc \rightleftharpoons Na^+ + Ac^-$$

由于 NaAc 是强电解质，完全电离为 $Na^+$ 和 $Ac^-$，使试管中 $Ac^-$ 的总浓度增加，这时 HAc 的电离平衡就要向着生成 HAc 分子方向移动，结果 HAc 浓度增大，$H^+$ 的浓度减小，即 HAc 电离度降低。

同样，在弱电解质氨水中由于存在着下列电离平衡：

$$NH_3 \cdot H_2O \rightleftharpoons NH_4^+ + OH^-$$

若在氨水中加入铵盐（如 $NH_4Cl$）时，也等于在溶液中加入了 $NH_4^+$，这时平衡就要向着生成 $NH_3 \cdot H_2O$ 方向移动，结果 $NH_3 \cdot H_2O$ 浓度增大，$OH^-$ 浓度减小，即氨水电离度降低。

这种由于在弱电解质中加入一种含有相同离子（阳离子或阴离子）的强电解质，使电离平衡发生移动，降低电解质电离度的作用，称为同离子效应。

若在 HAc 溶液中加入不含相同离子的强电解质（NaCl）时，由于溶液中离子间的相互牵制作用增强，$Ac^-$ 和 $H^+$ 结合成分子的机会减小，故表现为 HAc 的离解度略有所增加，这种效应称为盐效应。例如在 1L 0.10mol/L HAc 溶液中加入 0.1mol NaCl，能使电离度从 1.3%增加为 1.7%，溶液中 $H^+$ 浓度从 $1.3\times10^{-8}$mol/L 增加为 $1.7\times10^{-8}$mol/L，可见在一般情况下，和同离子效应相比，盐效应的影响很小。

**想一想**

弱电解质的离解度与其离解常数有何异同？

## 专题三 【基础知识 2】缓冲溶液

### 一、缓冲溶液作用原理

当往某些溶液中加入一定量的酸或碱时，有阻碍溶液 pH 变化的作用，称为缓冲作用，这样的溶液叫作缓冲溶液。弱酸及其盐的混合溶液（如 HAc 与 NaAc），弱碱及其盐的混合溶液（如 $NH_3 \cdot H_2O$ 与 $NH_4Cl$）等都是缓冲溶液。

由弱酸 HA 及其盐 NaA 所组成的缓冲溶液对酸的缓冲作用，是由于溶液中存在足够量的碱 $A^-$ 的缘故。当向这种溶液中加入一定量的强酸时，$H^+$ 基本上被 $A^-$ 消耗：$H^+ + A^- \rightleftharpoons HA$，所以溶液的 pH 值几乎不变。

当加入一定量强碱时，溶液中存在的弱酸 HA 消耗 $OH^-$ 而阻碍 pH 的变化：$HA + OH^- \rightleftharpoons A^- + H_2O$。

## 二、缓冲溶液 pH 值的计算

在缓冲溶液中加入少量强酸或强碱，其溶液 pH 值变化不大，但若加入酸、碱的量多时，缓冲溶液就失去了它的缓冲作用，这说明它的缓冲能力是有一定限度的。

缓冲溶液的缓冲能力与其组分浓度有关。0.1mol/L HAc 和 0.1mol/L NaAc 组成的缓冲溶液，比 0.01mol/L HAc 和 0.01mol/L NaAc 的缓冲溶液缓冲能力大。但缓冲溶液组分的浓度不能太大，否则，不能忽视离子间的作用。

组成缓冲溶液的两组分的比值不为 1∶1 时，缓冲作用减小，缓冲能力降低，当 $c$(盐)/$c$(酸) 为 1∶1 时，缓冲能力大，不论对于酸或碱都有较大的缓冲作用。缓冲溶液的 pH 值计算如下。

一元弱酸和相应的盐组成的缓冲溶液

$$\mathrm{pH}=\mathrm{p}K_{\mathrm{a}}^{\ominus}-\lg\frac{c_{\text{酸}}}{c_{\text{盐}}} \tag{3-6}$$

一元弱碱和相应的盐组成的缓冲溶液

$$\mathrm{pH}=\mathrm{p}K_{\mathrm{b}}^{\ominus}-\lg\frac{c_{\text{碱}}}{c_{\text{盐}}} \tag{3-7}$$

缓冲组分的比值离 1∶1 越远，缓冲能力越小，甚至不能起缓冲作用。对于任何缓冲体系，都存在有效缓冲范围，这个范围大致在 $\mathrm{p}K_{\mathrm{a}}^{\ominus}$（或 $\mathrm{p}K_{\mathrm{b}}^{\ominus}$）两侧各一个 pH 单位之内。

弱酸及其盐（弱酸及其共轭碱）体系

$$\mathrm{pH}=\mathrm{p}K_{\mathrm{a}}^{\ominus}\pm 1 \tag{3-8}$$

弱碱及其盐（弱碱及其共轭酸）体系

$$\mathrm{pOH}=\mathrm{p}K_{\mathrm{b}}^{\ominus}\pm 1 \tag{3-9}$$

例如，HAc 的 $\mathrm{p}K_{\mathrm{a}}^{\ominus}$ 为 4.76，所以用 HAc 和 NaAc 适宜于配制 pH 值为 3.76～5.76 的缓冲溶液，在这个范围内有较大的缓冲作用。配制 pH＝4.76 的缓冲溶液时缓冲能力最大，此时 $c(\mathrm{HAc})/c(\mathrm{NaAc})=1$。

## 三、缓冲溶液的配制和应用

为了配制一定 pH 值的缓冲溶液，首先选定一个弱酸，它的 $\mathrm{p}K_{\mathrm{a}}^{\ominus}$ 尽可能接近所需配制的缓冲溶液的 pH 值，然后计算酸与碱的浓度比，根据此浓度比便可配制所需缓冲溶液。

以上主要以弱酸及其盐组成的缓冲溶液为例说明它的作用原理、pH 值计算和配制方法。对于弱碱及其盐组成的缓冲溶液可采用相同的方法。

缓冲溶液在物质分离和成分分析等方面应用广泛，如鉴定 $Mg^{2+}$ 时，可用下面的反应：白色磷酸铵镁沉淀溶于酸，故反应需在碱性溶液中进行，但碱性太强，可能生成白色 $Mg(OH)_2$ 沉淀，所以反应的 pH 值需控制在一定范围内，因此利用 $NH_3 \cdot H_2O$ 和 $NH_4Cl$ 组成的缓冲溶液，保持溶液的 pH 值条件下，进行上述反应。

## 四、常用缓冲液的配制方法

（1）枸橼酸-磷酸氢二钠（pH＝4.0） 甲液：取枸橼酸 21g 或无水枸橼酸 19.2g，加水使溶解成 1000mL，置冰箱内保存。

乙液：取磷酸氢二钠 71.63g，加水使溶解成 1000mL。取上述甲液 61.45mL 与乙液 38.55mL，混合，摇匀，即得。

（2）氨-氯化铵缓冲液（pH=10.0） 取氯化铵 5.4g，加水 20mL 溶解后，加浓氨水溶液 35mL，再加水稀释至 100mL，即得。

（3）乙酸-乙酸铵缓冲液（pH=3.7） 取 5mol/L 乙酸溶液 15.0mL，加乙醇 60mL 和水 20mL，用 10mol/L 氢氧化铵溶液调节 pH 值至 3.7，用水稀释至 1000mL，即得。

（4）邻苯二甲酸盐缓冲液（pH=5.6） 取邻苯二甲酸氢钾 10g，加水 900mL，搅拌使溶解，用氢氧化钠试液（必要时用稀盐酸）调节 pH 值至 5.6，加水稀释至 1000mL，混匀，即得。

（5）氨-氯化铵缓冲液（pH=8.0） 取氯化铵 1.07g，加水使溶解成 100mL，再加稀氨水溶液（1→30）调节 pH 值至 8.0，即得。

（6）硼砂-碳酸钠缓冲液（pH=10.8～11.2） 取无水碳酸钠 5.30g，加水使溶解成 1000mL；另取硼砂 1.91g，加水使溶解成 100mL，临用前取碳酸钠溶液 973mL 与硼砂溶液 27mL，混匀，即得。

（7）乙酸盐缓冲液（pH=3.5） 取乙酸铵 25g，加水 25mL 溶解后，加 7mol/L 盐酸溶液 38mL，用 2mol/L 盐酸溶液或 5mol/L 氨溶液准确调节 pH 值至 3.5（电位法指示），用水稀释至 100mL，即得。

（8）乙酸-乙酸钠缓冲液（pH=3.6） 取乙酸钠 5.1g，加冰醋酸 20mL，再加水稀释至 250mL，即得。

（9）乙酸-乙酸钠缓冲液（pH=4.6） 取乙酸钠 5.4g，加水 50mL 使溶解，用冰醋酸调节 pH 值至 4.6，再加水稀释至 100mL，即得。

（10）磷酸盐缓冲液（pH=7.8） 甲液：取磷酸氢二钠 35.9g，加水溶解，并稀释至 500mL。

乙液：取磷酸二氢钠 2.76g，加水溶解，并稀释至 100mL。取上述甲液 91.5mL 与乙液 8.5mL 混合，摇匀，即得。

### 想一想

人体血液的 pH 值基本稳定，是何原因？

## 专题四 【实验项目 2】工业氢氧化钠中氢氧化钠和碳酸钠含量的测定

**【任务描述】**

掌握测定混合碱中 NaOH 和 $Na_2CO_3$ 含量的原理和方法；

掌握在同一份溶液中，用不同指示剂测定混合碱中 NaOH 和 $Na_2CO_3$ 含量的操作技术。

**【教学器材】**

50mL、100mL 烧杯各 1 个，500mL 烧杯 2 个，100mL 量筒 1 个，250mL 锥形瓶 4 个，25mL 移液管 1 支，洗耳球 1 个，50mL 酸式滴定管 1 支。

**【教学药品】**

0.1mol/L HCl 标准溶液、混合碱溶液、酚酞、甲基橙。

【组织形式】

每个同学为一实验小组，根据教师给出的引导步骤和要求，自行完成实验。

【注意事项】

（1）滴定管应夹在铁架台蝴蝶夹的右侧，以防锥形瓶碰到铁架台杆。

（2）若混合碱为固体样，会有混合不均匀的现象，配制成溶液较好；若为液体试样，可直接测定。

（3）混合碱的分析时，第一滴定终点不应有 $CO_2$ 生成。

【实验步骤】

准确称取 1.3～1.5g 混合碱，置于 250mL 烧杯中，加少量新煮沸冷却的蒸馏水溶解，然后转移至 250mL 容量瓶中，加煮沸并冷却的蒸馏水稀释至刻度，摇匀。用移液管移取混合碱 25mL 至 250mL 锥形瓶中，加 2 滴酚酞指示剂，用 0.1mol/L 盐酸标准溶液滴定，至溶液由红色变为无色，记录消耗 HCl 标准溶液的体积，用 $V_1$ 表示。再加入 2 滴甲基橙指示剂，用 0.1mol/L 盐酸标准溶液继续滴定，至溶液由黄色变为橙色，记录消耗 HCl 标准溶液的体积，用 $V_2$ 表示。平行滴定 3 次。

【任务解析】

## 一、反应原理

混合碱中 NaOH 和 $Na_2CO_3$ 含量的测定，可在同一份试液中先以酚酞为指示剂，用 HCl 标准溶液滴定。当溶液红色恰好褪去，且在 30s 内不褪色，记录 HCl 消耗体积 $V_1$，反应式如下：

$$NaOH + HCl = NaCl + H_2O$$

$$Na_2CO_3 + HCl = NaHCO_3 + NaCl$$

然后向溶液中加入 3 滴甲基橙作指示剂，滴定到溶液由黄色恰变为橙色，且在 30s 内不褪色，记录 HCl 消耗体积 $V_2$，方程式如下：

$$NaHCO_3 + HCl = NaCl + H_2O + CO_2\uparrow$$

## 二、计算

根据混合碱的质量和 $V_1$、$V_2$，根据式（3-10）、式（3-11）计算样品中 NaOH 和 $Na_2CO_3$ 的质量分数，并求出平均值。

$$w(NaOH)=\frac{c_{HCl}\times\frac{V_1-V_2}{1000}M_{NaOH}\times 10}{m_{试样}}\times 100\% \tag{3-10}$$

式中　$w(NaOH)$——混合碱中 NaOH 的质量分数，%；

$c_{HCl}$——HCl 标准溶液的浓度，mol/L；

$V_1$——第一滴定终点消耗 HCl 标准溶液的体积，mL；

$V_2$——第二滴定终点消耗 HCl 标准溶液的体积，mL；

$m_{试样}$——称取混合碱的质量，g；

$M_{NaOH}$——NaOH 的摩尔质量，40g/mol。

$$w(Na_2CO_3)=\frac{c_{HCl}\times\frac{V_2}{1000}M_{Na_2CO_3}\times 10}{m_{试样}}\times 100\% \tag{3-11}$$

式中 $w(Na_2CO_3)$——混合碱中 $Na_2CO_3$ 的质量分数，%；

$c_{HCl}$——HCl 标准溶液的浓度，mol/L；

$V_2$——第二滴定终点消耗 HCl 标准溶液的体积，mL；

$m_{试样}$——称取混合碱的质量，g；

$M_{Na_2CO_3}$——$Na_2CO_3$ 的摩尔质量，105.99g/mol。

**练一练**

当 $V_1=0$ 或 $V_2=0$，试样的组成是什么？

## 专题五 【基础知识 3】酸碱指示剂

酸碱指示剂是指在一定 pH 范围内能显示一定颜色的试剂。这类指示剂多是弱的有机酸、有机碱或是两性有机物。它们的酸式与其共轭碱式具有不同的颜色。当溶液的 pH 改变时，指示剂的酸式与碱式之间发生转化，从而引起颜色的变化。

### 一、酸碱指示剂的作用原理

酸碱指示剂在溶液中存在着下列平衡关系：

$$\underset{\text{酸式}}{HIn} \rightleftharpoons H^+ + \underset{\text{碱式}}{In^-}$$

$$K_a=\frac{[H^+][In^-]}{[HIn]}$$

$$\frac{[In^-]}{[HIn]}=\frac{K_a}{[H^+]}$$

此式说明酸式色与碱式色的比率与 $H^+$ 的浓度有关。

一般地说，当 $\frac{[In^-]}{[HIn]}\geqslant 10$ 时，看到的是 $In^-$ 的颜色，当 $\frac{[In^-]}{[HIn]}\leqslant 1/10$ 时，看到的是 HIn 的颜色，当 $10>\frac{[In^-]}{[HIn]}>1/10$ 时，看到的是它们的混合色。

当 $\frac{[In^-]}{[HIn]}=1$ 时，两者浓度相等，$[H^+]=K_a$，即 $pH=pK_a$，此为指示剂的理论变色点。

$$\frac{[In^-]}{[HIn]}=10\text{ 时},[H^+]=\frac{K_a}{10} \qquad pH=pK_a+1 \tag{3-12}$$

$$\frac{[In^-]}{[HIn]}=\frac{1}{10}\text{时},[H^+]=10K_a \qquad pH=pK_a-1 \tag{3-13}$$

pH 由 $pK_a+1$ 到 $pK_a-1$ 时，能看到酸式色变为碱式色。因此 $pH=pK_a\pm1$ 就是指示剂变色范围，也叫变色域。不同的指示剂，其电离常数是不同的，所以它们的变色范围也就不同。但这是理论计算的结果，实际使用的各种指示剂的变色范围并不是计算出来的，而是实验中观察得出的。由于人眼对各种颜色的敏感度不同，所以观察结果与理论计算是有差别的；再则，不同的人对颜色观察的敏感度也不同，因此同一种指示剂常有不同的观察结果。

## 二、常见酸碱指示剂的变色范围

常见酸碱指示剂的变色范围见表 3-2。

表 3-2 常见酸碱指示剂的变色范围

| 指示剂名称 | pH 值变色范围 | 酸色 | 中性色 | 碱色 |
|---|---|---|---|---|
| 甲基橙 | 3.1～4.4 | 红色 | 橙色 | 黄色 |
| 甲基红 | 4.4～6.2 | 红色 | 橙色 | 黄色 |
| 溴百里酚蓝 | 6.0～7.6 | 黄色 | 绿色 | 蓝色 |
| 酚酞 | 8.2～10.0 | 无色 | 浅红色 | 红色 |
| 紫色石蕊 | 5.0～8.0 | 红色 | 蓝色 | 紫色 |

## 三、混合指示剂

在酸碱滴定中，有时需要将滴定终点限制在较窄的范围内，有时实验中要求指示剂能在不同的 pH 下显示不同颜色，这就可采用混合指示剂。混合指示剂有两种：一种是由两种或两种以上的指示剂混合而成，利用颜色之间的互补作用，使变色更敏锐；另一种是由某种指示剂和一种惰性染料（如亚甲基蓝、靛蓝二磺酸钠等）组成。

常用混合指示剂见表 3-3。

表 3-3 常用混合指示剂

| 指示剂溶液的组成 | 变色时 pH 值 | 颜色 | | 备注 |
|---|---|---|---|---|
| | | 酸色 | 碱色 | |
| 一份 0.1%甲基黄乙醇溶液<br>一份 0.1%亚甲基蓝乙醇溶液 | 3.25 | 蓝紫色 | 绿色 | pH=3.4 绿色<br>pH=3.2 蓝紫色 |
| 一份 0.1%甲基橙水溶液<br>一份 0.25%靛蓝二磺酸水溶液 | 4.1 | 紫色 | 黄绿色 | |
| 一份 0.1%溴甲酚绿钠盐水溶液<br>一份 0.02%甲基橙水溶液 | 4.3 | 橙色 | 蓝绿色 | pH=3.5 黄色，pH=4.05 绿色，pH=4.8 浅绿色 |
| 一份 0.1%溴甲酚绿乙醇溶液<br>一份 0～2%甲基红乙醇溶液 | 5.1 | 酒红色 | 绿色 | |
| 一份 0.1%溴甲酚绿钠盐水溶液<br>一份 0.1%氯酚红钠盐水溶液 | 6.1 | 黄绿色 | 蓝紫色 | pH＝5.4 蓝绿色，pH＝5.8 蓝色，pH＝6.0 蓝带紫色，pH＝6.2 蓝紫色 |
| 一份 0.1%中性红乙醇溶液<br>一份 0.1%亚甲基蓝乙醇溶液 | 7.0 | 蓝紫色 | 绿色 | pH=7.0 蓝紫色 |
| 一份 0.1%甲酚红钠盐水溶液<br>三份 0.1%百里酚蓝钠盐水溶液 | 8.3 | 黄色 | 紫色 | pH=8.2 玫瑰红色<br>pH=8.4 清晰的紫色 |
| 一份 0.1%百里酚蓝 50%乙醇溶液<br>三份 0.1%酚酞 50%乙醇溶液 | 9.0 | 黄色 | 紫色 | 从黄色到绿色再到紫色 |
| 一份 0.1%酚酞乙醇溶液<br>一份 0.1%百里酚酞乙醇溶液 | 9.9 | 无色 | 紫色 | pH=9.6 玫瑰红色，pH=10 紫色 |
| 二份 0.1%百里酚酞乙醇溶液<br>一份 0.1%茜素黄 R 乙醇溶液 | 10.2 | 黄色 | 紫色 | |

想一想

酸碱指示剂的用量是否越多越好？为什么？

## 专题六 【基础知识 4】一元酸碱的滴定

酸碱滴定过程中，随着滴定剂不断地加入到被滴定溶液中，溶液的 pH 不断变化，根据滴定过程中溶液 pH 变化规律，选择适当的指示剂，就能正确地指示滴定终点。下面讨论一元酸碱滴定过程中的 pH 变化规律和指示剂的选择。

## 一、强碱滴定强酸

以 0.1000mol/L NaOH 溶液滴定 20.00mL 0.1000mol/L HCl 溶液为例。

### 1. 滴定开始前

滴定前，加入滴定剂（NaOH）0.00mL 时，0.1000mol/L 盐酸溶液的 pH=1。

### 2. 滴定至化学计量点前

滴定中，加入滴定剂 18.00mL 时：

$$[H^+]=0.1000\times(20.00-18.00)\div(20.00+18.00)$$
$$=5.3\times10^{-3}(mol/L)$$

溶液　pH=2.28

加入滴定剂体积为 19.98 mL 时（离化学计量点差约半滴）。

$$[H^+]=cV_{HCl}/V$$
$$=0.1000\times(20.00-19.98)\div(20.00+19.98)$$
$$=5.0\times10^{-5}(mol/L)$$

溶液 pH=4.3

其他各点的 pH 值均可按上述方法计算。

### 3. 化学计量点时

即加入滴定剂体积为 20.00mL，反应完全，$[H^+]=10^{-7}$mol/L，溶液 pH=7。

### 4. 化学计量点后

加入滴定剂体积为 20.02mL，即过量 0.02 mL（约半滴），

$$[OH^-]=n_{NaOH}/V=(0.1000\times0.02)\div(20.00+20.02)$$
$$=5.0\times10^{-5}(mol/L)$$

pOH=4.3，pH=14−4.3=9.7。

化学计量点后各点的 pH 值均可按上述方法计算。

滴加体积：0～19.98mL；ΔpH=3.4。

滴加体积：19.98～20.02 mL；ΔpH=5.4，滴定突跃。

将上述计算值列于表 3-4，以 NaOH 加入量为横坐标、对应的 pH 值为纵坐标，绘制 pH-$V$ 关系曲线，如图 3-1 所示。

表 3-4 用 0.1000mol/L NaOH 溶液滴定 20.00mL 0.1000mol/L HCl 溶液

| 加入 NaOH 溶液体积 $V$/mL | 剩余 HCl 溶液体积 $V$/mL | 过量 NaOH 体积 $V$/mL | 溶液 $H^+$ 浓度/(mol/L) | pH 值 |
|---|---|---|---|---|
| 0.00 | 20.00 | | $1.00\times10^{-1}$ | 1.0 |
| 18.00 | 2.00 | | $5.26\times10^{-3}$ | 2.28 |
| 19.80 | 0.20 | | $5.00\times10^{-4}$ | 3.3 |
| 19.98 | 0.02 | | $5.00\times10^{-5}$ | 4.3 |
| 20.00 | 0.00 | | $1.00\times10^{-7}$ | 7.0 |
| 20.02 | | 0.02 | $2.00\times10^{-10}$ | 9.7 |
| 20.20 | | 0.20 | $2.00\times10^{-11}$ | 10.7 |
| 22.00 | | 2.00 | $2.00\times10^{-12}$ | 11.7 |
| 40.00 | | 20.00 | $3.00\times10^{-13}$ | 12.5 |

从表 3-4 和图 3-1 可见，滴定开始时曲线较平坦，这是因为溶液中还存在较多的 HCl，酸度较大。随着 NaOH 不断加入，HCl 的量逐渐减少，pH 值逐渐增大，当滴定至只剩余 0.02mL HCl 时，pH 值为 4.3，再继续加入一滴滴定剂（大约 0.04mL HCl），即中和剩余的半滴 HCl 后，仅过量 0.02mL NaOH，溶液的 pH 值从 4.3 急剧升高到 9.7。也就是说，一滴 NaOH 使溶液的 pH 值增加了 5 个多 pH 单位，从图 3-1 滴定曲线上看出，化学计量点前后出现了一段近乎垂直的线，这称为滴定突跃。

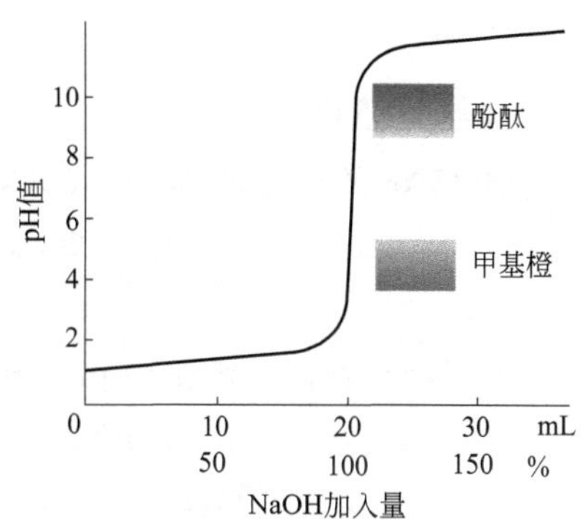

图 3-1 0.1000mol/L NaOH 溶液滴定 20.00mL 0.1000mol/L HCl 溶液的滴定曲线

例如，当滴定至甲基橙由橙色突变为黄色时。溶液的 pH 值约为 4.4，这时加入的 NaOH 的量与化学计量点时应该加入的量相差不足 0.02mL，终点误差小于−0.1%，符合滴定分析的要求。若用酚酞作指示剂，溶液呈微红色时 pH 值略大于 8.0，此时加入的 NaOH 的量超过化学计量点时应该加入的量也不足 0.02mL，终点误差小于 0.1%，仍符合滴定分析的要求。因此，所选择指示剂的变色范围应处于或部分处于滴定突跃范围之内（这是选择指示剂的重要原则）。

### 想一想

选择哪些指示剂能够满足滴定误差小于±0.1%？

## 二、强碱滴定弱酸

以 0.1000mol/L NaOH 溶液滴定 20.00mL 0.1000mol/L HAc 溶液为例。

绘制滴定曲线时，通常用最简式来计算溶液的 pH 值。

### 1. 滴定开始前

一元弱酸（用最简式计算）

$$[H^+]=\sqrt{c_aK_a}=\sqrt{0.1000\times10^{-4.74}}$$
$$=10^{-2.87}$$
$$pH=2.87$$

与强酸相比，滴定开始点的 pH 值抬高。

### 2. 化学计量点前

开始滴定后，溶液即变为 HAc($c_a$)-NaOAc($c_b$) 缓冲溶液；按缓冲溶液的 pH 值进行计算。加入滴定剂体积 19.98 mL 时：

$$c_a = 0.02 \times 0.1000 \div (20.00 + 19.98)$$
$$= 5.00 \times 10^{-5} \ (\text{mol/L})$$
$$c_b = 19.98 \times 0.1000 \div (20.00 + 19.98)$$
$$= 5.00 \times 10^{-2} \ (\text{mol/L})$$
$$[H^+] = K_a c_a / c_b = 10^{-4.74} \times [5.00 \times 10^{-5} \div (5.00 \times 10^{-2})]$$
$$= 1.82 \times 10^{-8} \ (\text{mol/L})$$

溶液 pH=7.74

### 3. 化学计量点时

生成 HAc 的共轭碱 NaAc（弱碱），浓度为：

$$c_b = 20.00 \times 0.1000 \div (20.00 + 20.00)$$
$$= 5.00 \times 10^{-2} \ (\text{mol/L})$$

此时溶液呈碱性，需要用 $pK_b$ 进行计算

$$pK_b = 14 - pK_a = 14 - 4.74 = 9.26$$
$$[OH^-] = (c_b K_b)^{1/2} = (5.00 \times 10^{-2} \times 10^{-9.26})^{1/2}$$
$$= 5.24 \times 10^{-6} \ (\text{mol/L})$$

溶液 pOH=5.28

pH=14−5.28=8.72

### 4. 化学计量点后

加入滴定剂体积 20.02mL，$[OH^-] = (0.1000 \times 0.02) \div (20.00 + 20.02)$

$$= 5.0 \times 10^{-5} \ (\text{mol/L})$$

pOH=4.3

pH=14−4.3=9.7

滴加体积：0～19.98mL；ΔpH=7.74−2.87=4.87

滴加体积：19.98～20.02mL；ΔpH=9.7−7.7=2

滴定开始点 pH 值抬高，滴定突跃范围变小。

将上述计算值列于表 3-5，以 NaOH 加入量为横坐标、对应的 pH 值为纵坐标，绘制曲线如图 3-2 所示。

**表 3-5 用 0.1000mol/L NaOH 溶液滴定 20.00mL 0.1000mol/L HAc 溶液**

| 加入 NaOH 溶液 | | 剩余 HAc 溶液的体积 $V$/mL | 过量 NaOH 溶液的体积 $V$/mL | pH 值 |
|---|---|---|---|---|
| mL | % | | | |
| 0.00 | 0 | 20.00 | | 2.87 |
| 10.00 | 50.0 | 10.00 | | 4.74 |
| 18.00 | 90.0 | 2.00 | | 5.70 |

续表

| 加入 NaOH 溶液 | | 剩余 HAc 溶液的体积 $V$/mL | 过量 NaOH 溶液的体积 $V$/mL | pH 值 |
|---|---|---|---|---|
| mL | % | | | |
| 19.80 | 99.0 | 0.20 | | 6.74 |
| 19.98 | 99.9 | 0.02 | | 7.74A |
| 20.00 | 100.0 | 0.00 | | 8.72 } 滴定突跃 |
| 20.02 | 100.1 | | 0.02 | 9.7B |
| 20.20 | 101.0 | | 0.20 | 10.70 |
| 22.00 | 110.0 | | 2.00 | 11.70 |
| 40.00 | 200.0 | | 20.00 | 12.50 |

弱酸滴定曲线的讨论：

(1) 滴定前，弱酸在溶液中部分电离，与强酸相比，曲线开始点提高；

(2) 滴定开始时，溶液 pH 值升高较快，这是由于中和生成的 $Ac^-$ 产生同离子效应，使 HAc 更难解离，$[H^+]$ 降低较快；

(3) 继续滴加 NaOH，溶液形成缓冲体系，曲线变化平缓；

(4) 接近化学计量点时，剩余的 HAc 已很少，pH 值变化加快。

另外，强碱滴定弱酸时，滴定突跃范围较小，使指示剂的选择受到限制，只能选择在弱碱性范围内变色的指示剂，如酚酞、百里酚蓝等。若选在酸性范围内变色的指示剂，如甲基橙，溶液变色时 HAc 被中和的分数还不到 50%，显然，指示剂选择错误。滴定弱酸，一般是先计算出化学计量点时的 pH 值，选择那些变色点尽可能接近化学计量点的指示剂来确定终点，而不必计算整个滴定过程的 pH 值变化。图 3-3 为 NaOH 溶液滴定不同弱酸溶液的滴定曲线。

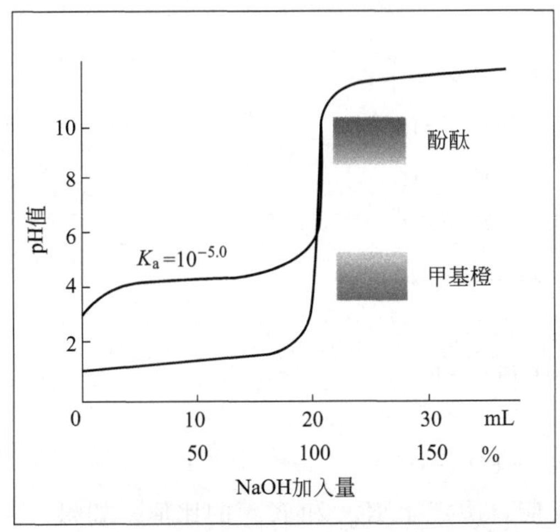


图 3-2　0.1000mol/L NaOH 溶液滴定 20.00mL 0.1000mol/L HAc 溶液的滴定曲线

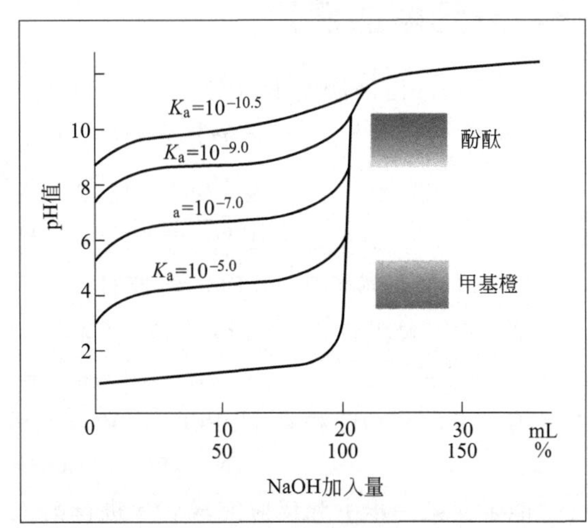


图 3-3　NaOH 溶液滴定不同弱酸溶液的滴定曲线

强碱滴定弱酸时的滴定突跃大小，决定于弱酸溶液的浓度和它的解离常数 $K_a$ 两个因

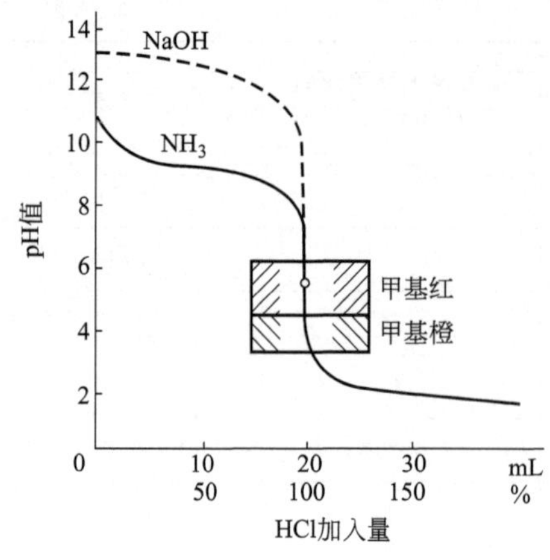

图 3-4　0.1000mol/L HCl 滴定 20.00mL 0.1000mol/L $NH_3$ 溶液的滴定曲线

素。若要求滴定误差小于±0.1%，必须使滴定突跃超过 0.3pH 单位，此时人眼才可以辨别出指示剂颜色的变化，滴定才可以顺利进行。通常，以 $cK_a \geq 10^{-8}$ 作为弱酸能被强碱溶液直接目视准确滴定的判据。

## 三、强酸滴定弱碱

强酸（HCl）滴定弱减（$NH_3 \cdot H_2O$）的情况与强碱滴定弱酸的情况相似，可采用类似方法处理。滴定过程 pH 值变化由大到小，滴定曲线如图 3-4 所示，滴定曲线形状与强碱滴定弱酸时恰好相反。化学计量点及 pH 值突跃都在酸性范围内，只能选用酸性区变色的指示剂，如甲基橙、甲基红等指示终点。同样，以 $cK_b \geq 1.0\times10^{-8}$ 作为判断弱碱能否准确进行目视滴定的界限。

### 想一想

HAc 能被 NaOH 准确滴定，它的共轭碱能否被 HCl 准确滴定？

## 专题七　【基础知识 5】多元酸碱的滴定

相对一元酸碱而言，滴定多元酸碱应考虑的问题要多一些，例如，多元酸碱是分步解离的，滴定反应也是分步进行吗？能准确滴定至哪一级？化学计量的 pH 值如何计算？怎样选择指示剂？

## 一、多元酸的滴定

以 NaOH 溶液滴定 $H_3PO_4$ 为例，$H_3PO_4$ 的解离平衡如下：

$$H_3PO_4 \rightleftharpoons H^+ + H_2PO_4^- \qquad K_{a_1}=10^{-2.12}$$

$$H_2PO_4^- \rightleftharpoons H^+ + HPO_4^{2-} \qquad K_{a_2}=10^{-7.21}$$

$$HPO_4^{2-} \rightleftharpoons H^+ + PO_4^{3-} \qquad K_{a_3}=10^{-12.7}$$

用 NaOH 溶液滴定 $H_3PO_4$ 溶液时，滴定反应按下式分步进行：

第一步，NaOH 将 $H_3PO_4$ 溶液定量中和至 $H_2PO_4^-$。

$$H_3PO_4 + NaOH \rightleftharpoons NaH_2PO_4 + H_2O$$

第二步，NaOH 再将 $H_2PO_4^-$ 中和至 $HPO_4^{2-}$。

$$NaH_2PO_4 + NaOH \rightleftharpoons Na_2HPO_4 + H_2O$$

能否在第一步中和反应完成后才进行第二步反应，决定于 $K_{a_1}$ 和 $K_{a_2}$ 的比值。如果

$c_aK_{a_1} \geq 10^{-8}$ 且 $K_{a_1}/K_{a_2} > 10^4$，第一级能准确分步滴定；

$c_aK_{a_2} \geq 10^{-8}$ 且 $K_{a_2}/K_{a_3} > 10^4$，第二级能准确分步滴定；

$c_aK_{a_3} < 10^{-8}$，第三级不能被准确滴定。

例如，用 0.1000mol/L NaOH 标准溶液滴定 0.10mol/L $H_3PO_4$ 溶液。

$H_3PO_4$ 的 $K_{a_1}=7.6\times10^{-3}$，$K_{a_2}=6.3\times10^{-8}$，$K_{a_3}=4.4\times10^{-13}$

第一计量点时： $c=0.10\div2=0.050(mol/L)$

$$[H^+]=\sqrt{\frac{cK_{a_1}K_{a_2}}{c+K_{a_1}}}=2.0\times10^{-5}(mol/L)$$

$$pH=4.70$$

选择甲基橙作指示剂，并采用同浓度的 $NaH_2PO_4$ 溶液作参比。

第二计量点时：

$$c=0.10\div3=0.033(mol/L)$$

$$[H^+]=\sqrt{\frac{K_{a_2}(cK_{a_3}+K_w)}{c}}=2.2\times10^{-10}(mol/L)$$

$$pH=9.66$$

若用酚酞为指示剂，终点出现过早，有较大的误差。选用百里酚酞作指示剂时，误差约为 0.5%。滴定曲线如图 3-5 所示。

## 二、多元碱的滴定

多元碱用强酸滴定时，情况与多元酸的滴定相似。例如用 0.10mol/L HCl 滴定 0.10mol/L $Na_2CO_3$ 溶液。

$c_{sp_1}K_{b_1}=0.050\times1.8\times10^{-4}>10^{-8}$

$c_{sp_2}K_{b_2}=0.10\div3\times2.4\times10^{-8}=0.08\times10^{-8}$

$K_{b_1}/K_{b_2}\approx10^4$，第一级离解的 $OH^-$ 不能准确滴定。

第一化学计量点时：$[OH^-]=(K_{b_1}K_{b_2})^{1/2}$ $pOH=5.68$ $pH=8.32$

可用酚酞作指示剂，并采用同浓度的 $NaHCO_3$ 溶液作参比。

第二化学计量点时，$CO_2$ 的饱和溶液，$H_2CO_3$ 的浓度为 0.040moL/L，$[H^+]=(cK_{a_1})^{1/2}=1.3\times10^{-4}$ (moL/L)，pH=3.89，可选用甲基橙作指示剂。滴定曲线如图 3-6 所示。

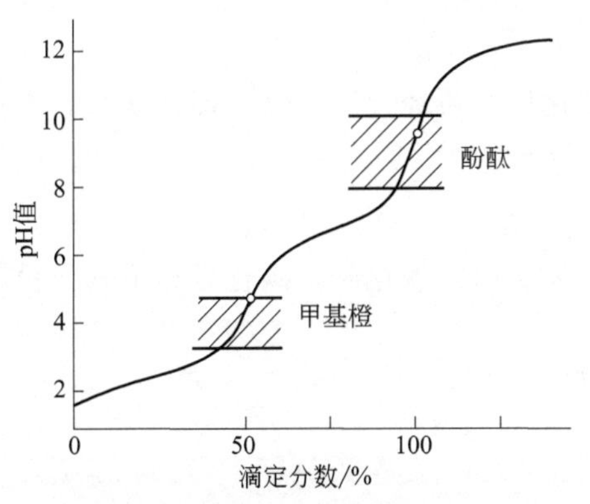


图 3-5 NaOH 溶液滴定 $H_3PO_4$ 溶液的滴定曲线

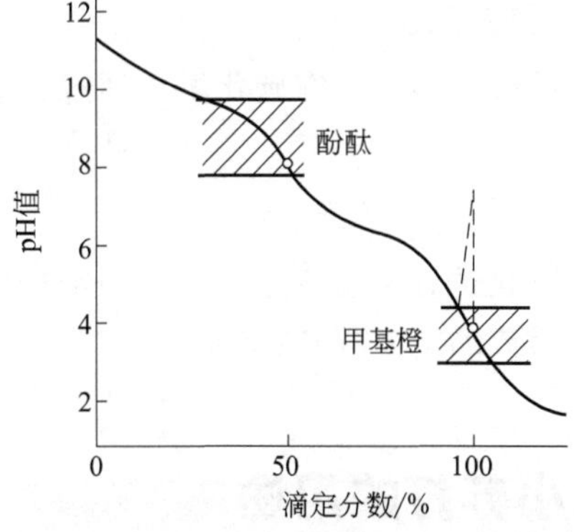


图 3-6 HCl 滴定碳酸钠的滴定曲线 $c(HCl)=c(Na_2CO_3)$

但是，滴定中用甲基橙作指示剂时，因过多产生 $CO_2$ 可能会使滴定终点出现过早，变色不敏锐，因此，快到第二化学计量点时应剧烈摇动，必要时可加热煮沸溶液以除去 $CO_2$，冷却后再继续滴定至终点，以提高分析的准确度。

## 专题八 【阅读材料】碳酸氢钠简介

碳酸氢钠化学式为 $NaHCO_3$，分子量 84.01，俗称小苏打、苏打粉、重曹、焙用碱等，白色细小晶体，在水中的溶解度小于苏打。

### 一、小苏打的性质

#### 1. 物理性质

无臭、味咸，微溶于乙醇。其水溶液因水解而呈微碱性，受热易分解，在 65℃以上迅速分解，在 270℃时完全失去二氧化碳，在干燥空气中无变化，在潮湿空气中缓慢分解。

#### 2. 化学性质

与 HCl 反应：

$$NaHCO_3 + HCl = NaCl + H_2O + CO_2\uparrow$$

与 NaOH 反应：

$$NaHCO_3 + NaOH = Na_2CO_3 + H_2O$$

与 $AlCl_3$ 发生双水解反应：

$$3NaHCO_3 + AlCl_3 = Al(OH)_3\downarrow + 3CO_2\uparrow + 3NaCl$$

不同量的 $NaHCO_3$ 与碱反应：

$$NaHCO_3 + Ca(OH)_2(\text{过量}) = CaCO_3\downarrow + NaOH + H_2O$$

$$2NaHCO_3 + Ca(OH)_2(\text{少量}) = Na_2CO_3 + CaCO_3\downarrow + 2H_2O$$

加热：

$$2NaHCO_3 \xlongequal{\text{加热}} Na_2CO_3 + H_2O + CO_2\uparrow$$

### 二、小苏打的制法

#### 1. 气相碳化法

将碳酸钠溶液，在碳化塔中通过二氧化碳碳化后，再经分离干燥，即得成品。方程式：

$$Na_2CO_3 + CO_2 + H_2O = 2NaHCO_3$$

#### 2. 气固相碳化法

将碳酸钠置于反应床上，并用水拌好，由下部吹以二氧化碳，碳化后经干燥、粉碎和包装，即得成品。方程式：

$$Na_2CO_3 + CO_2 + H_2O \longrightarrow 2NaHCO_3$$

### 三、小苏打的用途

#### 1. 用于食品

用作食品工业的发酵剂、汽水和冷饮中二氧化碳的发生剂、黄油的保存剂。

碳酸氢钠与油脂直接混合时，也会发生皂化，强烈的肥皂味会影响西点的香气和品质。

碳酸氢钠也经常被用来作为中和剂，例如巧克力蛋糕。巧克力为酸性，大量使用时会使西点带有酸味，因此可使用少量的碳酸氢钠作为膨大剂并且也能中和其酸性。同时，碳酸氢钠也有使巧克力加深颜色的作用，使它看起来更黑亮。

西点中碳酸氢钠过量，除了破坏西点风味或导致碱味太重，食用后会使人有心悸、嘴唇发麻、短暂失去味觉等症状。

### 2. 用于家禽饲料

据英国 ICI 公司科研人员（1988 年）研究，将碳酸氢钠按 0.1%～1.0%的不同水平，在产蛋鸡饲料中连续添加 8 个月，结果表明，所有添加碳酸氢钠组的产蛋率都增加，蛋壳强度最大可提高 8%。在标准产蛋鸡饲料中添加 0.3%的碳酸氢钠，添加组鸡产蛋高峰后，随年龄增加，产蛋率下降的程度得到了缓和，同时破蛋减少 1%～2%。他们还研究了碳酸氢钠和磷的交互作用，饲料中以碳酸氢钠为钠源的钠含量为 0.55%时，磷含量为 0.30%，其产蛋率为 75%；磷含量为 0.75%，产蛋率为 77%。试验结果还表明，由于碳酸氢钠的添加，氮的利用率将提高 3%。

### 3. 用于医药

本品为弱碱，为吸收性抗酸药。内服后，能迅速中和胃酸，但维持短暂，并有产生二氧化碳等多种缺点。作为抗酸药不宜单用，常与碳酸钙或氧化镁等一起组成西比氏散用。

此外，本品能碱化尿液，与碘胺药同服，以防磺胺在尿中结晶析出；与链霉素合用可增强泌尿道抗菌作用。静脉给药用以纠正酸血症。用 5% 100～200mL 滴注，小儿每千克体重 5mL。

妇科用于霉菌性阴道炎，用 2%～4%溶液坐浴，每晚一次，每次 500～1000mL，连用 7 日。

外用滴耳剂软化耵聍（3%溶液滴耳，每日 3～4 次）。

如遭蜜蜂或蚊虫叮咬，用小苏打和醋调成糊状，抹在伤处，可以止痒。

在洗澡水中放一点小苏打，可以缓解皮肤过敏。

在床单上撒一点小苏打，可预防儿童因湿热引起的皮疹。

双脚疲劳，在洗脚水里放 2 匙小苏打浸泡一段时间，有助于消除疲劳。

### 4. 用于家庭清洁

对洗涤剂过敏的人，不妨在洗碗水里加少许小苏打，既不烧手，又能把碗、盘子洗得很干净。

也可以用小苏打来擦洗不锈钢锅、铜锅或铁锅，小苏打还能清洗热水瓶内的积垢。方法是将 50g 的小苏打溶解在一杯热水中，然后倒入瓶中上下晃动，水垢即可除去。将咖啡壶和茶壶泡在热水里，放入三匙小苏打，污渍和异味就可以消除。

将装有小苏打的盒子敞口放在冰箱里可以排除异味，也可以用小苏打兑温水，清洗冰箱内部。在垃圾桶或其他任何可能发出异味的地方撒一些小苏打，会起到很好的除臭效果。

如果家里养了宠物，往地毯上撒些小苏打，可以去除尿臊味。若是水泥地面，可以撒上小苏打，再加一点醋，用刷子刷地面，然后用清水冲净即可。

在湿抹布上撒一点小苏打，擦洗家用电器的塑料部件、外壳，效果不错。

还可将小苏打用作除味剂。将一杯小苏打和两匙淀粉混合起来，放在一个塑料容器内，抹在身上散发异味的部位，可以清除体味。

小苏打是有轻微磨蚀作用的清洁剂。加一点小苏打在牙膏里，可以中和异味，还可以充当增白剂。放一点小苏打在鞋子里可以吸收潮气和异味。

加一点小苏打在洗面奶里，或者用小苏打和燕麦片做面膜，有助于改善肌肤；在洗发香波里加少量小苏打，可以清除残留的发胶和定型膏。

游泳池里的氯会伤害头发，在洗发香波里加一点小苏打洗头，可修复受损头发。

刷牙时在牙膏上加上一点小苏打，能有效去牙锈和牙菌斑。

### 5. 用于除焦

把小苏打均匀地撒在烧焦的铝锅底上，随后用水泡一泡，数小时后，锅底上的焦巴就容易擦去了。

### 6. 用于化工原料

消防器材中用于生产酸碱灭火剂和泡沫灭火剂。

橡胶工业利用其与明矾、H 发孔剂配合可起均匀发孔的作用，用于橡胶、海绵生产。

冶金工业用作浇铸钢锭的助熔剂。

机械工业用作铸钢（翻砂）砂型的成型助剂。

印染工业用作染色印花的固色剂、酸碱缓冲剂、织物染整的后处理剂。

## 四、小苏打存储注意事项

储于干燥通风的室内仓库，运输中小心防止袋破或散包。食用小苏打不得与有毒物品共储运，防止污染、受潮，与酸类产品隔离。

## 本章小结

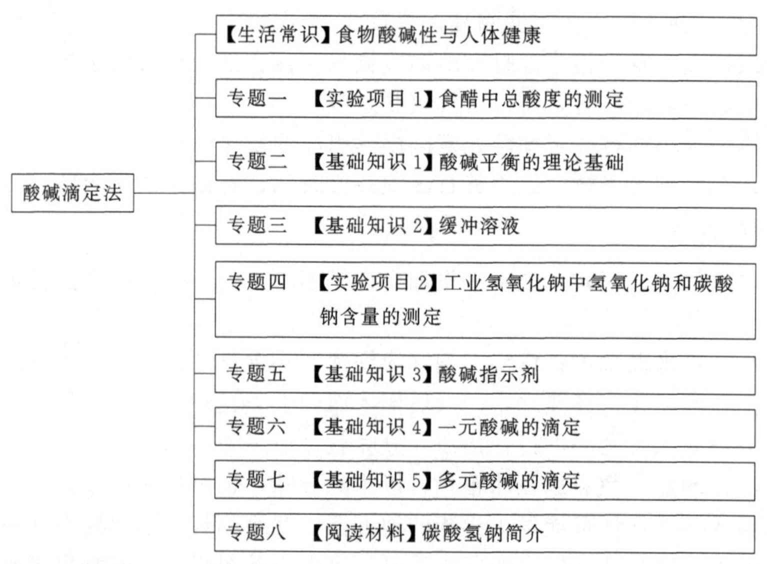


## 课后习题

1. 选择题

（1）在 $1.0\times10^{-2}$ mol/L HAc 溶液中，其水的离子积为（　　）。

A. $1.0\times10^{-2}$　　B. 2　　C. $10^{-14}$　　D. $10^{-12}$

（2）一般成年人胃液的 pH 值是 1.4，正常婴儿胃液的 pH 值为 5.0，问成人胃液中 $[H^+]$ 与婴儿胃液中 $[H^+]$ 之比是（　　）。

A. 0.28　　B. 1.4∶5.0　　C. 4.0×10　　D. 3980

(3) 下列叙述正确的是（　　）。

A. 同离子效应与盐效应的效果是相同的

B. 同离子效应与盐效应的效果是相反的

C. 盐效应与同离子效应相比影响要大得多

D. 以上说法都不正确

(4) 下列几组溶液具有缓冲作用的是（　　）。

A. $H_2O$-NaAc　　B. HCl-NaCl

C. NaOH-$Na_2SO_4$　　D. $NaHCO_3$-$Na_2CO_3$

(5) 在氨水中加入少量固体 $NH_4Ac$ 后，溶液的 pH 值将（　　）。

A. 增大　　B. 减小　　C. 不变　　D. 无法判断

(6) 下列有关缓冲溶液的叙述，正确的是（　　）。

A. 缓冲溶液 pH 值的整数部分主要由 $pK_a$ 或 $pK_b$ 决定，其小数部分由 $\lg\frac{c_{酸}}{c_{盐}}$ 或 $\lg\frac{c_{碱}}{c_{盐}}$ 决定

B. 缓冲溶液的缓冲能力是无限的

C. $\frac{c_{酸}}{c_{盐}}$ 或 $\frac{c_{碱}}{c_{盐}}$ 的值越大，缓冲能力越强

D. $\frac{c_{酸}}{c_{盐}}$ 或 $\frac{c_{碱}}{c_{盐}}$ 的值越小，缓冲能力越强

(7) 下列论述中，有效数字位数错误的是（　　）。

A. $[H^+]=3.24\times10^{-2}$（3 位）　　B. pH=3.24（3 位）

C. 0.420（2 位）　　D. 0.1000（5 位）

(8) 下列各组酸碱物质中，属于共轭酸碱对的是（　　）。

A. $H_3PO_4$-$Na_2HPO_4$　　B. $H_2SO_4$-$SO_4^{2-}$

C. $H_2CO_3$-$CO_3^{2-}$　　D. $NH_3^+CH_2COOH$-$NH_2CH_2COO^-$

E. $H_2Ac^+$-$Ac^-$　　F. $(CH_2)_6N_4H^+$-$(CH_2)_6N_4$

G. $NH_2CH_2COOH$-$NH_3^+CH_2COOH$　　H. $C_8H_5O_4^-$-$C_8H_6O_4$

I. $H_2O$-$H_3O^+$　　J. $H_2Ac^+$-HAc

2. 问答题

(1) 怎样配制不同浓度的 HAc 溶液？

(2) 测定食醋中总酸度时，为什么要用酚酞作指示剂？可否用甲基橙或甲基红？

(3) $NaHCO_3$-$Na_2CO_3$ 的混合物能不能采用“双指示剂法”测定其含量？测定结果的计算式如何表示？

(4) 差减法称量过程中，若称量瓶内的样品容易吸湿，对结果有什么影响？如何降低影响？

3. 计算题

(1) 用 $Na_2B_4O_7\cdot10H_2O$ 标定 HCl 溶液的浓度，称取 0.4806g 硼砂，滴定至终点时消耗 HCl 溶液 25.20mL，计算 HCl 溶液的浓度。

（2）欲使滴定时消耗 0.10mol/L HCl 溶液 20～25mL，问应称取基准试剂 $Na_2CO_3$ 多少克？

（3）欲测定大理石中 $CaCO_3$ 含量，称取大理石试样 0.1557g，溶解后向试液中加入过量的 $(NH_4)_2C_2O_4$，使 $Ca^{2+}$ 呈 $CaC_2O_4$ 沉淀析出，过滤、洗涤，将沉淀溶于稀 $H_2SO_4$，此溶液中的 $C_2O_4^{2-}$ 需用 15.00mL 0.04000mol/L $KMnO_4$ 标准溶液滴定，求大理石 $CaCO_3$ 含量。

# 第四章

# 重量分析和沉淀滴定法

## 知识目标

1. 掌握溶度积与溶解度的关系；
2. 掌握沉淀溶解平衡的有关简单计算；
3. 理解分步沉淀、沉淀的溶解及沉淀的转化方法。

## 能力目标

1. 能运用溶度积规则判断沉淀的生成与溶解；
2. 会进行有关沉淀溶解平衡的简单计算。

## 生活常识

### 含氟牙膏为何能预防龋齿

人体牙齿主要的无机成分是羟基磷灰石[$Ca_5(PO_4)_3(OH)$]，是一种难溶的磷酸钙类沉积物。在口腔中，牙齿表面的羟基磷灰石存在着以下的沉淀溶解平衡：

$$Ca_5(PO_4)_3(OH) \underset{\text{沉淀}}{\overset{\text{溶解}}{\rightleftharpoons}} 5Ca^{2+} + 3PO_4^{3-} + OH^-$$

口腔中残留的食物在酶的作用下，会分解产生有机酸——乳酸。乳酸是酸性物质，能与氢氧根反应，使羟基磷灰石的沉淀溶解平衡向溶解的方向移动，从而导致龋齿的发生。但如果饮用水或者牙膏中含有氟离子，氟离子就能与牙齿表面 $Ca^{2+}$ 和 $PO_4^{3-}$ 反应生成更难溶的氟磷灰石[$Ca_5(PO_4)_3F$]，沉积在牙齿表面。氟磷灰石比羟基磷灰石更能抵抗酸的侵蚀，并能抑制口腔细菌产生酸，因而能有效保护牙齿，降低龋齿的发生率。

## 专题一 【实验项目 1】氯化物中氯离子含量的测定 

**【任务描述】**

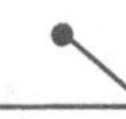

掌握沉淀滴定法中以 $K_2CrO_4$ 为指示剂测定氯离子的方法和原理；学习容量瓶的使用；学习规范的滴定基本操作。

**【教学器材】**

分析天平、滴定台、酸式滴定管、移液管、容量瓶、锥形瓶、量筒、烧杯、试剂瓶、称量瓶、干燥器。

**【教学药品】**

NaCl 基准试剂、$K_2CrO_4$ 指示剂、$AgNO_3$ 溶液等。

**【组织形式】**

三个同学为一实验小组，根据教师给出的引导步骤和要求，自行完成实验。

**【注意事项】**

(1) 实验完毕后，将装 $AgNO_3$ 溶液的滴定管先用自来水冲洗 2～3 次后，再用蒸馏水洗净，以免 AgCl 残留于管内。

(2) 滴定必须在中性或弱碱性溶液中进行，最适宜的 pH 值范围为 6.5～10.5。如果有铵盐存在，溶液的 pH 值需控制在 6.5～7.2。

(3) 指示剂用量大小对测定有影响，必须定量加入，一般以 $5\times10^{-3}$mol/L 为宜。

**【实验步骤】**

### 1. 配制 0.1mol/L $AgNO_3$ 溶液

称取 5.1g $AgNO_3$，用少量不含 $Cl^-$ 的蒸馏水溶解后转入棕色试剂瓶中，稀释至 300mL，摇匀，将溶液置暗处保存，以防止光照分解。

### 2. $AgNO_3$ 溶液的标定

准确称取 0.50～0.60g NaCl 基准物于小烧杯中，用蒸馏水溶解后，定量转移至 100mL 容量瓶中，用水稀释至刻度，摇匀，计算 NaCl 标准溶液的准确浓度。

用移液管准确移取 20.00mL NaCl 标准溶液于 250mL 锥形瓶中，加入 20mL 水，加 1mL $K_2CrO_4$ 溶液，在不断摇动条件下，用配制好的 $AgNO_3$ 溶液滴定至呈现砖红色即为终点。平行标定 3 次。计算 $AgNO_3$ 溶液的浓度。

### 3. 试样中 NaCl 含量的测定

准确称取 1.2～1.3g 含氯试样于 100mL 小烧杯中，加水溶解后，定量转移至 200mL 容量瓶中，用水稀释至刻度，摇匀。用移液管准确移取 20.00mL 上述试液于 250mL 锥形瓶中，加 20mL 水，加 1mL $K_2CrO_4$ 溶液，用 $AgNO_3$ 标准溶液滴定至溶液出现砖红色即为终点。平行测定 3 份，同时做空白实验。

**【任务解析】**

### 1. 实验原理

某些可溶性氯化物中氯含量的测定常采用莫尔法。莫尔法是在中性或弱碱性溶液中，以 $K_2CrO_4$ 为指示剂，以 $AgNO_3$ 标准溶液进行滴定。由于 AgCl 沉淀的溶解度比 $Ag_2CrO_4$ 沉淀的溶解度小，因此，滴定过程中首先析出 AgCl 沉淀。当 AgCl 定量沉淀后，稍过量的

$AgNO_3$ 溶液即与 $CrO_4^{2-}$ 生成砖红色 $Ag_2CrO_4$ 沉淀，指示达到终点。此时消耗的 $AgNO_3$ 认为全部生成 AgCl 沉淀。

主要反应式如下：

$$Ag^+ + Cl^- \longrightarrow AgCl\downarrow（白色） \qquad K_{sp}^{\ominus}=1.8\times10^{-10}$$

$$2Ag^+ + CrO_4^{2-} \longrightarrow Ag_2CrO_4\downarrow（砖红色） \qquad K_{sp}^{\ominus}=2.0\times10^{-12}$$

2. $AgNO_3$ 溶液的标定

$$c_{NaCl}=\frac{m_{NaCl}}{M_{NaCl}V}$$

$$c_{NaCl}V_{NaCl}=c_{AgNO_3}V_{AgNO_3}$$

3. 试样中 NaCl 含量的测定

$$\rho_{Cl^-}=\frac{c_{AgNO_3}V_{AgNO_3}M_{NaCl}}{m\times\frac{20.00}{200.00}}\times100\%$$

## 专题二　【基础知识 1】重量分析法概述

重量分析法是通过物理或化学的方法将待测物与试样的其他组分分离后，称量待测物或其转化后的产物，由所称得的物质质量计算待测物含量的一种经典分析方法。重量分析法可用于测定某些无机化合物和有机化合物的含量。

## 一、重量分析法的分类和特点

### 1. 重量分析法的分类

重量分析法必须以适当方法将被测物与其他组分分离后，再转换成一定的质量形式，按照分离方法的不同，重量分析法主要有沉淀法、挥发法、电解法、萃取法等几种形式。

（1）沉淀法　在待测溶液中加入一定量的沉淀剂，使待测组分形成沉淀后析出，然后过滤、洗涤、烘干或灼烧至恒重，使之转变为称量形式，再称重而后求得其含量。

（2）挥发法　利用待测组分具有挥发性或将其转化为具有固定组成的挥发性物质，通过加热或其他方法使其从试样中定量挥发出来，测量挥发出来的组分的质量（直接挥发法），或测定试样处理前后质量的变化（间接挥发法），计算待测组分的百分含量。汽化法多用于测定试样中的含水量或其他挥发性组分。

（3）电解法　利用电解使待测组分（多为金属离子）在电极上以金属或金属氧化物的形式析出，然后称重，电极增加的质量就是金属或金属氧化物的质量，可以计算溶液中相应离子的量。

（4）萃取法　利用待测组分在互不相溶的两种溶剂中溶解度的不同，利用萃取剂把被测组分萃取出来，然后将溶液中萃取剂蒸至恒重，称量干燥物即待测组分质量。

### 2. 重量分析法的特点

上述四种方法都是根据称得的质量来计算试样中待测组分的含量，全部数据都是由分析天平称量得来的，在分析过程中一般不需要基准物质和由容量器皿引入的数据，因而没有这方面的误差。对于高含量组分的测定，重量分析法比较准确，一般测定的相对误差不大于

0.1%。但是，由于重量分析法的手续烦琐费时，且难以测定微量成分，目前已逐渐为其他分析方法所代替。不过，对于某些常量元素（硅、磷、钨、稀土元素等）的测定仍在采用重量分析法，在校对其他分析方法的准确度时，也常用重量分析法的测定结果作为标准，因此重量分析法仍然是定量分析的基本内容之一。

这些方法中以沉淀法应用较广，现主要讨论沉淀法。

## 二、重量分析对沉淀形式与称量形式的要求

利用重量分析法进行分析时，首先将试样分解为试液，然后往试液中加入适当的沉淀剂，使其与被测组分发生沉淀反应，使被测组分沉淀出来，所得的沉淀称为沉淀形式；沉淀经过过滤、洗涤、烘干或灼烧之后，转化为称量形式；然后再由称量形式的化学组成和质量，计算被测组分在试样中的含量。沉淀形式与称量形式可能相同，也可能不同。例如测定 $Cl^-$ 含量时，在试液中加入沉淀剂 $AgNO_3$，得到 AgCl 沉淀，烘干后仍为 AgCl 沉淀，此时沉淀形式与称量形式相同；在测定 $Mg^{2+}$ 时，沉淀形式为 $MgNH_4PO_4$，经灼烧后得到的称量形式为 $Mg_2P_2O_7$，则沉淀形式与称量形式不同。

在重量分析法中，为获得准确的分析结果，对沉淀形式和称量形式都有一定的要求。

### 1. 重量分析对沉淀形式的要求

（1）沉淀的溶解度要尽量小，沉淀要完全，要求测定过程中沉淀的溶解损失不应超过天平的称量误差。一般要求溶解损失应小于 0.1 mg，以减少沉淀溶解损失对准确度的影响。

（2）沉淀要纯净，要容易过滤与洗涤。在进行沉淀时，希望得到粗大的晶形沉淀，这是由于颗粒较大的晶体沉淀比表面积小，吸附杂质的机会较少，因此沉淀较纯净。如果只能得到无定形沉淀，则必须控制一定的沉淀条件，改变沉淀的性质，以得到易于过滤和洗涤的沉淀。

（3）沉淀形式应易于转化为称量形式。沉淀经烘干、灼烧时，应易于转化为称量形式。

### 2. 重量分析对称量形式的要求

（1）称量形式的组成必须与化学式相符，这是定量分析的基本依据；

（2）称量形式要有足够的稳定性，不受空气中水分、$CO_2$ 等的影响；

（3）称量形式的分子量尽量大，这样可增大称量形式的质量，使被测组分在称量形式中所占比例尽量小，以减少称量误差。

# 专题三 【基础知识 2】沉淀和溶解平衡

## 一、沉淀的溶解度及其影响因素

利用沉淀反应进行重量分析时，人们总是希望被测组分沉淀越完全越好，这样重量分析的准确度才高。沉淀反应是否完全，可以根据沉淀反应达到平衡后，溶液中未被沉淀的被测组分的量来衡量，也就是说，可以根据沉淀溶解度的大小来衡量。绝对不溶解的物质是没有的，物质没有溶与不溶之分，而只有溶解度大小之分。沉淀溶解度的大小，直接决定被测组分能否定量地转化为沉淀，从而直接影响分析结果的准确度，因此讨论沉淀的溶解度及其影响因素是十分重要的。沉淀的溶解度，可以根据沉淀的溶度积常数 $K_{sp}$ 来计算。

### 1. 溶解度、溶度积和条件溶度积

当水中存在 1∶1 型难溶化合物 MA 时，MA 将部分溶解，当达到饱和状态时，有下列平衡关系：

$$MA(固) \rightleftharpoons MA(液) \rightleftharpoons M^{+} + A^{-}$$

式中，MA（固）表示固态的 MA；MA（液）表示溶液中的 MA；固体 MA 的溶解部分以 $M^{+}$、$A^{-}$ 和 MA 分子的状态存在，$M^{+}$ 和 $A^{-}$ 也可能在静电引力作用下，互相缔合成离子对状态存在。在一定温度下：

$$a(M^{+})a(A^{-}) = K_{sp}^{\ominus} \tag{4-1}$$

式中，$a(M^{+})$和$a(A^{-})$是 $M^{+}$ 和 $A^{-}$ 两种离子的活度。活度与浓度的关系是：

$$a(M^{+}) = \gamma(M^{+})c(M^{+}) \qquad a(A^{-}) = \gamma(A^{-})c(A^{-}) \tag{4-2}$$

式中，$\gamma(M^{+})$和$\gamma(A^{-})$是两种离子的活度系数，它们与溶液中的离子强度有关。将式（4-2）代入式（4-1）得

$$\gamma(M^{+})c(M^{+})\gamma(A^{-})c(A^{-}) = K_{sp}^{\ominus}$$

故

$$c(M^{+})c(A^{-}) = \frac{K_{sp}^{\ominus}}{\gamma(M^{+})\gamma(A^{-})} = K_{sp}$$

$K_{sp}$ 称为微溶化合物的溶度积常数，简称溶度积。

在纯水中 MA 的溶解度很小，则

$$c(M^{+}) = c(A^{-}) = S_{0} \tag{4-3}$$

$$c(M^{+})c(A^{-}) = S_{0}^{2} = K_{sp} \tag{4-4}$$

上两式中的 $S_{0}$ 是在很稀的溶液内，没有其他离子存在时 MA 的溶解度，由 $S_{0}$ 所得溶度积 $K_{sp}$ 非常接近于活度积 $K_{sp}^{\ominus}$。一般溶度积表中所列的 $K$ 是在很稀的溶液中没有其他离子存在时的数值。实际上溶解度是随其他离子存在的情况不同而变化的，因此溶度积 $K_{sp}$ 只在一定条件下才是一个常数。如果溶液中的离子浓度变化不太大，溶度积数值在数量级上一般不发生改变，所以在稀溶液中，仍常用离子浓度乘积来研究沉淀的情况。如果溶液中的电解质浓度较大（例如以后将讨论的盐效应对沉淀溶解度的影响），就必须用式（4-3）来考虑沉淀的情况。

在一定温度下，难溶电解质在纯水中都有其一定的溶度积，其数值的大小是由难溶电解质本身的性质所决定的。外界条件变化，如温度、压力的改变，酸度的变化，配位剂的存在等，都将使金属离子浓度或沉淀剂浓度发生变化，因而影响沉淀的溶解度和溶度积，这就是条件溶度积。这和配位滴定中，外界条件变化引起金属离子或配位剂浓度变化，因而影响稳定常数的情况相似。

### 2. 影响沉淀溶解度的因素

影响沉淀溶解度的因素主要有同离子效应、盐效应、酸效应和配位效应，此外温度、介质、沉淀颗粒的大小等因素，对溶解度都有一定的影响。

（1）同离子效应　组成沉淀晶体的离子称为构晶离子。为了减少沉淀的溶解损失，在进行沉淀时，应加入适当过量的含有某一构晶离子的试剂或溶液，以增大构晶离子的浓度，从而使沉淀的溶解度减小。这种在饱和溶液中加入构晶离子使沉淀溶解度降低的效应，称为同离子效应。

利用同离子效应，在进行称量分析确定沉淀剂用量时，若加入过量的沉淀剂，可以降低沉淀的溶解度，以使待测组分沉淀完全。沉淀剂过量的程度，应根据沉淀剂的性质来确定。

若沉淀剂不易挥发，应过量少些，如过量 20%～50%；若沉淀剂易挥发除去，则可过量 50%～100%。但沉淀剂过量太多，可能引起如盐效应、配位效应等其他影响，反而使沉淀的溶解度增大。

（2）盐效应　由于有过量的强电解质存在而使沉淀溶解度增大并随电解质浓度的增加而增加的现象，称为盐效应。

例如，在强电解质 $KNO_3$ 的溶液中，AgCl、$BaSO_4$ 的溶解度比在纯水中大，而且溶解度随 $KNO_3$ 浓度的增大而增大，当溶液中 $KNO_3$ 的浓度由 0 增加到 0.01mol/L 时，AgCl 的溶解度由 $1.28\times10^{-5}$mol/L 增加到 $1.43\times10^{-5}$mol/L。发生盐效应是由于离子的活度系数与溶液中加入的强电解质的种类和浓度有关，当溶液中强电解质的浓度增大到一定程度时，离子强度增大，而使离子活度系数明显减小。但在一定温度下，$K_{sp}$ 是常数，由式（4-4）可看出 $c$（$M^+$）、$c$（$A^-$）必然要增大，致使沉淀的溶解度增大。因此在利用同离子效应降低沉淀溶解度时，应考虑到盐效应的影响，即沉淀剂不能过量太多。应该指出，如果沉淀本身的溶解度越小，盐效应的影响就越小，可以不予考虑，只有当沉淀的溶解度比较大，而且溶液的离子强度很高时，才考虑盐效应的影响。

（3）酸效应　溶液酸度对沉淀溶解度有影响的现象，称为酸效应。酸效应的发生主要是由于溶液中 $H^+$浓度的大小对弱酸、多元酸或难溶酸等离解平衡的影响。酸效应对不同类型沉淀的影响情况不同，若沉淀是强酸盐如 AgCl、$BaSO_4$ 等，酸度对其溶解度影响不大；若沉淀是弱酸、多元酸盐或氢氧化物，则酸效应就比较显著，当酸度增大时，组成沉淀的阴离子如 $CO_3^{2-}$、$C_2O_4^{2-}$、$PO_4^{3-}$、$SiO_3^{2-}$ 和 $OH^-$ 等与 $H^+$ 结合，降低了阴离子的浓度，使沉淀的溶解度增大，反之，酸度减小时，组成沉淀的金属离子则可能发生水解，形成带电荷的氢氧配合物或它们的聚合物，使阳离子的浓度降低而沉淀的溶解度增大。因此，对于弱酸盐沉淀，为了减少酸效应对沉淀溶解度的影响，通常应在较低的酸度条件下进行沉淀。

以草酸钙沉淀的溶解度为例来说明酸度对溶解度的影响：

$$c(Ca^{2+})c(C_2O_4^{2-})=K_{sp_{CaC_2O_4}}$$

草酸是二元酸，在溶液中具有下列平衡：

$$H_2C_2O_4 \rightleftharpoons HC_2O_4^- \rightleftharpoons C_2O_4^{2-}$$

在不同酸度下，溶液中存在的沉淀剂的总浓度 $c(C_2O_4^{2-})$应为：

$$c(C_2O_4^{2-})=[C_2O_4^{2-}]+[HC_2O_4^-]+[H_2C_2O_4]$$

能与 $Ca^{2+}$ 形成沉淀的是 $C_2O_4^{2-}$，而

$$\frac{c(C_2O_4^{2-})}{[C_2O_4^{2-}]}=a_{C_2O_4^{2-}(H)}$$

式中，$a_{C_2O_4^{2-}(H)}$ 为草酸的酸效应系数，其意义和 EDTA 的酸效应系数完全一样。由上式可得

$$[Ca^{2+}]c(C_2O_4^{2-})=K_{sp_{CAC_2O_4}}a_{C_2O_4^{2-}(H)}=K'_{sp_{CaC_2O_4}}$$

式中，$K'_{sp_{CaC_2O_4}}$ 是在一定酸度条件下草酸钙的溶度积，称为条件溶度积。利用条件溶度积可以计算不同酸度下草酸钙的溶解度。

（4）配位效应　进行沉淀反应时，若溶液中存在配位剂与构晶离子生成可溶性配合物，则会导致沉淀溶解度增大，甚至不产生沉淀，这种现象称为配位效应。配位剂来源主要有两方面：一是加入的其他试剂，二是沉淀剂本身就是配位剂。例如用 $Cl^-$ 沉淀

$Ag^+$时，得到AgCl白色沉淀，若此时向溶液中加入氨水，则$NH_3$能与$Ag^+$配位，形成$[Ag(NH_3)_2]^+$，使AgCl溶解度增大，当加入足够过量的氨水时，AgCl甚至全部溶解。如果在$Ag^+$溶液中加入$Cl^-$，最初生成AgCl沉淀，但若加入过量的$Cl^-$，则$Cl^-$能与AgCl形成$[AgCl_2]^-$和$[AgCl_2]^{2-}$等配离子，也会使AgCl沉淀逐渐溶解，这时$Cl^-$沉淀剂本身就是配位剂。应该指出，配位效应使沉淀溶解度增大的程度与沉淀的溶度积和形成配合物的稳定常数的相对大小有关，形成的配合物越稳定，配位效应越显著，沉淀的溶解度越大。

依据以上讨论的同离子效应、盐效应、酸效应和配位效应对沉淀溶解度的影响程度，在进行沉淀反应时，应该根据具体情况考虑哪种效应是主要的。对无配位反应的强酸盐沉淀，应主要考虑同离子效应和盐效应；对弱酸盐或难溶酸盐、氢氧化物的沉淀，多数情况下应主要考虑酸效应；在有配位反应，尤其在能形成较稳定的配合物，而沉淀的溶解度又不太小时，则应主要考虑配位效应。

(5) 影响沉淀溶解度的其他因素　除上述因素外，温度、其他溶剂的存在、沉淀颗粒大小与结构等，都会对沉淀的溶解度产生影响。

① 温度。溶解一般是吸热过程，随着温度升高，绝大多数沉淀的溶解度增大。

② 溶剂。大部分无机物沉淀是离子型晶体，因此它们在极性较强的水中的溶解度比在有机溶剂中的溶解度更大，因此在水中加入如乙醇、丙酮等有机溶剂能降低沉淀的溶解度。例如，在$CaSO_4$溶液加入适量乙醇，则$CaSO_4$的溶解度就大大降低。

③ 沉淀颗粒大小和结构。在相同质量时，对同一种沉淀，其颗粒越小，则总表面积越大，溶解度越大，因此在进行沉淀时，总是希望得到较大颗粒的沉淀。在沉淀形成后，常将沉淀和母液一起放置一段时间进行陈化，使小晶体逐渐转化为大晶体。陈化还可使沉淀结构发生改变，由初生成时的结构转变为另一种更稳定的结构，溶解度就大为减小。

④ 形成的胶体溶液。进行沉淀反应特别是无定形沉淀反应时，如果条件掌握不好，常会形成胶体溶液，甚至使已经凝聚的胶体沉淀因为"胶溶"作用而重新分散在溶液中。胶体微粒很小，极易透过滤纸而引起损失，因此应防止形成胶体溶液。将溶液加热和加入大量电解质，对破坏胶体和促进胶凝作用甚为有效。

## 二、沉淀的类型和形成过程

### 1. 沉淀的类型

按物理性质不同，沉淀可分为晶形沉淀和非晶形沉淀，晶形沉淀有粗晶形沉淀和细晶形沉淀之分，如$MgNH_4PO_4$是粗晶形沉淀，$BaSO_4$是细晶形沉淀。非晶形沉淀又称为无定形沉淀或胶状沉淀，$Fe_2O_3 \cdot nH_2O$是典型的无定形沉淀。它们之间的主要差别是沉淀颗粒的大小不同，晶形沉淀的颗粒较大，直径0.1～1.0μm；无定形沉淀的颗粒很小，直径一般小于0.02μm；凝乳状沉淀的颗粒大小介于两者之间。

从整个沉淀外形来看，晶形沉淀由于是由较大的沉淀颗粒组成，且内部排列较规则，结构紧密，所以沉淀所占的体积比较小，通常会在容器的底部沉降。无定形沉淀则是由许多微小沉淀颗粒组成的，颗粒排列杂乱疏松，内部又包含大量数目不定的水分子，所以是疏松的絮状沉淀，且沉淀体积庞大，不像晶形沉淀那样能很好地沉降在容器的底部。沉淀的颗粒大小与进行沉淀反应时构晶离子的浓度有关。例如在一般情况下，从稀溶液中沉淀出来的$BaSO_4$是晶形沉淀；但是，如以乙醇和水为混合溶剂，将浓的$Ba(SCN)_2$溶液和$MnSO_4$

溶液混合，得到的 $BaSO_4$ 却是凝乳状的沉淀。此外，沉淀颗粒的大小也与沉淀本身的溶解度有关。

生成的沉淀类型主要与两方面因素有关，一方面取决于沉淀本身的性质，另一方面与沉淀形成的条件也有密切关系。在重量分析中，最希望获得的是晶形沉淀。如果是无定形沉淀，则应注意掌握好沉淀条件，以改善沉淀的物理性质。

### 2. 沉淀的形成过程

沉淀的形成一般要经过晶核的形成和沉淀颗粒的生长两个过程。晶核的形成机理目前尚无成熟的理论，一般认为过饱和的溶液中离子发生缔合，并进一步形成离子聚集体，当离子聚集达到一定的大小时，便形成晶核。晶核形成以后，溶液中的构晶离子仍在向晶核表面扩散，并且进入晶格，以致逐渐形成晶体，即沉淀微粒。

沉淀剂加入待测溶液中以后，形成沉淀的离子互相碰撞而结合成晶核，晶核长大生成沉淀微粒的速率称为聚集速率；同时，构晶离子在晶格内的定向排列速率称为定向速率。当定向速率大于聚集速率时，将形成晶形沉淀，反之，则形成非晶形沉淀。

当聚集速率大于定向速率时，即离子很快地聚集起来生成沉淀微粒，却来不及进行晶格排列，得到的是非晶形沉淀。反之，如果定向速率大于聚集速率，即离子较缓慢地聚集成沉淀，有足够时间进行晶格排列，则得到晶形沉淀。

聚集速率（或称形成沉淀的初始速率）主要取决于沉淀时的反应条件，其中最重要的条件是溶液中生成沉淀物质的过饱和度。通过控制溶液的相对过饱和度，可以改变形成沉淀颗粒的大小，甚至有可能改变沉淀的类型。定向速率主要取决于沉淀物质本身的性质。一般极性强的盐类，如 $MgNH_4PO_4 \cdot 6H_2O$、$BaSO_4$、$CaC_2O_4$ 等，具有较大的定向速率，易形成晶形沉淀。而氢氧化物只有较小的定向速率，因此其沉淀一般为非晶形的。因此，沉淀的类型不仅取决于沉淀的本质，也取决于沉淀的条件，若适当改变沉淀条件，也可能改变沉淀的类型。

### 3. 沉淀的条件及选择

在重量分析中，为了获得准确的分析结果，要求沉淀完全、纯净，易于过滤、洗涤，并减少沉淀的溶解损失。为此，对于不同类型的沉淀，应当选择不同的沉淀条件，以获得符合重量分析要求的沉淀。

（1）晶形沉淀的沉淀条件　对于晶形沉淀来说，主要考虑的是如何获得较大的沉淀颗粒，以便使沉淀纯净并易于过滤和洗涤。但是，晶形沉淀的溶解度一般都比较大，因此还应注意减小沉淀的溶解损失。选择适当的沉淀条件，可以调节聚集速率和定向速率这两个速率的相对大小，直接影响沉淀的类型。

沉淀反应应在适当的稀溶液中进行，并加入沉淀剂的稀溶液，这样可使沉淀过程中溶液的相对过饱和度不致太大，但又能保持一定的过饱和度，晶核生成不太多，同时又有机会长大，易于获得大颗粒的晶形沉淀，同时，共沉淀现象减少，有利于得到纯净沉淀。当然，如果溶液过稀，则沉淀溶解较多，也会造成溶解损失。

沉淀反应应在不断搅拌下，逐滴加入沉淀剂，这样可以避免当沉淀剂在试液中由于来不及扩散，导致局部过浓生成大量晶核而获得颗粒较小、纯度较差的沉淀。

沉淀反应应在热溶液中进行。在热溶液中，沉淀的溶解度增大，溶液的相对过饱和度降低，有利于形成少而大的晶粒；同时又能减少杂质的吸附量，有利于得到纯净的沉淀。此外，溶液温度升高时，构晶离子的扩散速率加快，从而加快晶体的成长。为了防止热溶液所造成的溶解损失，对溶解度较大的沉淀，沉淀完毕必须冷却后再进行过滤、洗涤。

沉淀反应完成后，如果将沉淀和溶液一起放置一段时间，可以使沉淀晶形完整纯净，同时还可以使微小晶体溶解，粗大晶体长大，这个过程叫作陈化。加热和搅拌可以加快陈化的进行。但是，陈化作用对伴随有混晶共沉淀的沉淀反应来说，不一定能提高沉淀纯度；对伴随有后沉淀的沉淀反应，不仅不能提高纯度，反而会降低沉淀纯度。

（2）无定形沉淀的沉淀条件　无定形沉淀的溶解度一般都很小，所以很难通过减小溶液的相对过饱和度来改变沉淀的物理性质。无定形沉淀的结构疏松，比表面积大，吸附杂质多，又容易胶溶，而且含水量大，不易过滤和洗涤。对于无定形沉淀，主要是设法破坏胶体，防止胶溶，加速沉淀微粒的凝聚，便于过滤和减少杂质吸附，因此其沉淀条件如下。

① 沉淀反应应在较浓的溶液中进行，加入沉淀剂的速度可适当加快。当溶液浓度较大时，离子的水合程度较小，得到的沉淀结构紧密，体积较小。但同时沉淀在浓溶液中吸附的杂质也较多，因此在沉淀完毕后，应立刻加入大量热水冲稀并搅拌，使被吸附的部分杂质转移到溶液中。

② 沉淀反应应在热溶液中进行，这样可以防止生成胶体，并减少杂质的吸附作用，还可使生成的沉淀紧密些。

③ 溶液中应加入适量的电解质，以防止胶体溶液的生成。电解质的存在可促使带电荷的胶体粒子相互凝聚沉降，加快沉降速率。但加入的物质应是可挥发性的盐类，如铵盐等。

④ 沉淀完毕后，应趁热过滤，不需陈化。否则，沉淀久置会失水而聚集得更紧密，使吸附的杂质难以洗去。

⑤ 无定形沉淀一般含杂质的量较多，当准确度要求较高时，应当进行再沉淀。洗涤无定形沉淀时，为防止沉淀重新变为胶体，难以过滤和洗涤，一般选用热、稀的电解质溶液作洗涤液。常用的洗涤液有 $NH_4NO_3$、$NH_4Cl$ 或氨水。

（3）均匀沉淀法　为改进沉淀结构，已研究发展了另一种途径的沉淀方法——均匀沉淀法：沉淀剂不是直接加入到溶液中，而是通过溶液中发生的化学反应，缓慢而均匀地在溶液中产生沉淀剂，从而使沉淀在整个溶液中均匀地、缓缓地析出，这样可获得颗粒较粗、结构紧密、纯净而易过滤的沉淀。

## 专题四　【实验项目 2】钢铁或合金中镍含量的测定

**【任务描述】**

了解有机沉淀剂丁二酮肟与 Ni 形成沉淀的条件；学会微孔玻璃过滤器的使用方法与抽滤操作技术；掌握丁二酮肟重量法测定钢铁及合金中镍含量的原理和方法。

**【教学器材】**

电子分析天平、电烘箱、微孔玻璃过滤器（$P_{16}$ 或 $G_4$ 型号）、烧杯、表面皿、抽滤装置、加热设备、干燥器、玻璃棒。

**【教学药品】**

1%丁二酮肟乙醇溶液、HCl-$HNO_3$ 混合酸溶液（HCl、$HNO_3$ 和 $H_2O$ 的体积比为 3∶1∶2）、$HClO_4$、1∶1 HCl 溶液、50%酒石酸溶液、1∶1 $NH_3\cdot H_2O$ 溶液、20% $Na_2SO_3$ 溶液（新鲜配制）、50%$CH_3COONH_4$-$CH_3COOH$ 缓冲溶液（pH=6.0～6.4）。

【组织形式】

根据教师给出的引导步骤和要求，每个同学独立完成实验。

【注意事项】

(1) 调节 pH 过程中，试液加入一定要做到边滴边摇，不可过快；

(2) 沉淀洗涤时不要有损失。

【实验步骤】

### 1. 试样称取

按表 4-1 准确称取待测试样（试样中含 Ni 量控制在 100mg 内）。

**表 4-1 待测试样量**

| 镍含量/% | 试样量/g | 镍含量/% | 试样量/g |
|---|---|---|---|
| 2.00～4.00 | 2.000 | >15.00～30.00 | 0.2000 |
| >4.00～8.00 | 1.000 | >30.00～50.00 | 0.1500 |
| >8.00～15.00 | 0.5000 | >50.00 | 0.1000 |

### 2. 试样溶解

按表 4-1 准确称取试样，置于 400mL 烧杯中，加入 20mL 左右的 $HCl\text{-}HNO_3$ 混合酸溶液，盖上表面皿，缓慢加热至试样溶解（为确保试样溶解完全，可再加入 10mL $HClO_4$ 加热蒸发至其烟冒尽）。取下稍冷，加入 10mL HCl 和 100mL 热水。加热溶解盐类，冷却。

### 3. 试液制备

向上述试液中，加入 25mL 50%酒石酸溶液，边搅拌边滴加 1∶1 $NH_3 \cdot H_2O$ 溶液，调节试液至 pH 值约等于 9，放置片刻。用慢速滤纸过滤，滤液置于 600mL 烧杯中，用热水洗净烧杯，并洗涤沉淀 7～8 次，使滤液总体积控制在 250mL 以内。

### 4. 沉淀与分离

在不断搅拌下，用 1∶1 HCl 溶液酸化上述滤液至 pH 值约等于 3.5，加入 20mL 20% $Na_2SO_3$ 溶液，搅拌片刻，用 1∶1 $NH_3 \cdot H_2O$ 溶液，调节试液至 pH 值约等于 4.5，加热至 45～50℃时，加入 15mL 20% $Na_2S_2O_3$ 溶液，搅拌片刻，放置 5min。加入 100mL 1%丁二酮肟乙醇溶液，在不断搅拌下，加入 20mL 50% $CH_3COONH_4\text{-}CH_3COOH$ 缓冲溶液，控制试液酸度在 pH 值为 6.0～6.4 范围（若低于此值，可用 1∶1 $NH_3 \cdot H_2O$ 溶液调节）。调定试液总体积在 400mL 左右，静置陈化 30min。冷却至室温，用已恒重的 $P_{16}$ 或 $G_4$ 型微孔玻璃过滤器负压下抽滤（速度不宜太快，切不可将沉淀吸干），用冷水洗涤烧杯和沉淀（以少量多次并使沉淀冲散为佳，也应防止沉淀吸干），洗涤用水总量控制在 200mL 左右。

### 5. 恒重与称量

将载有丁二酮肟镍沉淀的微孔玻璃过滤器置于电烘箱中，于 (140±5)℃烘干 2h 左右，置于干燥器中冷却、称量，直至恒重。

【任务解析】

镍是钢铁及合金中的重要元素之一，它可增强金属的弹性、延展性和抗蚀性，使金属具有较高的力学性能。

多数含镍的金属材料能溶于酸，生成的 $Ni^{2+}$ 在微酸性、中性、弱碱性溶液中都可与丁二酮肟（$C_4H_8N_2O_2$）反应，生成鲜红色的丁二酮肟镍。

$$
Ni^{2+} + 2\begin{array}{l} CH_3-C{=}NOH \\ \quad\;\;\; | \\ CH_3-C{=}NOH \end{array} = \begin{array}{c} O\cdots H-O \\ CH_3-C{=}N \to Ni \leftarrow N-C-CH_3 \\ CH_3-C{=}N \to \quad\; \leftarrow N{=}C-CH_3 \\ O\cdots H-O \end{array} + 2H^+
$$

此配合物组成恒定，具有疏水性质，水中溶解度较小，易溶于乙醇、氯仿、四氯化碳等有机溶剂，故可用水相沉淀法或萃取分离后分光光度法来测定物料中的 Ni 含量。本实验采用水相沉淀丁二酮肟重量法。

在 $CH_3COONH_4$ 缓冲溶液中，用 $Na_2SO_3$ 将铁还原为二价，用酒石酸作掩蔽剂，在 pH 值为 6.0～7.0 的条件下，$Ni^{2+}$ 与丁二酮肟生成疏水性沉淀，与铁、钴、铜等元素分离，所得丁二酮肟镍经烘干、恒重，即可计算出试样中 Ni 的质量分数。

### 想一想

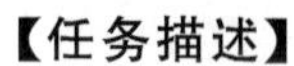

1. 溶解试样时加氨水起什么作用？
2. 用丁二酮肟沉淀应控制的条件是什么？

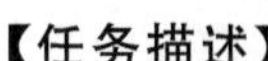

## 专题五　【实验项目 3】可溶性硫酸盐中硫的测定（氯化钡测定法）

**【任务描述】**

了解测定无水 $Na_2SO_4$ 中硫含量的原理和方法；掌握晶形沉淀的制备、过滤、洗涤、灼烧及恒重的基本操作技术；理解晶体沉淀的生成原理和沉淀条件。

**【教学器材】**

分析天平、电炉、马弗炉、酒精喷灯、坩埚、坩埚钳、定量滤纸（慢速）、表面皿、烧杯、滴管、小干燥器、漏斗架。

**【教学药品】**

$BaCl_2$、HCl、无水 $Na_2SO_4$（AR）、$HNO_3$、$H_2SO_4$、$AgNO_3$。

**【组织形式】**

根据教师给出的引导步骤和要求，每个同学独立完成实验。

**【注意事项】**

(1) 注意半自动电光分析天平的使用；

(2) 注意重量分析法的基本操作。

**【实验步骤】**

### 1. 称样及沉淀的制备

准确称取 1 份 0.10～0.13g 无水 $Na_2SO_4$ 试样，置于 400mL 烧杯中，加入约 200mL 水、5mL 2mol/L HCl 溶液，搅拌溶解，加热至近沸。另取 5mL 10% $BaCl_2$ 于 100mL 烧杯中，加水 5mL，加热至近沸，趁热将 $H_2SO_4$ 溶液用小滴管逐滴地加入到热的 $Na_2SO_4$ 溶液中，并用玻璃棒不断搅拌，直至硫酸溶液加完为止。待 $BaSO_4$ 沉淀下沉后，于上层清液中加入 1～2 滴 $BaCl_2$，检验沉淀是否完全。沉淀完全后，盖上表面皿，将沉淀放在水浴上，保温 40min，陈化实验（不要将玻璃棒拿出烧杯外），也可放置过夜陈化（一周）。

### 2. 沉淀的过滤和洗涤

用慢速定量滤纸倾泻法过滤，将沉淀完全转移到定量滤纸上。然后用稀硫酸洗涤沉淀20次左右，每次约10mL，直至洗涤液中不含$Cl^-$为止。于表面皿上加2mL滤液，加1滴2mol/L $HNO_3$酸化，加2滴0.1mol/L $AgNO_3$，若无白色沉淀产生，表示$Cl^-$已洗净。

### 3. 空坩埚的恒重

将两个洁净的磁坩埚放在(800±20)℃的马弗炉中灼烧至恒重。

### 4. 沉淀的灼烧和恒重

将折叠好的沉淀滤纸包置于已恒重的磁坩埚中，经烘干、炭化、灰化后，在800～850℃的马弗炉中灼烧至恒重。计算$Na_2SO_4$中$SO_3$的含量。

**【任务解析】**

测定可溶性硫酸盐中硫含量所用的经典方法，都是用$Ba^{2+}$将$SO_4^{2-}$沉淀为$BaSO_4$，沉淀经过滤、洗涤和灼烧后，以$BaSO_4$形式称量，从而求得S或$SO_3$的含量。

$$Ba^{2+} + SO_4^{2-} \longrightarrow BaSO_4 \downarrow$$

$BaSO_4$溶解度很小，100mL溶液在25℃时仅溶解0.25mg，利用同离子效应，在过量沉淀剂存在下，溶解度更小，一般可以忽略不计。用$BaSO_4$重量法测定$SO_4^{2-}$时，沉淀剂$BaCl_2$因灼烧时不易挥发除去，因此只允许过量20%～30%。用$BaSO_4$重量法测定$Ba^{2+}$时，一般用稀$H_2SO_4$作沉淀剂。由于$H_2SO_4$在高温下可挥发除去，故$BaSO_4$沉淀带下的$H_2SO_4$不至于引起误差，因而沉淀剂可过量50%～100%。

**想一想**

1. 溶解试样时加氨水起什么作用？
2. 用丁二酮肟沉淀应控制的条件是什么？

## 专题六 【基础知识3】沉淀滴定法及应用

沉淀滴定法是以沉淀反应为基础的滴定分析方法。虽然能形成沉淀的反应很多，但是能用于沉淀滴定的反应并不多。根据滴定分析对化学反应的要求，适用于沉淀滴定法的沉淀反应必须符合下列几个条件：

(1) 沉淀的溶解度要小；

(2) 沉淀反应必须迅速且定量地进行；

(3) 有适当的指示终点的方法；

(4) 沉淀的吸附现象不影响滴定终点的确定。

这些条件的限制将多数沉淀反应排除在外，因此沉淀滴定是四种滴定分析方法中应用范围最小的一种。目前，应用较广的是能生成难溶性银盐的反应，例如：

$$Ag^+ + Cl^- \longrightarrow AgCl \downarrow \text{(白色)}$$

$$Ag^+ + SCN^- \longrightarrow AgSCN \downarrow \text{(白色)}$$

这种利用生成难溶性银盐反应来进行测定的方法称为银量法。它包括用$AgNO_3$标准溶液测定$Cl^-$、$Br^-$、$I^-$、$SCN^-$等含量的方法，也包括用NaCl标准溶液测定$Ag^+$含量的方法。

与其他滴定方法一样，银量法也能根据指示剂的颜色变化来确定化学计量点的到达。根据所采用的指示剂不同，银量法可分为莫尔法、佛尔哈德法和法扬司法。

## 一、莫尔法

莫尔法是以 $K_2CrO_4$ 作指示剂，用 $AgNO_3$ 作标准溶液，在中性或微碱性溶液中，滴定 $Cl^-$、$Br^-$ 的滴定分析方法。

### 1. 原理

以测定 $Cl^-$ 为例。$AgNO_3$ 标准溶液滴定 $Cl^-$ 时涉及两个反应：

滴定反应　$Ag^+ + Cl^- \longrightarrow AgCl\downarrow$（白色）　$K_{sp}=1.8\times10^{-10}$

指示剂的反应　$2Ag^+ + CrO_4^{2-} \longrightarrow Ag_2CrO_4\downarrow$（砖红色）　$K_{sp}=2.0\times10^{-12}$

在 $AgNO_3$ 的滴定过程中，由于 AgCl 的溶解度小，AgCl 沉淀将首先在溶液中析出。当 AgCl 定量沉淀后，稍过量的 $AgNO_3$ 溶液与 $CrO_4^{2-}$ 生成砖红色的 $Ag_2CrO_4$ 沉淀，借此指示终点的到达。

莫尔法需要严格的实验条件，指示剂的用量和溶液的酸度是两个最重要的条件。

### 2. 滴定条件

（1）指示剂用量　根据溶度积原理，指示剂 $K_2CrO_4$ 的用量对指示终点有较大影响，$CrO_4^{2-}$ 浓度过高或过低，$Ag_2CrO_4$ 沉淀的析出就会提前或滞后，导致产生一定的终点误差，如果要求 $Ag_2CrO_4$ 沉淀恰好在滴定反应的化学计量点附近出现，溶液中 $CrO_4^{2-}$ 浓度可由两个相关反应的溶度积常数计算出来。在化学计量点时，溶液中 $Ag^+$ 的浓度为：

$$[Ag^+]=[Cl^-]=\sqrt{1.8\times10^{-10}}=1.3\times10^{-5}(mol/L)$$

此时要产生砖红色的 $Ag_2CrO_4$，则溶液中 $CrO_4^{2-}$ 的浓度应为：

$$[CrO_4^{2-}]=\frac{K_{sp,Ag_2CrO_4}}{[Ag^+]^2}=\frac{2.0\times10^{-12}}{(1.3\times10^{-5})^2}=1.2\times10^{-2}(mol/L)$$

由于 $K_2CrO_4$ 本身呈黄色，若浓度太高会影响 $Ag_2CrO_4$ 沉淀的颜色观察。实验证明，滴定时 $K_2CrO_4$ 的浓度为 $5.0\times10^{-3}$ mol/L 效果较好。

（2）溶液的酸度　$CrO_4^{2-}$ 在水溶液中存在下述平衡：

$$2H^+ + 2CrO_4^{2-} \rightleftharpoons 2HCrO_4^- \rightleftharpoons Cr_2O_7^{2-} + H_2O$$

在酸性溶液中，平衡右移，$CrO_4^{2-}$ 的浓度因此降低，影响 $Ag_2CrO_4$ 沉淀的形成，导致终点拖后。

在强碱性溶液中，则易析出 $Ag_2O$ 沉淀：

$$2Ag^+ + 2OH^- \rightleftharpoons 2AgOH\downarrow \longrightarrow Ag_2O\downarrow + H_2O$$

因此，莫尔法只能在中性或弱碱性（pH=6.5～10.5）溶液中进行。碱性太强的溶液滴定前要用 $HNO_3$ 中和，酸性太强的溶液滴定前要用 $NaHCO_3$ 或 $CaCO_3$ 中和。当溶液中有铵盐存在时，滴定溶液的 pH 值应控制为 6.5～7.2 之间，若溶液的 pH 值过高，则会因形成银氨配位离子，使 AgCl、$Ag_2CrO_4$ 的溶解度增大，影响滴定。

另外，反应产生的 AgCl 沉淀容易吸附 $Cl^-$，使溶液中的 $Cl^-$ 浓度降低，以致终点提早到达而引起误差。因此，在滴定时应剧烈摇动，尤其在测定 $Br^-$ 时更要注意这一点，又因为 AgI、AgSCN 沉淀强烈吸附 $I^-$ 和 $SCN^-$，影响测定结果，因而莫尔法不能用于测定 $I^-$ 和 $SCN^-$。

3. 应用

$AgNO_3$ 标准溶液可以用优级纯试剂直接配制，或间接配制 $AgNO_3$ 标准溶液后，用 NaCl 标准溶液标定。由于 $AgNO_3$ 溶液遇光易分解，故应保存于棕色瓶中。

凡是能与 $Ag^+$ 生成沉淀的阴离子如 $PO_4^{3-}$、$S^{2-}$、$CO_3^{2-}$ 等均干扰滴定，能与 $CrO_4^{2-}$ 生成沉淀的 $Ba^{2+}$、$Pb^{2+}$ 等阳离子也干扰测定，应预先除去。

## 二、佛尔哈德法

佛尔哈德法是以铁铵矾［$NH_4Fe(SO_4)_2 \cdot 12H_2O$］作指示剂的银量法。按其滴定方式不同，佛尔哈德法可分为直接滴定法和返滴定法。直接滴定法用于测定 $Ag^+$，返滴定法用于测定 $Cl^-$、$Br^-$、$I^-$ 和 $SCN^-$。

1. 原理

（1）直接滴定法　在含有 $Ag^+$ 的 $HNO_3$ 溶液中，以 $NH_4Fe(SO_4)_2$ 作指示剂，用 $NH_4SCN$（或 NaSCN、KSCN）标准溶液直接滴定 $Ag^+$，达到化学计量点时，稍过量的 $SCN^-$ 与 $Fe^{3+}$ 生成红色配合物，指示终点到达。其反应为：

滴定反应　　$Ag^+ + SCN^- \rightleftharpoons AgSCN\downarrow$（白色）　　$K_{sp}=1.0\times10^{-12}$

指示剂反应　　$Fe^{3+} + SCN^- \rightleftharpoons [FeSCN]^{2+}$（红色）　　$K=138$

AgSCN 会吸附溶液中的 $Ag^+$，所以滴定时必须剧烈振荡，避免指示剂过早显色，减小测定误差。

（2）返滴定法　因反应较慢或缺乏合适的指示剂等原因不能直接滴定时，可采用返滴定法。返滴定法是在被测组分的溶液中加入一定量过量的滴定剂，待反应完成后再用另一种标准溶液滴定剩余的滴定剂。返滴定法测定 $Cl^-$ 的原理如下。

先加入已知过量的 $AgNO_3$ 标准溶液以沉淀待测的阴离子，再用 $NH_4SCN$ 标准溶液返滴定剩余的 $Ag^+$，其反应式为：

$Ag^+ + Cl^- \rightleftharpoons AgCl\downarrow$（白色）　　$K_{sp}=1.8\times10^{-10}$

$Ag^+$（过量）$+ SCN^- \rightleftharpoons AgSCN\downarrow$（白色）　　$K_{sp}=1.0\times10^{-12}$

$Fe^{3+} + SCN^- \rightleftharpoons [FeSCN]^{2+}$（红色）　　$K=138$

2. 滴定条件

（1）指示剂用量　在化学计量点时，$SCN^-$ 的浓度为：

$$[SCN^-]=[Ag^+]=\sqrt{K_{sp,AgSCN}}=\sqrt{1.0\times10^{-12}}=1.0\times10^{-6}(mol/L)$$

一般当［$FeSCN]^{2+}$ 的浓度达到 $6.0\times10^{-6}$ mol/L 左右时，才能观察到明显的红色，这就要求 $Fe^{3+}$ 的浓度为：

$$[Fe^{3+}]=\frac{[FeSCN^{2+}]}{138\times[SCN^-]}$$

$$[Fe^{3+}]=\frac{6.0\times10^{-6}}{138\times10^{-6}}=0.04(mol/L)$$

由于 $Fe^{3+}$ 浓度较高而呈较深的黄色，影响终点观察。通常使［$Fe^{3+}$］$=0.015$ mol/L，此时终点会在化学计量点附近出现，终点误差可以忽略不计。

（2）溶液的酸度　由于 $Fe^{2+}$ 易水解，生成$[Fe(OH)]^{2+}$、$[Fe(OH)_2]^+$ 或 $Fe(OH)_3$ 棕色

沉淀，影响终点的指示，因此滴定体系必须在0.1～1mol/L的酸性溶液中进行。

(3) 滴定时的注意事项　滴定产生的AgSCN易吸附$Ag^+$，往往使终点过早到达，因此滴定时须充分摇动，使被吸附的$Ag^+$及时地释放出来。

在测定$I^-$时，指示剂需加入过量$AgNO_3$，使$I^-$全部生成AgI后才能加入。指示剂过早加入，$Fe^{3+}$将会与$I^-$发生氧化还原反应：

$$2Fe^{3+} + 2I^- = 2Fe^{2+} + I_2$$

影响分析结果的准确性。

强氧化剂、氮的低价氧化物、汞盐等能与$SCN^-$起反应，干扰测定，必须预先除去。

(4) 返滴定法测定$Cl^-$时，由于AgCl的溶度积比AgSCN的溶度积大，在临近终点时会发生下列转化反应：

$$AgCl + SCN^- = AgSCN\downarrow + Cl^-$$

随着溶液的摇动，终点的红色逐渐消失，这样就无法得到正确的终点，引起很大的误差。为了避免转化反应的发生，可以在AgCl生成后，将溶液煮沸，使AgCl凝聚，并过滤除去AgCl，用稀$HNO_3$洗涤AgCl沉淀，然后用$NH_4SCN$滴定过量的$Ag^+$。另外，可以在AgCl生成后加1,2-二氯乙烷，使AgCl表面覆盖一层有机溶剂，不与$SCN^-$接触，从而避免沉淀转化。

在测定$Br^-$、$I^-$时，由于AgSCN的溶度积比AgI、AgBr的溶度积大，因此不会发生沉淀转化。

### 3. 应用

$NH_4SCN$标准溶液间接法配制后，用$AgNO_3$标准溶液标定。此法可以测定$Cl^-$、$Br^-$、$I^-$、$SCN^-$、$Ag^+$和有机氯化物等。

## 三、法扬司法

法扬司法是以$AgNO_3$为标准溶液，用吸附指示剂指示终点的银量法。

### 1. 原理

吸附指示剂是一种有色的有机物质，它被吸附在沉淀表面后，结构会发生改变，从而引起颜色的变化，指示终点的到达。例如，用$AgNO_3$溶液滴定$Cl^-$，以荧光黄作指示剂来指示滴定终点。荧光黄是一种有机弱酸，用HFIn表示，它在溶液中解离出黄绿色阴离子$FIn^-$：

$$HFIn \rightleftharpoons H^+ + FIn^-$$

在化学计量点前，AgCl沉淀吸附溶液中未反应掉的$Cl^-$，使沉淀微粒带负电荷，这种带负电荷的微粒不能吸附指示剂阴离子，$FIn^-$留在溶液中显黄绿色；在化学计量点以后，AgCl沉淀吸附溶液微过量的$Ag^+$，使沉淀微粒带正电荷，$FIn^-$即被吸附，并使分子结构发生变化而呈粉红色，指示终点到达。

$$AgCl\cdot Ag + FIn^-(\text{黄绿色}) = AgCl\cdot Ag^+\cdot FIn^-(\text{粉红色})$$

如果是用NaCl滴定$Ag^+$，则颜色变化正好相反。

### 2. 滴定条件

为了使终点颜色变化明显，应用吸附指示剂时要注意以下几点。

(1) 沉淀应有较大的表面积　由于颜色变化发生在沉淀表面，因此应尽量使沉淀的表面积大些，为此常加入一些保护胶体（如糊精），阻止卤化银凝聚，使其保持胶体状态，单此方法不宜测定稀溶液，否则沉淀太少，终点指示不明显。

（2）溶液控制适当的酸度　常用的吸附指示剂大多是有机弱酸，为使指示剂呈阴离子状态，必须控制适当的酸度。如荧光黄（$pK_a=7$），只能在中性或弱碱性中使用；若 $pH<7$，则主要以 HFIn 形式存在，因不能被吸附，无法指示终点。又如曙红（四溴荧光黄，$pK_a=2$），当溶液的 pH 值小至 2 时，它仍可以指示终点。

（3）滴定时应避免强光照射　因为卤化银沉淀对光敏感，易分解析出金属银，使沉淀变为灰黑色，影响终点观察。

（4）胶体微粒对指示剂的吸附能力应略小于被测离子的吸附能力，否则指示剂将在化学计量点前变色，若对指示剂的吸附能力太小，则终点变色将不敏锐。常用的几种吸附指示剂和卤素离子的吸附能力的大小次序为

$$I^- > \text{二甲基二碘荧光黄} > Br^- > \text{曙红} > Cl^- > \text{荧光黄}$$

因此，测定 $Cl^-$ 时选荧光黄为指示剂，而不能用曙红。

**3. 应用**

法扬司法可以测定 $Cl^-$、$Br^-$、$I^-$、$SCN^-$ 及生物碱盐类等。

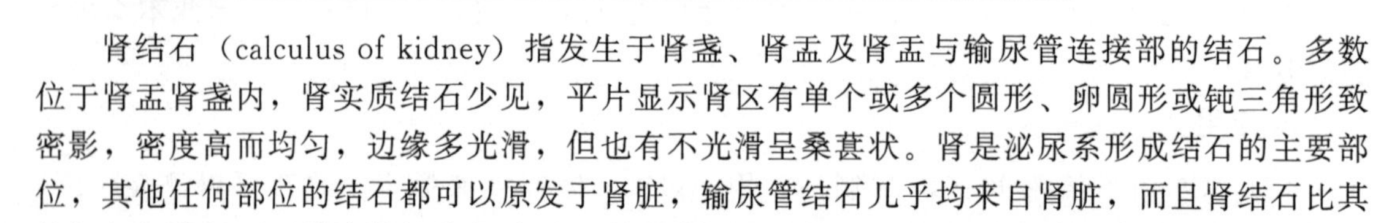

## 专题七　【阅读材料】人体肾结石的成因

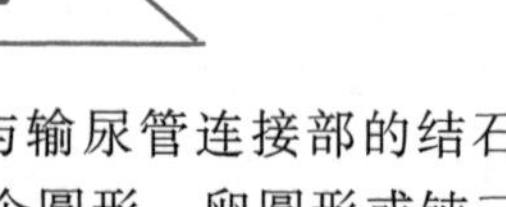

肾结石（calculus of kidney）指发生于肾盏、肾盂及肾盂与输尿管连接部的结石。多数位于肾盂肾盏内，肾实质结石少见，平片显示肾区有单个或多个圆形、卵圆形或钝三角形致密影，密度高而均匀，边缘多光滑，但也有不光滑呈桑葚状。肾是泌尿系形成结石的主要部位，其他任何部位的结石都可以原发于肾脏，输尿管结石几乎均来自肾脏，而且肾结石比其他任何部位结石更易直接损伤肾脏，因此明确肾结石的形成原因，及早预防是非常必要的。

肾结石的形成过程是某些因素造成尿中晶体物质浓度升高或溶解度降低，呈过饱和状态，析出结晶并在局部生长，聚集，最终形成结石，在这一过程中，尿晶体物质过饱和状态的形成和尿中结晶形成抑制物含量减少是最重要的两个因素。

### 一、尿晶体物质过饱和状态的形成

过饱和状态的形成见于尿量过少，尿中某些物质的绝对排泄量过多，如钙、草酸、尿酸等；尿 pH 值变化，尿 pH 值下降（<5.5）时，尿酸溶解度下降；尿 pH 值升高时，磷酸钙、磷酸铵镁和尿酸钠溶解度下降；尿 pH 值变化对草酸钙饱和度影响不大。有时过饱和状态是短暂的，可由短时间内尿量减少或餐后某些物质尿排量一次性增多所致，故测定 24h 尿量及某些物质尿排量不能帮助判断是否存在短暂的过饱和状态。

### 二、尿中结晶形成抑制物含量减少

正常尿液中含有某些物质能抑制结晶的形成和生长，如焦磷酸盐抑制磷酸钙结晶形成；黏蛋白和枸橼酸则抑制草酸钙结晶形成，尿中这类物质减少时就会形成结石。

同质成核指一种晶体的结晶形成，以草酸钙为例，当出现过饱和状态时这两种离子形成结晶，离子浓度越高，结晶越多、越大，较小结晶体外表的离子不断脱落，研究显示只有当含 100 个以上离子的结晶才有足够的亲和力使结晶体外表离子不脱落，结晶得以不断增长，此时所需离子浓度低于结晶刚形成时。异质成核指如两种结晶体形状相似，则一种结晶能作为核心促进另一种结晶在其表面聚集，如尿酸钠结晶能促进草酸钙结晶形成和增长，尿中结晶形成后如停留在局部增长，则有利于发展为结石，很多结晶和小结石可被尿液冲流而排出

体外，当某些因素如局部狭窄、梗阻等导致尿流被阻断或缓慢时，有利于结石形成。

## 三、尿液中其他成分对结石形成的影响

（1）尿 pH 值　尿 pH 值改变对肾结石的形成有重要影响，尿 pH 值降低有利于尿酸结石和胱氨酸结石形成；而 pH 值升高有利于磷酸钙结石（pH>6.6）和磷酸铵镁结石（pH>7.2）形成。

（2）尿量　尿量过少则尿中晶体物质浓度升高，有利于形成过饱和状态，约见于 26% 肾结石患者，且有 10%患者除每日尿量少于 1L 外无任何其他异常。

（3）镁离子　镁离子能抑制肠道对草酸的吸收以及抑制草酸钙和磷酸钙在尿中形成结晶。

（4）枸橼酸　能显著增加草酸钙的溶解度。

（5）低枸橼酸尿　枸橼酸与钙离子结合而降低尿中钙盐的饱和度，抑制钙盐发生结晶，尿中枸橼酸减少，有利于含钙结石尤其是草酸钙结石形成，低枸橼酸尿见于任何酸化状态，如肾小管酸中毒，慢性腹泻，胃切除术后，噻嗪类利尿药引起低钾血症（细胞内酸中毒），摄入过多动物蛋白以及尿路感染（细菌分解枸橼酸）。另有一些低枸橼酸尿病因不清楚，低枸橼酸尿可作为肾结石患者的唯一生化异常（10%）或与其他异常同时存在（50%）。

## 四、尿路感染

持续或反复尿路感染可引起感染性结石，含尿素分解酶的细菌如变形杆菌、某些克雷白杆菌、沙雷菌、产气肠杆菌和大肠杆菌，能分解尿中尿素生成氨，使尿 pH 值升高，促使磷酸铵镁和碳酸磷石处于过饱和状态。另外，感染时的脓块和坏死组织等也促使结晶聚集在其表面形成结石。在一些肾脏结构异常的疾病如异位肾、多囊肾、马蹄肾等，可由于反复感染及尿流不畅而发生肾结石。

## 五、饮食与药物

饮用硬化水；营养不良、缺乏维生素 A 可造成尿路上皮脱落，形成结石核心；服用氨苯蝶啶（作为结石基质）和醋唑磺胺（乙酰唑胺），另外约 5%肾结石患者不存在任何生化异常，其结石成因不清楚。

## 本章小结

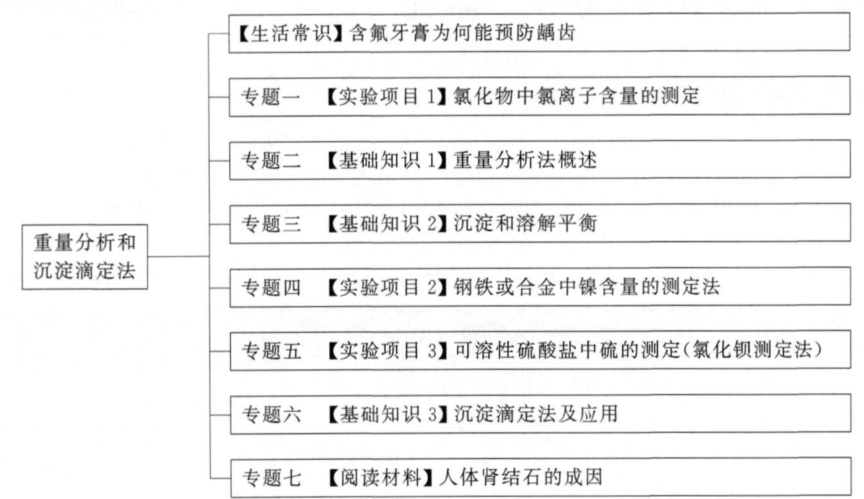

## 课后习题

1. 简答题

(1) 莫尔法测定氯离子时，为什么溶液的 pH 值需控制在 6.5～10.5?

(2) 以 $K_2CrO_4$ 作指示剂时，指示剂浓度过大或过小对测定有何影响?

(3) 银量法可以分为哪些方法? 分类依据是什么?

(4) 重量分析法的主要操作过程是怎样的?

(5) 莫尔法测定氯离子时为什么要充分摇动锥形瓶?

2. 选择题

(1) 下面关于重量分析不正确的操作是（　　）。

A. 过滤时，漏斗的颈应贴着烧杯内壁，使滤液沿杯壁流下，不致溅出

B. 沉淀的灼烧是在洁净并预先经过两次以上灼烧至恒重的坩埚中进行

C. 坩埚从电炉中取出后应立即放入干燥器中

D. 灼烧空坩埚的条件必须与以后灼烧沉淀时的条件相同

(2) 在重量法测定硫酸根实验中，恒重要求两次称量的绝对值之差（　　）。

A. 0.2～0.4g　　B. 0.2～0.4mg　　C. 0.02～0.04g　　D. 0.02～0.04mg

(3) 用 $SO_4^{2-}$ 沉淀 $Ba^{2+}$ 时，加入过量的 $SO_4^{2-}$ 可使 $Ba^{2+}$ 沉淀更加完全，这是利用（　　）。

A. 络合效应　　B. 同离子效应　　C. 盐效应　　D. 酸效应

(4) 莫尔法能用于测定的组分是（　　）。

A. $F^-$　　B. $Br^-$　　C. $I^-$　　D. $SCN^-$

(5) 佛尔哈德法的滴定剂是（　　），指示剂是（　　）。

A. $NH_4SCN$　　B. $AgNO_3$　　C. $Fe^{3+}$　　D. $Fe^{2+}$

(6) 佛尔哈德法的滴定介质是（　　）。

A. HCl　　B. $HNO_3$　　C. $H_2SO_4$　　D. HAc

(7) 洗涤 $Fe(OH)_3$ 沉淀应选择稀（　　）作洗涤剂。

A. $NH_3 \cdot H_2O$　　B. $H_2O$　　C. $NH_4Cl$　　D. $NH_4NO_3$

3. 写出下列微溶化合物在纯水中的溶度积表达式：AgCl、$Ag_2S$、$CaF_2$、$Ag_2CrO_4$。

4. 已知下列各难溶电解质的溶解度，计算它们的溶度积。

(1) $CaC_2O_4$ 的溶解度为 $5.07\times10^{-5}$ mol/L;

(2) $PbF_2$ 的溶解度为 $2.1\times10^{-3}$ mol/L;

(3) 每升碳酸银饱和溶液中含 $Ag_2CO_3$ 0.035g。

# 第五章

# 氧化还原滴定法

## 知识目标

1. 理解氧化还原滴定基本原理；

2. 理解氧化还原滴定过程中的电极电位和离子浓度的变化规律，掌握其计算方法；

3. 掌握高锰酸钾法、重铬酸钾法、碘量法的原理、滴定条件和应用范围；

4. 掌握氧化还原滴定分析结果的计算。

## 能力目标

1. 能正确选择、使用指示剂；

2. 能正确选择氧化还原滴定条件，测定待测试样，给出正确分析结果。

## 生活案例

2007 年 5 月 29 日，江苏省无锡市城区的大批市民家中自来水水质突然发生变化并伴有难闻的气味，无法正常饮用。无锡市民饮用水水源来自太湖，造成此次水质突然变化的原因是：入夏以来，无锡市区域内的太湖水位出现 50 年以来的最低值，再加上天气连续高温少雨，太湖水“富营养化”较重，从而引发了太湖蓝藻的爆发，影响了自来水的水源水质。

## 专题一 【实验项目 1】水中溶解氧的测定

**【任务描述】**

掌握水中溶解氧的测定原理和测定方法。

**【教学器材】**

溶解氧瓶（250mL）、锥形瓶（250mL）、滴定管（50mL）、移液管（50mL）、吸耳球。

**【教学药品】**

水样、$Na_2S_2O_3$（0.01mol/L）、$MnSO_4$（340g/L）、1∶1 $H_2SO_4$ 溶液、10g/L 淀粉指示液（新鲜配制）、碱性碘化钾溶液（保存于棕色瓶中）。

**【组织形式】**

在教师指导下，每位同学根据实验步骤独立完成实验。

**【注意事项】**

溶解氧（DO）的固定过程一般在取样现场进行，若固氧后的试样需带回实验室进行测定，应避光保存并且在 24h 内进行测定。

**【实验步骤】**

## 一、DO 的固定

取适量待测水样，用细尖头的移液管向盛有试样的溶解氧瓶中，依次加入 1mL 340g/L $MnSO_4$ 溶液和 2mL 碱性 KI 溶液（试剂应加到液面以下），小心盖上瓶盖，避免将空气泡带入。颠倒转动几次溶解氧瓶，使内部组分充分混合，静置沉淀至少 5min 后，再重新颠倒混合，保证混合均匀。

## 二、游离 $I_2$

将固氧后的试液静置片刻，确保所形成的沉淀物已沉降在瓶体的下部，用移液管慢慢加入 1.5mL 1∶1 $H_2SO_4$ 溶液，盖上瓶盖，摇动瓶体，使瓶内沉降物完全溶解，$I_2$ 均匀。

## 三、滴定 $I_2$

将游离出 $I_2$ 后的瓶内组分用移液管移取 50mL 转移到锥形瓶中，用 0.01mol/L $Na_2S_2O_3$ 标准溶液滴定至溶液呈淡黄色，临近终点时，加 1mL 10g/L 淀粉指示液，继续滴定至溶液由蓝色变无色，即为终点。根据 $Na_2S_2O_3$ 标准溶液的消耗量，计算水中溶解氧的质量浓度（结果以 mg/L 表示）。

平行测定三次，以三次测定结果的算术平均值作为测定结果，平行测定结果的相对偏差不大于 2%。

**【任务解析】**

空气中的分子态氧溶解在水中称为溶解氧。水中的溶解氧的含量与空气中氧的分压、水的温度都有密切关系。在自然情况下，空气中的含氧量变化不大，在 20℃、100kPa 下，通常未受污染水质的 DO 在 8～9mg/L 间。故水温是主要的因素，水温越低，水中溶解氧的含量越高。

溶解在水中的分子态氧称为溶解氧，用 DO 表示，它以每升水中氧气的质量数（mg）表示。

水中溶解氧的多少是水体自净能力的一个指标，也是衡量水质的重要指标之一。当水中的溶解氧值降到 5mg/L 时，一些鱼类的呼吸就发生困难。水里的溶解氧由于空气里氧气的溶入及绿色水生植物的光合作用会不断得到补充。但当水体受到有机物污染，耗氧严重，溶解氧得不到及时补充，水体中的厌氧菌就会很快繁殖，有机物因腐败而使水体变黑、发臭。

本实验采用锰盐-碘量法测定溶解氧：

$$Mn^{2+} + 2OH^- \xlongequal{} Mn(OH)_2\downarrow \text{(白色)}$$

$$2\,Mn(OH)_2 + O_2 \xlongequal{} 2MnO(OH)_2\downarrow \text{(棕色)}$$

$$2I^- + MnO(OH)_2 + 4H^+ \xlongequal{} I_2 + Mn^{2+} + 3H_2O$$

$$I_2 + 2\,S_2O_3^{2-} \xlongequal{} 2I^- + S_4O_6^{2-}$$

在KI碱性溶液中，$Mn^{2+}$首先生成$Mn(OH)_2$白色沉淀，然后被水中溶解$O_2$氧化后，继而定量转化为$Mn^{4+}$，形成$MnO(OH)_2$棕色沉淀。

### 想一想

1. 所取水样为什么不能与空气接触？如何操作才能避免与空气接触？
2. 碘量法测定DO的原理是什么？淀粉指示液为什么不能在滴定开始就加入？

## 专题二 【基础知识 1】概述

氧化还原滴定法是以氧化还原反应为基础的滴定分析法，应用十分广泛。

与酸碱滴定法相比，氧化还原滴定法要复杂得多，因为氧化还原反应机理比较复杂，有的速率较慢，有时由于副反应的发生使反应物之间没有确定的化学计量关系。因此控制适当的条件在氧化还原滴定中显得尤为重要。

## 一、条件电极电位

在氧化还原反应中，氧化剂和还原剂的强弱，可以用有关电对的电极电位（电位）来衡量。电对的电位越高，其氧化态的氧化能力越强；电位越低，其还原态的还原能力越强。氧化还原电对的电极电位，可以用能斯特方程求得。例如，Ox/Red电对，其半反应为：

$$Ox + ne^- \rightleftharpoons Red$$

该电对的能斯特方程为：

$$E_{Ox/Red} = E^{\ominus}_{Ox/Red} - \frac{RT}{nF}\ln\frac{\partial_{Red}}{\partial_{Ox}} \tag{5-1}$$

式中，$E_{Ox/Red}$为Ox/Red电对电极电位；$E^{\ominus}_{Ox/Red}$为Ox/Red电对的标准电极电位；$\partial_{Ox}$、$\partial_{Red}$为氧化态、还原态的活度；$R$为摩尔气体常数；$T$为热力学温度；$F$为法拉第常数，96485C/mol；$n$为半反应中的电子转移数。

将以上数据代入式（5-1），在25℃时可得，

$$E_{Ox/Red} = E^{\ominus}_{Ox/Red} - \frac{0.0592}{n}\ln\frac{\partial_{Red}}{\partial_{Ox}} \tag{5-2}$$

从式（5-2）可见，电对的电极电位与存在于溶液中氧化态和还原态的活度$\partial$有关。当$\partial_{Ox} = \partial_{Red} = 1$时，$E_{Ox/Red} = E^{\ominus}_{Ox/Red}$，这时的电极电位等于标准电极电位。

所谓标准电极电位$E^{\ominus}$是指在一定温度下（通常为25℃），氧化还原半反应中各组分都处于标准状态，即离子或分子的活度等于1mol/L，反应中若有气体参加，则其分压等于100kPa时的电极电位。$E^{\ominus}_{Ox/Red}$仅随温度而变化，常见电对的电极电位值参见附录。

实际应用中，通常知道的是氧化态和还原态的浓度，而不是活度。为简化起见，当溶液浓度极稀时，常常以浓度代替活度进行计算；当浓度较大时，尤其有高价离子参与电极反应时，或有

其他强电解质存在时，计算结果会与实际测定值产生较大偏差，这时应当引入活度系数另行计算。

查一查

在 1mol/L HCl 溶液中，$Ce^{4+}/Ce^{3+}$ 电对和 $Fe^{3+}/Fe^{2+}$ 电对的标准电极电位。

## 二、氧化还原反应进行的程度

在氧化还原滴定分析中，要求氧化还原反应进行得越完全越好。反应进行的完全程度，可由氧化还原反应的平衡常数的大小来衡量，平衡常数越大，反应进行得越完全。

对任一氧化还原反应： $n_2 Ox_1 + n_1 Red_2 \rightleftharpoons n_2 Red_1 + n_1 Ox_2$

两电对的氧化还原半反应和电极电位分别为：

$$Ox_1 + n_1 e^- \rightleftharpoons Red_1 \qquad E_1 = E_1^{\ominus\prime} - \frac{0.0592}{n_1}\ln\frac{c_{Red_1}}{c_{Ox_1}}$$

$$Ox_2 + n_2 e^- \rightleftharpoons Red_2 \qquad E_2 = E_2^{\ominus\prime} - \frac{0.0592}{n_2}\ln\frac{c_{Red_2}}{c_{Ox_2}}$$

当反应达到平衡时，$E_1 = E_2$，代入平衡常数表达式，得到：$\lg K^{\ominus} = \dfrac{n_1 n_2 (E_1^{\ominus\prime} - E_2^{\ominus\prime})}{0.0592}$

可见，两电对的条件电极电位相差越大，氧化还原反应的平衡常数就越大，氧化还原反应进行得越完全。对于一般的氧化还原反应要定量进行，达到平衡时，其 $\lg K^{\ominus} \geqslant 6$，$E_1^{\ominus\prime} - E_2^{\ominus\prime} \geqslant 0.4V$，这样的氧化还原反应才能用于滴定分析。

## 三、影响氧化还原反应速率的因素

根据有关电对的条件电极电位，可以判断氧化还原反应的方向和进行完全程度，但这只能说明反应进行的可能性，不能表明反应速率的快慢。在氧化还原反应滴定分析中要求，反应必须定量、快速完成，所以反应速率也必须重点考虑，以判断某反应用于分析的可行性。

影响氧化还原反应速率的因素主要有反应物浓度、温度、催化剂、诱导反应。

### 1. 反应物浓度

根据质量作用定律，反应速率与反应物浓度的乘积成正比。一般情况下，增加反应物的浓度可以增加反应速率。例如，在酸性溶液中重铬酸钾和碘化钾的反应：

$$Cr_2O_7^{2-} + 6I^- + 14H^+ \rightleftharpoons 2Cr^{3+} + 3I_2 + 7H_2O$$

此反应速率较慢，提高 $I^-$ 和 $H^+$ 浓度，可加速反应。实验证明在一定酸度条件下，KI 过量约 5 倍，放置 5min，反应即可进行完全。

### 2. 温度

对于大多数反应来说，温度升高，反应速率会加快。通常温度每升高 10℃，反应速率增加 2～3 倍。例如：

$$2MnO_4^- + 5C_2O_4^{2-} + 16H^+ \rightleftharpoons 2Mn^{2+} + 10CO_2 + 8H_2O$$

在常温下此反应反应速率很慢，若将温度控制在 70～80℃，反应速率显著提高。但提高温度并不是对所有的氧化还原反应都有利，本反应温度过高，草酸会分解而引起分析结果的误差。上述重铬酸钾与碘化钾的反应，若通过加热的方式提高温度，生成的 $I_2$ 也会因挥发损失而导致误差。

3. 催化剂

催化剂可以加快化学反应速率。$KMnO_4$ 与 $H_2C_2O_4$ 的反应，在反应的初始阶段，及时通过加热的方式将温度升高，$KMnO_4$ 的褪色速率也很慢，但若加入少许 $Mn^{2+}$，反应能明显加快，这里的 $Mn^{2+}$ 起到催化剂的作用。

4. 诱导反应

由于一个氧化还原反应的发生促进另一个氧化还原反应进行的反应，称为诱导反应。例如：

$$2MnO_4^- + 10Cl^- + 16H^+ \longrightarrow 2Mn^{2+} + 5Cl_2 + 8H_2O$$

$$MnO_4^- + 5Fe^{2+} + 8H^+ \longrightarrow Mn^{2+} + 5Fe^{3+} + 4H_2O$$

在酸性介质中，此反应速率很慢，当溶液中同时存在 $Fe^{2+}$ 时，$KMnO_4$ 氧化 $Fe^{2+}$ 的反应将加速 $KMnO_4$ 氧化 $Cl^-$ 的反应。这里的 $Fe^{2+}$ 称为诱导体，$KMnO_4$ 称为作用体，$Cl^-$ 称为受诱体。

## 专题三 【基础知识 2】氧化还原滴定

## 一、氧化还原滴定曲线

在氧化还原滴定过程中，随着滴定剂的不断滴入，溶液中氧化剂和还原剂的浓度逐渐改变，有关电对的电位也随之不断变化，这种变化可用滴定曲线来描述。

现以在 1mol/L $H_2SO_4$ 溶液中，用 0.1000mol/L $Ce(SO_4)_2$ 标准溶液滴定 20.00mL 0.1000mol/L 的 $FeSO_4$ 溶液为例，讨论滴定过程中标准溶液用量与电极电位之间的变化情况：

滴定反应式： $Ce^{4+} + Fe^{2+} = Ce^{3+} + Fe^{3+}$

两电对的条件电极电位：

$$Ce^{4+} + e^- = Ce^{3+} \qquad E^{\ominus\prime}_{Ce^{4+}/Ce^{3+}} = 1.44V$$

$$Fe^{3+} + e^- = Fe^{2+} \qquad E^{\ominus\prime}_{Fe^{3+}/Fe^{2+}} = 0.68V$$

从滴定开始到滴定结束，在滴定过程中的任何一点，达到平衡时，溶液中的两电对的电位相等。因此，可以根据计算的方便，选择某一电对来计算体系不同滴定阶段的电极电位值。

$$E = E^{\ominus\prime}_{Fe^{3+}/Fe^{2+}} + 0.059\lg\frac{c_{Fe^{3+}}}{c_{Fe^{2+}}} = E^{\ominus\prime}_{Ce^{4+}/Ce^{3+}} + 0.059\lg\frac{c_{Ce^{4+}}}{c_{Ce^{3+}}}$$

1. 滴定开始至化学计量点前

该阶段加入的 $Ce^{4+}$ 几乎全被还原成 $Ce^{3+}$，未反应的 $Ce^{4+}$ 浓度极少，不易直接求得。利用被测物 $Fe^{3+}/Fe^{2+}$ 电对来计算电位比较方便。

当加入 19.98mL 的 $Ce^{4+}$ 标准溶液时：

$$\frac{c_{Fe^{3+}}}{c_{Fe^{2+}}} = \frac{19.98}{0.02} = 999$$

$$E = E^{\ominus\prime}_{Fe^{3+}/Fe^{2+}} + 0.059\lg\frac{c_{Fe^{3+}}}{c_{Fe^{2+}}} = 0.68 + 0.059 \times \lg 999 = 0.86(V)$$

### 2. 化学计量点时

滴定到化学计量点时，溶液中 $Ce^{4+}$ 和 $Fe^{2+}$ 的浓度都极小，均不易直接求得，故不便直接利用反应电对的能斯特方程式计算化学计量点的电极电位。但根据滴定反应的计量关系知道，此时 $c_{Ce^{4+}}=c_{Fe^{2+}}$，$c_{Ce^{3+}}=c_{Fe^{3+}}$，所以电极电位可以分别表示为：

$$E=E^{\ominus'}_{Ce^{4+}/Ce^{3+}}+0.059\lg\frac{c_{Ce^{4+}}}{c_{Ce^{3+}}}=1.44+0.059\lg\frac{c_{Ce^{4+}}}{c_{Ce^{3+}}}$$

$$E=E^{\ominus'}_{Fe^{3+}/Fe^{2+}}+0.059\lg\frac{c_{Fe^{3+}}}{c_{Fe^{2+}}}=0.68+0.059\lg\frac{c_{Fe^{3+}}}{c_{Fe^{2+}}}$$

将以上两式相加，整理后得到：

$$2E_{sp}=1.44+0.68+0.059\lg\frac{c_{Ce^{4+}}c_{Fe^{3+}}}{c_{Ce^{3+}}c_{Fe^{2+}}}=2.12+0.059\times\lg1=2.12(\text{V})$$

$$E_{sp}=1.06\text{V}$$

### 3. 化学计量点后

此时可利用 $Ce^{4+}/Ce^{3+}$ 电对来计算电位值。当加入过量 0.1% $Ce^{4+}$（即加入 20.02mL）时，$\frac{c_{Ce^{4+}}}{c_{Ce^{3+}}}=0.001$，

故 $$E=E^{\ominus'}_{Ce^{4+}/Ce^{3+}}+0.059\lg\frac{c_{Ce^{4+}}}{c_{Ce^{3+}}}=1.44+0.059\times\lg10^{-3}=1.26\ (\text{V})$$

将滴定过程中，不同滴定点的电位计算结果列于表 5-1 中，依据此表绘制的滴定曲线如图 5-1 所示。

**表 5-1　在 1mol/L $H_2SO_4$ 溶液中，用 0.1000mol/L $Ce(SO_4)_2$ 标准溶液滴定 20.00mL 0.1000mol/L 的 $FeSO_4$ 溶液时电极电位的变化**

| $Ce(SO_4)_2$ 标准溶液体积/mL | 滴定分数/% | 电位/V | $Ce(SO_4)_2$ 标准溶液体积/mL | 滴定分数/% | 电位/V |
|---|---|---|---|---|---|
| 1.00 | 5 | 0.60 | 19.98 | 99.9 | 0.86 |
| 1.80 | 9 | 0.62 | 20.00 | 100 | 1.06 |
| 4.00 | 20 | 0.64 | 20.02 | 100.1 | 1.26 |
| 10.00 | 50 | 0.68 | 20.20 | 101 | 1.32 |
| 18.20 | 91 | 0.74 | 22.00 | 110 | 1.38 |
| 19.80 | 99 | 0.80 | 40.00 | 200 | 1.44 |

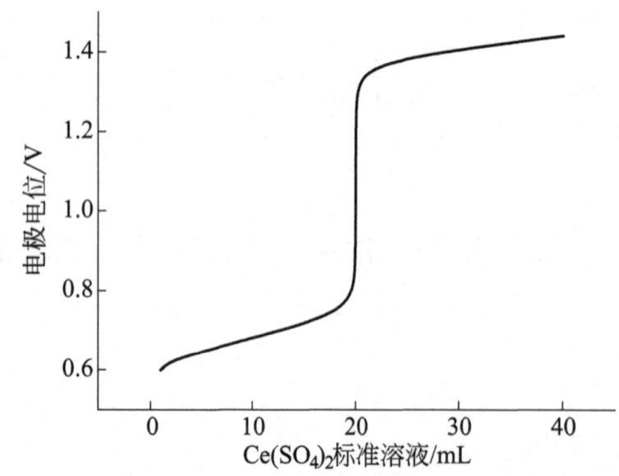


图 5-1　0.1000mol/L $Ce(SO_4)_2$ 标准溶液滴定 20.00mL 0.1000mol/L 的 $FeSO_4$ 溶液的滴定曲线

从表 5-1 可以看出，当 $Ce^{4+}$ 标准溶液滴入 50%处的电位等于还原剂（$Fe^{2+}$）的条件电极电位；当 $Ce^{4+}$ 标准溶液滴入 200%的电位等于氧化剂（$Ce^{4+}$）的条件电极电位；滴定由 99.9%～100.1%时电极电位的变化为 0.86～1.26V，化学计量点的电位为 1.06V，正好处于滴定突跃的中间，整个滴定曲线基本对称。氧化还原反应滴定突跃的大小和两氧化剂还原剂电对的电极电位值的差值大小有关，差值越大，滴定突跃越大，反之滴定突跃就越小。

以加入滴定剂的体积或百分数为横坐标，

以反应电对的电极电位为纵坐标所绘制的曲线称为氧化还原滴定曲线。

需要说明的是，对于可逆的氧化还原反应，绘制滴定曲线所用数据，可根据能斯特公式由理论计算求出。对于不可逆的氧化还原体系，理论计算与实验值相差较大，其滴定曲线都是通过实验测定所得数据绘制的。

想一想

氧化还原反应滴定突跃范围的影响因素是什么？

## 二、氧化还原滴定终点的确定

在氧化还原滴定中，通常是用指示剂来指示滴定终点的，氧化还原滴定中常用的指示剂有以下三类。

### 1. 自身指示剂

有些标准溶液或被测物质本身有颜色，测定时无须另加指示剂，它本身的颜色变化起着指示剂的作用，这称为自身指示剂。例如，以 $KMnO_4$ 标准溶液滴定 $FeSO_4$ 溶液：

$$MnO_4^- + 5Fe^{2+} + 8H^+ \longrightarrow Mn^{2+} + 5Fe^{3+} + 4H_2O$$

$KMnO_4$ 本身为紫红色，$Mn^{2+}$ 为无色，当到达化学计量点时，稍过量的 $KMnO_4$ 就可以观察到溶液出现粉红色，指示滴定终点。

### 2. 淀粉指示剂

可溶性淀粉与游离碘生成深蓝色配合物的反应是专属反应。

当 $I_2 \rightarrow I^-$，蓝色消失；

当 $I^- \rightarrow I_2$ 时，蓝色出现。

当 $I_2$ 的浓度为 $2\times10^{-6}$ mol/L 时即能看到蓝色，反应极灵敏，因而淀粉是碘法的专属指示剂。

### 3. 氧化还原指示剂

一些重要氧化还原指示剂的 $E_{In}^{\ominus}$ 及颜色变化如表 5-2 所示。

**表 5-2　一些重要氧化还原指示剂的 $E_{In}^{\ominus}$ 及颜色变化**

| 指示剂 | $E_{In}^{\ominus}$([$H^+$]=1mol/L)/V | 颜色变化 | |
|---|---|---|---|
| | | 氧化态 | 还原态 |
| 亚甲基蓝 | 0.36 | 蓝 | 无色 |
| 二苯胺 | 0.76 | 紫 | 无色 |
| 二苯胺磺酸钠 | 0.84 | 紫红 | 无色 |
| 邻苯氨基苯甲酸 | 0.89 | 紫红 | 无色 |
| 邻二氮菲-亚铁 | 1.06 | 浅蓝 | 红 |
| 硝基邻二氮菲-亚铁 | 1.25 | 浅蓝 | 紫红 |

这类氧化还原指示剂在滴定过程中能发生氧化还原反应，而其氧化态和还原态具有不同的颜色，因而可指示滴定终点。

氧化还原指示剂是氧化还原反应的通用指示剂。选择指示剂的原则是指示剂的条件电极电位应处在滴定突跃范围内。

想一想

氧化还原反应指示剂与酸碱指示剂有什么异同？

## 专题四 【实验项目 2】污水或废水中化学需氧量的测定

**【任务描述】**

通过实验掌握污水或废水中化学需氧量（COD）的测定原理和方法。

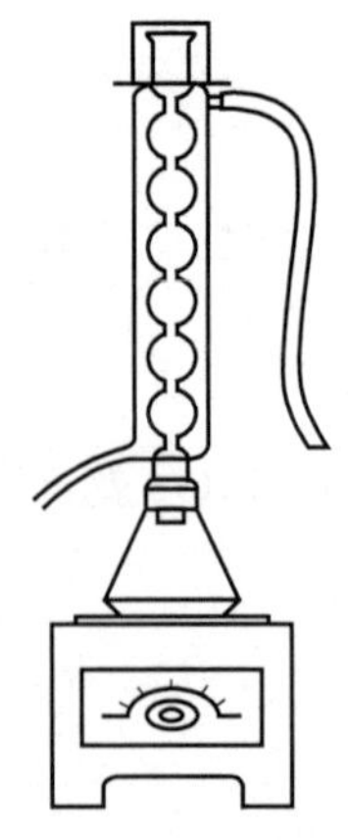

图 5-2 COD 测定回流装置

**【教学器材】**

500mL 全玻璃回流装置（如图 5-2 所示）、加热装置（电炉或电热板）、酸式滴定管（50mL）、锥形瓶（250mL）、移液管（50mL）、容量瓶（250mL）等。

**【教学药品】**

重铬酸钾标准溶液（$c_{1/6K_2Cr_2O_7}=0.2500$mol/L）、硫酸亚铁铵标准溶液［$c_{(NH_4)_2Fe(SO_4)_2}=0.1$mol/L，已标定］、$Ag_2SO_4$-$H_2SO_4$ 溶液（75mL $H_2SO_4$ 中含有 1g $Ag_2SO_4$）、15g/L 试亚铁灵指示剂。

**【组织形式】**

两名同学一组，在教师指导下根据实验步骤协作完成实验。

**【注意事项】**

（1）水样中加酸时，应慢加、摇匀后再进行回流。

（2）每次实验时，应对硫酸亚铁铵标准滴定溶液进行标定，室温较高时尤其注意其浓度的变化。

**【实验步骤】**

## 一、氧化有机质

取 20.0mL 混合均匀的水样（体积为 $V_0$）置于 250mL 磨口的回流锥形瓶中，准确加入 10.00mL 的 $c_{1/6K_2Cr_2O_7}=0.2500$mol/L 标准溶液，缓慢加入 30mL $Ag_2SO_4$-$H_2SO_4$ 溶液和数粒玻璃珠或沸石，轻轻摇动锥形瓶使溶液混匀，加热回流 2h（自开始沸腾时计时），冷却，用水冲洗冷凝管内壁，并入锥形瓶中。

## 二、剩余氧化剂的测定

从回流装置上取下锥形瓶，用水稀释至 140mL 左右，加入 2～3 滴 15g/L 试亚铁灵指示剂，用 0.1mol/L $(NH_4)_2Fe(SO_4)_2$ 标准溶液滴定到试液由黄色经蓝绿色至红褐色即为终点，记录硫酸亚铁铵标准溶液的用量 $V_2$。

同时做空白实验（取 50mL 水如上法进行对应操作），此时消耗的 $(NH_4)_2Fe(SO_4)_2$ 的体积记为 $V_1$。

## 三、实验数据处理

$$COD(mg/L)=\frac{c(V_1-V_2)\times 8000}{V_0}$$

式中　$c$——硫酸亚铁铵标准溶液的浓度，mol/L；

$V_1$——滴定空白时硫酸亚铁铵标准溶液的用量，mL；

$V_2$——滴定水样时硫酸亚铁铵标准溶液的用量，mL；

$V_0$——水样的体积，mL；

8000——氧（1/2O）摩尔质量，mg/mol。

平行测定结果的算术平均值作为测定结果，平行测定结果的相对偏差不大于4.0%。

**【任务解析】**

化学需氧量（COD）是指在一定的条件下，采用一定的强氧化剂处理水样时，所消耗的氧化剂量，通常以相应的氧量（单位为mg/L）来表示。由于水体受有机质污染的倾向较为普遍且危害程度严重，因此COD是衡量水体受还原性物质（主要是有机物）污染程度的综合性指标。

目前COD已成为环境监测分析的主要项目之一，以 $KMnO_4$ 为氧化剂测得的化学需氧量记作 $COD_{Mn}$，以 $K_2Cr_2O_7$ 为氧化剂测得的化学需氧量记作 $COD_{Cr}$。本实验采用 $COD_{Cr}$，这是目前应用最为广泛的COD测定方法。

向被测水样中加入准确过量的 $K_2Cr_2O_7$ 标准溶液，在强酸性介质 $H_2SO_4$ 溶液中，以 $Ag_2SO_4$ 为催化剂，加热回流2h，使 $K_2Cr_2O_7$ 充分氧化水样中的有机物和其他还原性物质，待反应完全后，以试亚铁灵为指示液，用 $Fe^{2+}$ 标准溶液滴定剩余的 $K_2Cr_2O_7$ 至红褐色即为终点，有关化学方程式如下：

$$C_6H_{12}O_6+4Cr_2O_7^{2-}+32H^+ = 8Cr^{3+}+6CO_2+22H_2O$$

$$Cr_2O_7^{2-}+6Fe^{2+}+14H^+ = 2Cr^{3+}+6Fe^{3+}+7H_2O$$

**想一想**

1. 水样加入时，为什么必须慢加、摇匀后才能进行回流？
2. 测定水样的 $COD_{Cr}$ 时，加入 $Ag_2SO_4$ 的作用是什么？

# 专题五　【基础知识3】常用的氧化还原滴定法

氧化还原滴定以氧化剂或还原剂作为标准溶液，据此分为高锰酸钾法、重铬酸钾法、碘量法等多种分析方法。

## 一、高锰酸钾法

### 1. 概述

高锰酸钾滴定法是以 $KMnO_4$ 作滴定剂。$KMnO_4$ 是一种强氧化剂，它的氧化能力与溶液的酸度有关。

在强酸性溶液中，$MnO_4^-$ 被还原为 $Mn^{2+}$：

$$MnO_4^- + 8H^+ + 5e^- \rightleftharpoons Mn^{2+} + 4H_2O \qquad E^\ominus = 1.51V$$

在弱酸性、中性或弱碱性溶液中，$MnO_4^-$ 则被还原为 $MnO_2$：

$$MnO_4^- + 2H_2O + 3e^- \rightleftharpoons MnO_2 + 4OH^- \qquad E^\ominus = 0.59V$$

在强碱溶液中，$MnO_4^-$ 被还原为 $MnO_4^{2-}$：

$$MnO_4^- + e^- \rightleftharpoons MnO_4^{2-} \qquad E^\ominus = 0.56V$$

$KMnO_4$ 在强酸性介质中氧化能力强，同时会发生 $2MnO_4^- + 5C_2O_4^{2-} + 16H^+ \rightleftharpoons 2Mn^{2+} + 10CO_2\uparrow + 8H_2O$，生成无色的 $Mn^{2+}$，便于滴定终点的观察，因此一般在酸性介质中使用。在强碱条件下（大于 2mol/L NaOH 溶液），$KMnO_4$ 氧化有机物的反应速率比在酸性条件下更快，所以用 $KMnO_4$ 法测定有机物时，一般都在碱性溶液中进行。

### 2. 滴定条件

$$2MnO_4^- + 5C_2O_4^{2-} + 16H^+ \rightleftharpoons 2Mn^{2+} + 10CO_2\uparrow + 8H_2O$$

（1）温度　在室温下此反应的速率缓慢，因此应将溶液加热至 75～85℃；但温度不宜过高，否则 $H_2C_2O_4$ 发生分解：

$$H_2C_2O_4 \rightleftharpoons CO_2\uparrow + CO\uparrow + H_2O$$

（2）酸度　酸度过低，$MnO_4^-$ 会被部分还原为 $MnO_2$，酸度过高，会促进 $H_2C_2O_4$ 分解。一般滴定开始时适宜的酸度范围为 1mol/L。为防止诱导氧化 $Cl^-$ 的反应发生，应当避免在 HCl 介质中滴定，通常在 $H_2SO_4$ 介质中进行。

（3）滴定速度　先慢后快。$MnO_4^-$ 与 $C_2O_4^{2-}$ 的反应开始时速率很慢，当有 $Mn^{2+}$ 生成后，反应速率明显加快。因此滴定时应等第一滴 $KMnO_4$ 溶液褪色后再滴加第二滴，随着滴定的进行，滴定速度可适当加快。但不宜过快，否则滴入的 $KMnO_4$ 来不及和 $C_2O_4^{2-}$ 反应，导致标定结果偏低。

（4）指示剂　一般情况下，$KMnO_4$ 自身可作为滴定时的指示剂。但当 $KMnO_4$ 标准溶液浓度低于 0.002mol/L 时，则需采用指示剂，如二苯胺磺酸钠或 1,10-邻二氮菲-Fe（Ⅱ）来确定终点。

（5）滴定终点　用 $KMnO_4$ 溶液滴定至溶液呈现淡粉红色，30s 内不褪色即为终点。

### 3. 高锰酸钾法的应用示例

$KMnO_4$ 法可直接测定许多还原性物质，如 $Fe^{2+}$、As（Ⅲ）、Sb（Ⅲ）、W（Ⅴ）、U（Ⅳ）、$H_2O_2$、$Na_2C_2O_4$、$NaNO_2$ 等；也可采用返滴定法测定某些具有氧化性的物质如 $MnO_2$、$PbO_2$ 等；还可通过 $KMnO_4$ 与 $C_2O_4^{2-}$ 的反应间接测定一些非氧化还原物质，如 $Ca^{2+}$、$Th^{4+}$ 等。

（1）$H_2O_2$ 的测定（直接滴定法）　市售双氧水中过氧化氢含量的测定常采用高锰酸钾法，其反应方程式为：

$$2MnO_4^- + 5H_2O_2 + 6H^+ \rightleftharpoons 2Mn^{2+} + 5O_2\uparrow + 8H_2O$$

此反应开始时速率较慢，随着 $Mn^{2+}$ 生成反应速率加快，也可以先加入少量 $Mn^{2+}$ 作催化剂。

（2）化学耗氧量（$COD_{Mn}$）的测定（返滴定法）　测定时在水样中加入 $H_2SO_4$ 及一定量且过量的 $KMnO_4$ 标准溶液，置于沸水浴中加热，使其中的还原性物质氧化，剩余的 $KMnO_4$ 用定量且过量的 $Na_2C_2O_4$ 还原，再以 $KMnO_4$ 标准溶液返滴定过量的 $Na_2C_2O_4$，其主要反应为：

$$4MnO_4^- + 5C + 12H^+ \rightleftharpoons 4Mn^{2+} + 5CO_2\uparrow + 6H_2O$$

$$2MnO_4^- + 5C_2O_4^{2-} + 16H^+ \rightleftharpoons 2Mn^{2+} + 10CO_2\uparrow + 8H_2O$$

由于 $Cl^-$ 对此有干扰，因而本法仅适用于地表水、地下水、饮用水和生活用水等较为清洁水样 COD 的测定。对于工业废水和生活污水的测定，应采用 $COD_{Cr}$。

(3) $Ca^{2+}$ 的测定（间接滴定法）　$Ca^{2+}$、$Th^{4+}$ 等在溶液中没有可变价态，但基于生成草酸盐沉淀，可用 $KMnO_4$ 法间接测定。

以 $Ca^{2+}$ 的测定为例，先沉淀为 $CaC_2O_4$，再经过过滤、洗涤后将沉淀溶于热的稀 $H_2SO_4$ 溶液，最后用 $KMnO_4$ 标准溶液滴定 $H_2C_2O_4$。根据所消耗的 $KMnO_4$ 的量，间接求得 $Ca^{2+}$ 的含量。

相关反应式如下：

$$Ca^{2+} + C_2O_4^{2-} \rightleftharpoons CaC_2O_4\downarrow$$

$$2MnO_4^- + 5C_2O_4^{2-} + 16H^+ \rightleftharpoons 2Mn^{2+} + 10CO_2\uparrow + 8H_2O$$

### 想一想

高锰酸钾法的基本原理是什么？有什么优缺点？

## 二、重铬酸钾法

### 1. 方法概要

$K_2Cr_2O_7$ 是一种较强的氧化剂，在酸性条件下与还原剂作用，$Cr_2O_7^{2-}$ 被还原成 $Cr^{3+}$：

$$Cr_2O_7^{2-} + 14H^+ + 6e^- \rightleftharpoons 2Cr^{3+} + 7H_2O \qquad E^\ominus = 1.33V$$

$K_2Cr_2O_7$ 在酸性溶液中的氧化能力不如 $KMnO_4$ 强，应用范围不如高锰酸钾法广泛，但与高锰酸钾法相比，重铬酸钾法有以下优点。

① $K_2Cr_2O_7$ 易提纯，含量达 99.99%，在 120℃干燥至恒重后，可直接称量配制标准溶液。

② $K_2Cr_2O_7$ 溶液非常稳定，保存在密闭容器中，其浓度可长期不变。

③ $K_2Cr_2O_7$ 氧化性较 $KMnO_4$ 弱，选择性较 $KMnO_4$ 强，室温下，当 HCl 溶液浓度低于 3 mol/L 时，$Cr_2O_7^{2-}$ 不会诱导氧化 $Cl^-$，因此滴定可在盐酸介质中进行。

$Cr_2O_7^{2-}$ 的还原产物 $Cr^{3+}$ 为绿色，终点时无法辨别出过量 $Cr_2O_7^{2-}$ 的黄色，因此需加入指示剂指示终点，常用的指示剂是二苯胺磺酸钠；同时六价铬是致癌物，废水污染环境，应加以处理。

### 2. 重铬酸钾法的应用示例

① 铁矿石中全铁量的测定（直接滴定法）。重铬酸钾法是测定铁矿石中全铁量的标准溶液。

$$Fe_2O_3 + 6H^+ \rightleftharpoons 2Fe^{3+} + 3H_2O$$

$$2Fe^{3+} + Sn^{2+}(\text{过量}) \rightleftharpoons 2Fe^{2+} + Sn^{4+}$$

$$Cr_2O_7^{2-} + 6Fe^{2+} + 14H^+ \rightleftharpoons 2Cr^{3+} + 6Fe^{3+} + 7H_2O$$

试样用热浓盐酸溶解后，用 $SnCl_2$ 趁热将 $Fe^{3+}$ 还原成 $Fe^{2+}$，在 $H_2SO_4$-$H_3PO_4$ 的混合酸介质中，以二苯胺磺酸钠为指示剂，以 $K_2Cr_2O_7$ 标准溶液滴定，溶液由浅绿色变成紫红色即为终点。混酸中 $H_2SO_4$ 的作用是调节足够的酸度，$H_3PO_4$ 的作用使 $Fe^{3+}$ 生成无色稳定的 $Fe(HPO_4)_2^-$，降低 $Fe^{3+}/Fe^{2+}$ 电对的电位，使二苯胺磺酸钠指示剂变色点的电位落在滴定突跃范围内，减小滴定误差；同时由于 $Fe(HPO_4)_2^-$ 是无色的，消除了 $Fe^{3+}$ 的黄色，有利于终点的观察。

② 化学需氧量的测定（见实验项目 2）。

想一想

重铬酸钾法的基本原理是什么？有什么优缺点？

## 三、碘量法

### 1. 概述

碘量法是利用 $I_2$ 的氧化性和 $I^-$ 的还原性来进行滴定的方法。

$$I_2+2e^- \rightleftharpoons 2I^- \qquad E^{\ominus}=0.535V$$

由于固体 $I_2$ 在水中溶解度很小（0.00133 mol/L），通常将 $I_2$ 溶解在 KI 溶液中，形成 $I_3^-$（为方便起见，一般简写为 $I_2$）：

$$I_3^-+2e^- \rightleftharpoons 3I^- \qquad E^{\ominus}=0.535V$$

$I_2$ 是较弱的氧化剂，可与较强的还原剂［如：Sn（Ⅱ）、Sb（Ⅲ）、$As_2O_3$、$S^{2-}$］作用，这种方法称为直接碘量法（又称碘滴定法），即利用 $I_2$ 标准溶液直接滴定一些还原性物质的方法。电极电位比 $E^{\ominus}_{I_2/I^-}$ 小的还原性物质，可以直接用 $I_2$ 的标准溶液滴定。如钢铁中硫的测定：

$$I_2+SO_2+2H_2O = 2I^-+SO_4^{2-}+4H^+$$

直接碘量法不能在碱性溶液中进行，因为 $I_2$ 会发生歧化反应：

$$3I_2+6OH^- \rightleftharpoons IO_3^-+5I^-+3H_2O$$

间接碘量法（又称滴定碘法）：是利用 $I^-$ 的还原作用与氧化性物质反应，定量地析出 $I_2$，然后用 $Na_2S_2O_3$ 标准溶液进行滴定，从而间接测定氧化性物质含量的方法。

$I^-$ 为中等强度的还原剂，能被一般氧化剂（$K_2Cr_2O_7$、$KMnO_4$、$H_2O_2$、$KIO_3$ 等）等氧化而析出 $I^-$，例如：

$$2MnO_4^-+10I^-+16H^+ \rightleftharpoons 2Mn^{2+}+5I_2+8H_2O$$

析出的 $I_2$ 用 $Na_2S_2O_3$ 标准溶液滴定：

$$I_2+2S_2O_3^{2-} \rightleftharpoons 2I^-+S_4O_6^{2-}$$

凡能与 KI 作用定量地析出 $I_2$ 的氧化性物质及能与过量 $I_2$ 在碱性介质中作用的有机物质，都可用间接碘量法测定。由于碘的标准电极电位不高，所以直接碘量法不如间接碘量法应用广泛。

### 2. 滴定条件

在间接碘量法中，为了消除误差，获得准确结果，必须注意以下滴定条件。

（1）控制溶液的酸度　酸度应控制在中性或弱酸性，如果在碱性溶液中进行，$I_2$ 与 $S_2O_3^{2-}$ 会发生如下副反应：

$$S_2O_3^{2-}+4I_2+10OH^- \longrightarrow 2SO_4^{2-}+8I^-+5H_2O$$

在碱性溶液中 $I_2$ 还会发生歧化反应。若在强酸性溶液中，$Na_2S_2O_3$ 会发生分解：

$$S_2O_3^{2-}+2H^+ \longrightarrow SO_2+S\downarrow+H_2O$$

（2）防止 $I_2$ 的挥发　应加入过量的 KI（比理论量大 2～3 倍），增大碘的溶解度，降低 $I_2$ 的挥发。

（3）防止空气中 $O_2$ 氧化 $I^-$　滴定一般在室温下进行，操作要迅速，不宜过分振荡，以减少 $I^-$ 与空气的接触。酸度较高和阳光直射，都可促进空气中的 $O_2$ 对 $I^-$ 的氧化作用：

$$4I^-+O_2+4H^+ \longrightarrow 2I_2+2H_2O$$

（4）淀粉指示剂的使用　应用间接碘量法时，一般在滴定接近终点前加入淀粉指示剂。若加入太早，则大量的 $I_2$ 与淀粉结合生成蓝色物质，这一部分 $I_2$ 就不易与 $Na_2S_2O_3$ 溶液反应，将产生滴定误差。

### 3. 碘量法的应用示例

（1）测定 $H_2S$ 或 $S^{2-}$（直接滴定法）　在弱酸性溶液中，$I_2$ 能氧化 $H_2S$ 或 $S^{2-}$：

$$H_2S+I_2 \rightleftharpoons S\downarrow+2H^++2I^-$$

以淀粉作为指示剂，用 $I_2$ 标准溶液直接滴定 $H_2S$。为防止 $H_2S$ 的挥发，可将试液加入到一定量且过量的 $I_2$ 标准溶液中，再用 $Na_2S_2O_3$ 标准溶液回滴多余的 $I_2$。

（2）Cu 合金中铜含量的测定（间接滴定法）　在弱酸性溶液中，铜与过量的 KI 作用析出相应量的 $I_2$，用 $Na_2S_2O_3$ 标准溶液滴定析出的 $I_2$，即可求出铜的含量：

$$2Cu^{2+}+4I^- \rightleftharpoons 2CuI+I_2$$

$$I_2+2S_2O_3^{2-} \longrightarrow 2I^-+S_4O_6^{2-}$$

加入过量 KI，使 $Cu^{2+}$ 的还原趋于完全。由于 CuI 沉淀强烈地吸附 $I_2$，使测定结果偏低，为减少吸附，故在近终点时加入适量 KSCN，使 CuI 转化为溶解度更小的 CuSCN：

$$CuI+KSCN \rightleftharpoons CuSCN+KI$$

（3）某些有机物的测定（返滴定法）　碘量法在有机分析中应用广泛，凡是能被碘直接氧化的物质，只要有足够快的反应速率，就可以用碘量法直接测定。例如，维生素 C（抗坏血酸）、巯基乙酸、四乙基铅、安乃近等均可以用 $I_2$ 标准溶液直接滴定。

**想一想**

碘量法的基本原理是什么？有什么优缺点？

## 专题六　【阅读材料】水污染

水污染，是指水体因某种物质的介入，而导致其化学、物理、生物或者放射性等方面特性的改变，从而影响水的有效利用，危害人体健康或者破坏生态环境，造成水质恶化的现象。

废水从不同角度有不同的分类方法。据不同来源分为生活废水和工业废水两大类；据污染物的化学类别又可分为无机废水与有机废水；也有按工业部门或产生废水的生产工艺分类的，如焦化废水、冶金废水、制药废水、食品废水等。

日趋加剧的水污染，已对人类的生存安全构成重大威胁，成为人类健康、经济和社会可持续发展的重大障碍。据世界权威机构调查，在发展中国家，各类疾病有 80% 是因为饮用了不卫生的水而传播的，每年因饮用不卫生水至少造成全球 2000 万人死亡，因此，水污染被称作“世界头号杀手”。

水体污染影响工业生产、增大设备腐蚀、影响产品质量，甚至使生产不能进行下去。水的污染，又影响人民生活，破坏生态，直接危害人的健康，损害很大。

（1）危害人的健康　水污染后，通过饮水或食物链，污染物进入人体，使人急性或慢性中毒。砷、铬、铵类、苯并（*a*）芘等，还可诱发癌症。被寄生虫、病毒或其他致病菌污染的水，会引起多种传染病和寄生虫病。重金属污染的水，对人的健康均有危害。被镉污染的水、食物，人饮食后，会造成肾、骨骼病变，摄入硫酸镉 20mg，就会造成死亡。铅造成的中毒，引起贫血，神经错乱。六价铬有很大毒性，引起皮肤溃疡，还有致癌作用。饮用含砷的水，会发生急性或慢性中毒。砷使许多酶受到抑制或失去活性，造成机体代谢障碍，皮肤角质化，引发皮肤癌。有机磷农药会造成神经中毒，有机氯农药会在脂肪中蓄积，对人和动物的内分泌、免疫功能、生殖机能均造成危害。稠环芳烃多数具有致癌作用。氰化物也是剧毒物质，进入血液后，与细胞的色素氧化酶结合，使呼吸中断，造成呼吸衰竭窒息死亡。

（2）对工农业生产的危害　农业使用污水，使作物减产，品质降低，甚至使人畜受害，大片农田遭受污染，降低土壤质量。

（3）水的富营养化的危害　在正常情况下，氧在水中有一定溶解度。溶解氧不仅是水生生物得以生存的条件，而且氧参加水中的各种氧化还原反应，促进污染物转化降解，是天然水体具有自净能力的重要原因。含有大量氮、磷、钾的生活污水的排放，大量有机物在水中降解放出营养元素，促进水中藻类丛生，植物疯长，使水体通气不良，溶解氧下降，甚至出现无氧层。以致使水生植物大量死亡，水面发黑，水体发臭形成“死湖”“死河”“死海”，进而变成沼泽，而且还可导致赤潮现象。这种现象称为水的富营养化。富营养化的水臭味大、颜色深、细菌多，这种水的水质差，不能直接利用，水中鱼大量死亡。

## 本章小结

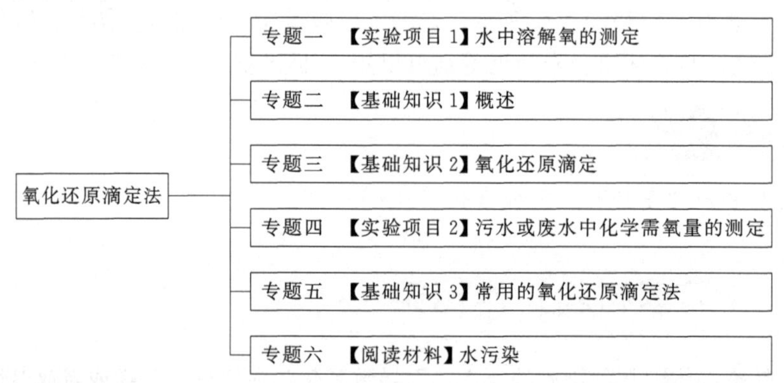


## 课后习题

1. 选择题

（1）在酸性介质中，用 $KMnO_4$ 溶液滴定草酸溶液，滴定应（　　）。

A. 在室温下进行　　B. 将溶液煮沸后即进行

C. 将溶液煮沸，冷至 80 ℃进行　　D. 将溶液加热到 70～80℃时进行

（2）在 1 mol/L $H_2SO_4$ 溶液中，$E^{\ominus\prime}_{Ce^{4+}/Ce^{3+}} = 1.44V$；$E^{\ominus\prime}_{Fe^{3+}/Fe^{2+}} = 0.68V$；以 $Ce^{4+}$ 滴定 $Fe^{2+}$ 时，最适宜的指示剂为（ ）。

A. 二苯胺磺酸钠（$E^{\ominus\prime}_{In}= 0.84V$） B. 邻苯氨基苯甲酸（$E^{\ominus\prime}_{In}=0.89V$）

C. 邻二氮菲-亚铁（$E^{\ominus\prime}_{In}=1.06V$） D. 硝基邻二氮菲-亚铁（$E^{\ominus\prime}_{In}=1.25V$）

（3）用草酸钠作基准物质标定高锰酸钾溶液时，开始时反应速率慢，稍后，反应速率明显加快，这是（ ）起催化作用。

A. $H^+$ B. $MnO_4^-$ C. $Mn^{2+}$ D. $CO_2$

（4）用碘量法测定 $Cu^{2+}$ 时，加入 KI 是作为（ ）。

A. 氧化剂 B. 还原剂 C. 络合剂 D. 沉淀剂

（5）高锰酸钾法滴定，所需的介质最好是（ ）。

A. 硫酸 B. 盐酸 C. 磷酸 D. 硝酸

（6）用重铬酸钾法测定 $Fe^{2+}$，可选的指示剂是（ ）。

A. 甲基红-溴甲酚绿 B. 二苯胺磺酸钠 C. 铬黑 T D. 自身指示剂

（7）配制 $I_2$ 标准溶液时，是将 $I_2$ 溶解在（ ）中。

A. 水 B. KI C. HCl D. KOH

（8）间接碘量法中加入淀粉指示剂的适宜时间是（ ）。

A. 滴定开始前 B. 滴定开始后

C. 滴定至近终点时 D. 滴定至红棕色褪尽至无色

（9）在间接碘量法中，滴定终点颜色变化时（ ）。

A. 蓝色恰好消失 B. 出现蓝色 C. 出现浅黄色 D. 黄色恰好消失

（10）间接碘量法要求滴定在中性或弱酸性介质中进行，若酸度太高，将会（ ）。

A. 反应不定量 B. $I_2$ 易挥发

C. 终点不明显 D. $I^-$ 被氧化，$Na_2S_2O_3$ 分解

2. 简答题

（1）酸碱滴定法和氧化还原滴定法的主要区别。

（2）请设计两种滴定方法测定 $Ca^{2+}$ 含量。试写出化学反应方程式，并注明反应条件。

3. 计算题

（1）在 100mL 溶液中：①含有 $KMnO_4$ 1.158g；②含有 $K_2Cr_2O_7$ 0.4900g。问在酸性条件下作氧化剂时，$KMnO_4$ 和 $K_2Cr_2O_7$ 的浓度分别是多少（mol/L）？

（2）计算 1mol/L 的 HCl 溶液中 $c_{Ce^{4+}}=1.00\times10^{-2}$ mol/L 和 $c_{Ce^{3+}}=1.00\times10^{-3}$ mol/L 时 $Ce^{4+}/Ce^{3+}$ 电对的电位。已知 $\phi^{\ominus\prime}_{Ce^{4+}/Ce^{3+}}=1.28V$。

（3）称取铁矿石试样 0.2000 g，用 0.008400 mol/L $K_2Cr_2O_7$ 标准溶液滴定，到达滴定终点时消耗 $K_2Cr_2O_7$ 溶液 26.78mL，计算 $Fe_3O_4$ 的质量分数。

（4）称取 0.5085g 某含铜试样，溶解后加入过量 KI，以 0.1034mol/L $Na_2S_2O_3$ 溶液滴定释放出来的 $I_2$，耗去 27.16mL。试求该试样中 $Cu^{2+}$ 的质量分数。（$M_{Cu}=63.54g/mol$）

# 第六章

# 配位滴定法

## 知识目标

1. 掌握 EDTA 及其与金属离子形成配合物的性质和特点；
2. 了解稳定常数的意义；
3. 了解配位滴定对配位反应的要求；
4. 了解金属指示剂的作用原理。

## 能力目标

1. 能正确选择金属指示剂；
2. 能合理选择不同的配位滴定方法，测定不同金属离子。

科学知识 

### 配位化学的发展

19 世纪末期，德国化学家发现一系列难以回答的问题，氯化钴和氨结合，会生成颜色各异、化学性质不同的物质。经分析它们的分子式是 $CoCl_3 \cdot 6NH_3$、$CoCl_3 \cdot 5NH_3 \cdot H_2O$、$CoCl_3 \cdot 4NH_3$，同是氯化钴，但性质、颜色不同。为了研究此问题，化学家提出各种假说。直到 1893 年瑞士化学家维尔纳（A. Werner）发表的一篇研究分子加合物的论文，提出配位理论和内界、外界的概念，标志着配位化学的建立，并因此获得诺贝尔化学奖。1945 年后，化学家许伐（G. Schwazenbarch）提出了以乙二胺四乙酸（简称 EDTA）为代表的一系列羧基配位剂，配位化合物才得到迅速发展和广泛应用。目前，配位化学已经深入到了医药、工业、农业、生命科学、自然科学等诸多领域。

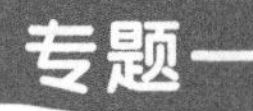

# 【实验项目】水样总硬度的测定

**【任务描述】**

(1) 学习 EDTA 标准溶液的标定方法。

(2) 掌握配位滴定法测定水的硬度的原理和方法。

(3) 了解铬黑 T 和钙指示剂的应用。

**【教学器材】**

锥形瓶 (250mL)、酸式滴定管 (50mL)、移液管 (25mL)、烧杯、容量瓶 (250mL)、表面皿、量筒等。

**【教学药品】**

$CaCO_3$ 基准物、0.01mol/L EDTA 标准溶液、三乙醇胺溶液、钙指示剂 In、铬黑 T 指示剂、1∶1 盐酸、1mol/L NaOH、$NH_3$-$NH_4Cl$ 缓冲溶液。

**【组织形式】**

在教师指导下，每位同学根据实验步骤独立完成实验。

**【注意事项】**

(1) EDTA 标准溶液应保存在聚乙烯瓶中。

(2) 测定钙、镁离子总量时，取水样的量应视水的硬度而定，硬度大可少取。

**【实验步骤】**

## 一、 0.01mol/L EDTA 标准溶液的标定

准确称取 0.2～0.25g $CaCO_3$ 于 250mL 烧杯中，先用少量水润湿，盖上表面皿，从杯嘴边滴加 1∶1 HCl 溶液至完全溶解 (控制速度防止飞溅)，转入 250mL 容量瓶中，用水稀释到刻度，摇匀。

移取 25.00mL 上述溶液于 250mL 锥形瓶中，加入约 25mL 蒸馏水、5mL 1mol/L NaOH 溶液、约 0.1g 钙指示剂，用 EDTA 溶液滴定，滴至溶液由酒红色变为纯蓝色，即为终点。记录消耗 EDTA 溶液的体积。平行滴定三次，同时做空白实验。

## 二、水中钙、镁离子总量的测定

吸取待测水样 50.00mL 于 250mL 锥形瓶中，加入三乙醇胺溶液 (1∶2) 3mL，摇匀后再加入 $NH_3$-$NH_4Cl$ 缓冲溶液 10mL 及少许铬黑 T 指示剂，摇匀，用 EDTA 标准溶液滴定至溶液由酒红色变为纯蓝色，即为终点，平行滴定三份，同时做空白实验。

## 三、数据处理

### 1. EDTA 标准溶液的配制与标定

根据 $Ca^{2+}$ 的质量和消耗 EDTA 标准溶液的体积，计算 EDTA 标准溶液的浓度，并求出平均值。

$$c_{EDTA}=\frac{m_{CaCO_3}\times\frac{25}{250}}{M_{CaCO_3}(V_{EDTA}-V_0)}$$

EDTA 标准溶液标定实验数据记录表见表 6-1

**表 6-1 EDTA (0.05mol/L) 标准溶液标定**

| 项目 | | 1 | 2 | 3 |
|---|---|---|---|---|
| 基准物称量 | m(倾样前)/g | | | |
| | m(倾样后)/g | | | |
| | m(基准物)/g | | | |
| 滴定管初读数/mL | | | | |
| 滴定管终读数/mL | | | | |
| 滴定消耗 EDTA 体积/mL | | | | |
| 实际消耗 EDTA 体积/mL | | | | |
| 空白/mL | | | | |
| $c$/(mol/L) | | | | |
| $\overline{c}$/(mol/L) | | | | |
| 相对极差/% | | | | |

## 2. 水中钙、镁离子总量的测定

水中钙、镁离子总量的测定实验数据记录表见表 6-2。

**表 6-2 水中钙、镁离子总量的测定** $c_{EDTA}$=__________mol/L

| 次数<br>项目 | 1 | 2 | 3 |
|---|---|---|---|
| $V_{水样}$/mL | | | |
| EDTA 初读数/mL | | | |
| EDTA 终读数/mL | | | |
| $V_{EDTA}$/mL | | | |
| $V_{空白}$/mL | | | |
| $\rho_{CaO}$/(mg/L) | | | |
| $\rho_{CaO}$ 平均值/(mg/L) | | | |
| 极差相对值/% | | | |

计算过程：

水硬度按 CaO 含量（以 mg/L 计）表示，按下式计算：

$$\rho_{CaO}=\frac{c_{EDTA}(V_{EDTA}-V_{空白})M_{CaO}\times 1000}{V_{水样}}$$

取平行测定结果的算术平均值为试样的含量。

$$极差相对值=\frac{\rho_{max}-\rho_{min}}{\overline{\rho}}\times 100\%$$

式中，$\rho_{max}$ 为最大测定值；$\rho_{min}$ 为最小测定值；$\overline{\rho}$ 为测定值的平均值。

**【任务解析】**

水的硬度是衡量生活用水和工业用水水质的一项重要指标。测定水的总硬度就是测定水中 $Ca^{2+}$、$Mg^{2+}$ 的总含量，通常用水中 $CaCO_3$ 的含量（mg/L）或 CaO 的含量（mg/L）表示，各国对水的硬度的表示方法不同，我国通常以 $CaCO_3$ 的质量分数表示，单位是 mg/L。国家标准规定饮用水硬度以 $CaCO_3$ 计，不能超过 450mg/L。

本实验采用 $CaCO_3$ 为基准物标定 EDTA 标准溶液的浓度，将 $CaCO_3$ 溶解制成钙标准溶液，吸取一定量的钙标准溶液，调节 pH≥12，用钙指示剂，以 EDTA 标准溶液滴定至溶液由酒红色变为纯蓝色即为终点，其变色原理如下：

当用 EDTA 溶液滴定时，由于 EDTA 能与 $Ca^{2+}$ 形成比 $CaInd^-$ 更稳定的配离子，因此在滴定终点附近，$CaInd^-$ 不断转化为更稳定的 $CaY^{2-}$ 配离子，钙指示剂被游离出来，溶液的颜色也由酒红色变为纯蓝色，其反应如下：

$$\underset{\text{酒红色}}{MIn}+Y \rightleftharpoons MY+\underset{\text{纯蓝色}}{In}$$

总硬度的测定是以铬黑 T 为指示剂，加入 $NH_3$-$NH_4Cl$ 缓冲溶液控制溶液的 pH≈10，以 EDTA 标准溶液滴定，溶液由酒红色变为纯蓝色，即为终点。

根据 EDTA 标准溶液的用量计算水的总硬度：

$$\text{总硬度}(CaO,mol/L)=\frac{c_{EDTA}V_{EDTA}M_{CaO}}{V_{\text{水}}}\times 1000$$

滴定时，水样中含有的少量 $Fe^{3+}$、$Al^{3+}$、$Ni^{2+}$、$Cu^{2+}$ 等干扰离子，会封闭指示剂 EBT，$Fe^{3+}$、$Al^{3+}$ 可用三乙醇胺掩蔽；$Ni^{2+}$、$Cu^{2+}$ 等离子，需要在碱性条件下加 KCN 予以掩蔽。当水样中含有较多的 $CO_3^{2-}$ 时，会形成碳酸盐沉淀而影响滴定，需要在水样中加酸煮沸，去除 $CO_2$ 后，再进行滴定。

### 想一想

1. 以 $CaCO_3$ 为基准物标定 EDTA 标准溶液浓度时，溶液的酸度为多少？为什么？如何控制？
2. 测水中总硬度时，用什么作指示剂？终点颜色如何变化？测定条件是什么？如何控制？

## 专题二 【基础知识 1】配位化合物

在化学反应中，虽然配位反应很普遍，但并不是所有的配位反应都能用于滴定分析，能用于滴定分析的配位反应必须具备下列条件：

（1）配位反应速率要快；

（2）反应必须按一定的反应式定量进行，即在一定条件下金属离子与配位剂的配位比要恒定；

（3）配位反应要完全，生成的配合物稳定常数要足够大；

（4）有适当的方法指示终点。

由于多数无机配位化合物的稳定性不高，并且在形成过程中有逐级配位现象，而各级配合物的稳定常数相差较小，所以溶液中常常同时存在多种形式的配合物，金属离子与配体的化学计量关系不明确，因此，无机配位剂能用于配位滴定分析的很少。目前配位滴定中常用的是含有氨羧基团的有机配位剂，它们可与金属离子形成稳定的而且组成一定的配合物。目前配位滴定中最重要、应用最广的氨羧配位剂是乙二胺四乙酸（EDTA）。

## 一、乙二胺四乙酸的性质

乙二胺四乙酸，其结构如下所示：

$$\begin{array}{l} HOOCCH_2 \qquad\qquad\qquad\qquad CH_2COOH \\ \qquad\quad \diagdown \qquad\qquad\qquad\quad \diagup \\ \qquad\quad N—CH_2—CH_2—N \\ \qquad\quad \diagup \qquad\qquad\qquad\quad \diagdown \\ HOOCCH_2 \qquad\qquad\qquad\qquad CH_2COOH \end{array}$$

乙二胺四乙酸是一种四元酸，习惯上用 $H_4Y$ 表示。其分子中含有六个配位原子，是目前应用最多的有机配位剂。由于室温时乙二胺四乙酸在水中的溶解度较小，通常用它的二钠盐（$Na_2H_2Y \cdot 2H_2O$，一般也简称 EDTA，它的溶解度较大）作滴定剂。

在水溶液中乙二胺四乙酸具有双偶极离子结构：

$$\begin{array}{l} HOOCCH_2 \qquad\qquad\qquad\qquad CH_2COO^- \\ \qquad\quad \diagdown + \qquad\qquad\quad + \diagup \\ \qquad\quad N—CH_2—CH_2—N \\ \qquad\quad \diagup H \qquad\qquad\quad H \diagdown \\ ^-OOCCH_2 \qquad\qquad\qquad\qquad CH_2COOH \end{array}$$

此结构中的羧酸根还可以接受质子，当酸度很高时，EDTA 便转变成六元酸 $H_6Y^{2+}$，在水溶液中存在着以下一系列的解离平衡：

$$H_6Y^{2+} \rightleftharpoons H^+ + H_5Y^+$$

$$H_5Y^+ \rightleftharpoons H^+ + H_4Y$$

$$H_4Y \rightleftharpoons H^+ + H_3Y^-$$

$$H_3Y^- \rightleftharpoons H^+ + H_2Y^{2-}$$

$$H_2Y^{2-} \rightleftharpoons H^+ + HY^{3-}$$

$$HY^{3-} \rightleftharpoons H^+ + Y^{4-}$$

可见 EDTA 在水溶液中以 $H_6Y^{2+}$、$H_5Y^+$、$H_4Y$、$H_3Y^-$、$H_2Y^{2-}$、$HY^{3-}$ 和 $Y^{4-}$ 等七种型体存在，当 pH 值不同时，各种存在型体所占的分布分数 $\delta$ 是不同的，各种存在型体所占的分布分数如图 6-1 所示。

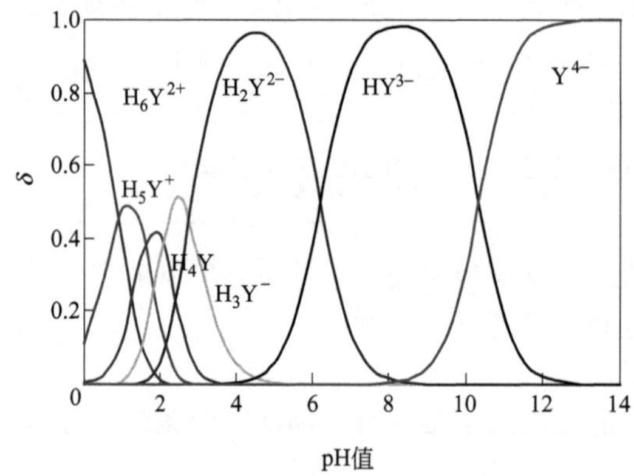


图 6-1　EDTA 各种存在型体在不同 pH 时的分布分数

在不同 pH 值时，EDTA 的主要存在型体列于表 6-3 中。

**表 6-3　EDTA 主要存在型体**

| pH 值 | <1 | 1～1.6 | 1.6～2 | 2～2.7 | 2.7～6.2 | 6.2～10.3 | >10.3 |
|---|---|---|---|---|---|---|---|
| 主要存在型体 | $H_6Y^{2+}$ | $H_5Y^+$ | $H_4Y$ | $H_3Y^-$ | $H_2Y^{2-}$ | $HY^{3-}$ | $Y^{4-}$ |

在这七种型体中，只有 $Y^{4-}$ 能与金属离子直接配位。所以溶液的酸度越低，$Y^{4-}$ 的分布分数越大，EDTA 的配位能力越强。

## 二、配合物的稳定常数

对于 1∶1 型的配合物 MY，反应通式如下：

$$M^{n+} + Y^{4-} \rightleftharpoons MY^{n-4}$$

可简写为：

$$M + Y \rightleftharpoons MY$$

在溶液中达到平衡时，其稳定常数为：

$$K^{\ominus}_{MY} = \frac{c_{MY}}{c_M c_Y}$$

对于同类型的配合物来说，$K^{\ominus}_{MY}$ 越大，配合物在水溶液中就越稳定。

$K^{\ominus}_{MY}$ 的大小主要取决于金属离子及其配位剂的性质，一般来说对于同一种配位剂，碱金属离子的配合物最不稳定，而过渡金属离子、稀土元素金属离子、高价金属离子的配合物稳定性比较高。EDTA 与常见金属离子配合物的稳定常数见表 6-4。

**表 6-4　EDTA 与常见金属离子配合物的稳定常数**

| 阳离子 | $\lg K^{\ominus}_{MY}$ | 阳离子 | $\lg K^{\ominus}_{MY}$ | 阳离子 | $\lg K^{\ominus}_{MY}$ |
|---|---|---|---|---|---|
| $Na^+$ | 1.66 | $Al^{3+}$ | 16.3 | $Cu^{2+}$ | 18.80 |
| $Li^+$ | 2.79 | $Co^{2+}$ | 16.31 | $Ti^{3+}$ | 21.3 |
| $Ba^{2+}$ | 7.86 | $Pt^{2+}$ | 16.31 | $Hg^{2+}$ | 21.8 |
| $Mg^{2+}$ | 8.69 | $Cd^{2+}$ | 16.49 | $Sn^{2+}$ | 22.1 |
| $Sr^{2+}$ | 8.73 | $Zn^{2+}$ | 16.50 | $Cr^{3+}$ | 23.4 |
| $Ca^{2+}$ | 10.69 | $Pb^{2+}$ | 18.04 | $Fe^{3+}$ | 25.1 |
| $Mn^{2+}$ | 13.87 | $Y^{3+}$ | 18.09 | $Bi^{3+}$ | 27.94 |
| $Fe^{2+}$ | 14.33 | $Ni^{2+}$ | 18.60 | $Co^{3+}$ | 36.0 |

上述稳定常数 $K^{\ominus}_{MY}$ 是描述在没有任何副反应时，配合物的稳定性，因此又称为绝对稳定常数。实际上，溶液的酸度、其他配位剂或干扰离子的存在等反应条件的变化，对配合物的稳定性影响较大，是在滴定分析中必须考虑的。

## 三、乙二胺四乙酸的配合物

EDTA 分子具有两个氨氮原子和四个羧氧原子，它们都有孤对电子，即 EDTA 有六个配位原子。因此，绝大多数的金属离子均能与 EDTA 形成多个五元环，如图 6-2 所示。

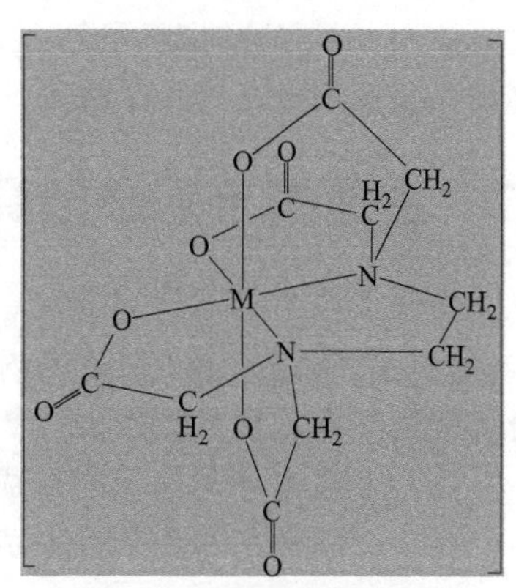

图 6-2　金属离子与 EDTA 配位结构示意图

具有这类环状结构的螯合物是很稳定的。

EDTA 可以和大多数金属离子形成 1∶1 型稳定的配合物，只有极少数金属离子，如锆（Ⅳ）和钼（Ⅵ）等例外。

EDTA 与无色金属离子配位时，形成无色的螯合物，与有色金属离子配位时，一般则形成颜色更深的配合物。如：

| $CuY^{2-}$ | $NiY^{2-}$ | $CoY^{2-}$ | $MnY^{2-}$ | $CrY^{-}$ | $FeY^{-}$ |
|---|---|---|---|---|---|
| 深蓝色 | 蓝色 | 紫红色 | 紫红色 | 深紫色 | 黄色 |

综上所述，MY 配合物具有以下特点。

(1) 计量关系简单，大多数为 1∶1，没有逐级配位现象。

(2) 配合物水溶性好，使配位滴定可以在水溶液中进行。

(3) 配合物在水溶液中的稳定性好，滴定反应进行的完全程度高。

(4) EDTA 与无色金属离子反应时形成无色螯合物，便于使用指示剂确定终点。

上述特点使 EDTA 滴定剂完全符合滴定分析的要求，因此被广泛使用。

## 专题三 【基础知识 2】金属指示剂

在配位滴定中广泛采用金属指示剂来指示滴定终点。

### 一、金属指示剂的作用原理

金属指示剂是一类有机配位剂，能同被测金属离子 M 形成有色配合物，其颜色与游离指示剂本身的颜色不同，在滴定过程中借助于这种颜色的突变来确定终点。

铬黑 T（以 In 表示）与金属离子（$Mg^{2+}$、$Pb^{2+}$、$Zn^{2+}$ 等）形成比较稳定的酒红色配合物，当 pH＝8～11 时，铬黑 T 本身呈蓝色。

$$Mg^{2+} + In \rightleftharpoons MgIn$$

蓝色　酒红色

滴定开始时，金属离子与加入的少量铬黑 T 配合形成酒红色的 MgIn。随着 EDTA 的滴入，游离的 $Mg^{2+}$ 逐步被 EDTA 配位形成 MgY，等到游离的 $Mg^{2+}$ 全部与 EDTA 配位后，继续加入 EDTA 时，稍过量的 EDTA 将夺取 MgIn 中的 $Mg^{2+}$，使 MgIn 中的 $In^{2-}$ 游离出来，酒红色溶液变为蓝色，指示滴定终点的到达。

$$Y + MgIn \rightleftharpoons In + MgY$$

酒红色　蓝色

许多金属指示剂在不同的 pH 值范围内，指示剂本身会呈现不同的颜色。例如，铬黑 T 指示剂就是一种三元酸，pH＜6 时，铬黑 T 呈酒红色；pH＞12 时，铬黑 T 呈橙色，所以当 pH＜6 或者 pH＞12 时，游离铬黑 T 的颜色与配合物 MgIn 的颜色没有明显区别，只有在 pH＝8～11 的酸度条件下进行滴定，终点时才会发生颜色突变。因此选择金属指示剂，必须注意选择合适的 pH 范围。

### 二、金属指示剂必须具备的条件

为使金属指示剂能够准确、敏锐地指示滴定终点，在选择使用时要注意以下几个方面。

(1) 在滴定的 pH 值范围内，金属离子与指示剂配合物 MIn 的颜色与游离指示剂 In 本身的颜色应有明显的差别。

(2) 金属离子与指示剂形成的有色配合物 MIn 的显色反应要灵敏。

(3) 金属离子与指示剂形成的有色配合物 MIn 要有适当的稳定性，同时还要小于 EDTA 与金属离子形成配合物 MY 的稳定性（$K_{MIn} < K_{MY}$），这样滴定至化学计量点时，EDTA 才能将指示剂 In 从 MIn 配合物中置换出来。

## 三、常用的金属指示剂

常用的金属指示剂见表 6-5。

表 6-5　常用的金属指示剂

| 指示剂 | 适用 pH 条件 | 颜色变化 | | 直接滴定离子 | 备注 |
|---|---|---|---|---|---|
| | | In | MIn | | |
| 铬黑 T(EBT) | 8～10 | 蓝色 | 红色 | $Mg^{2+}$、$Zn^{2+}$、$Pb^{2+}$、$Cd^{2+}$、$Mn^{2+}$、稀土元素离子 | $Fe^{3+}$、$Al^{3+}$、$Ni^{2+}$、$Co^{2+}$ 等离子封闭 EBT |
| 钙指示剂(NN) | 12～13 | 蓝色 | 红色 | $Ca^{2+}$ | $Ti^{4+}$、$Fe^{3+}$、$Al^{3+}$、$Ni^{2+}$、$Cu^{2+}$、$Co^{2+}$、$Mn^{2+}$ 等离子封闭 NN |
| 二甲酚橙(XO) | ＜6 | 亮黄色 | 红色 | $ZrO^{2+}$、$Bi^{3+}$、$Th^{4+}$、$Tl^{3+}$、$Zn^{2+}$、$Pb^{2+}$、$Cd^{2+}$、$Hg^{2+}$、稀土元素离子等 | $Co^{2+}$、$Ni^{2+}$、$Cu^{2+}$、$Fe^{3+}$ $Al^{3+}$、$Ti^{4+}$ 等离子封闭 XO |
| 磺基水杨酸(SSA) | 1.5～2.5 | 无色 | 紫红色 | $Fe^{3+}$ | |

## 四、使用金属指示剂时可能出现的问题

### 1. 指示剂的封闭现象

有些指示剂能与某些金属生成极稳定的配合物，$K_{MIn}>K_{MY}$，以致到达化学计量点时滴入过量 EDTA，指示剂也不能被置换出来，溶液颜色不发生变化的现象。

例如，用铬黑 T 作指示剂，在 pH＝10 的条件下，用 EDTA 滴定 $Ca^{2+}$、$Mg^{2+}$ 时，$Fe^{3+}$、$Al^{3+}$、$Ni^{2+}$ 和 $Co^{2+}$ 对铬黑 T 有封闭作用。这时可在滴定前加入少量三乙醇胺（掩蔽 $Fe^{3+}$、$Al^{3+}$）、KCN（掩蔽 $Ni^{2+}$ 和 $Co^{2+}$）以消除干扰。

### 2. 指示剂的僵化现象

有些指示剂和金属离子的配合物 MIn 在水中的溶解度小，使 EDTA 与 MIn 的置换缓慢，终点的颜色变化不明显，这种现象称为指示剂僵化。

这时可加入适当的有机溶剂或加热，以增大其溶解度。例如，用 PAN 作指示剂时，可加入少量的甲醇或乙醇，也可将溶液适当加热以加快置换速度，使指示剂的变色敏锐一些。

### 3. 指示剂的氧化变质现象

金属指示剂大多数是分子中含有双键结构的有色化合物，易被日光、氧化剂、空气作用，日久会变质，这些均称为指示剂的氧化变质现象。例如，铬黑 T、钙指示剂的水溶液均易氧化变质，所以常配成固体混合物或加入具有还原性的物质配成溶液，如加入三乙醇胺等。一般指示剂都不宜久放，最好现用现配。

# 专题四　【基础知识 3】配位滴定法原理

## 一、配位滴定曲线

与酸碱滴定法、氧化还原滴定法相似，在金属离子的溶液中，随着配位滴定剂的不断加

入，金属离子的浓度不断减小，在化学计量点附近，溶液中金属离子浓度（用 pM 表示）发生突跃。利用滴定过程中 pM 的变化对 EDTA 的加入量作图，得到的曲线称为配位滴定曲线。

现以 pH＝12 时，用 0.01000mol/L EDTA 标准滴定溶液滴定 20.00mL 0.01000mol/L $Ca^{2+}$ 溶液为例，说明配位滴定过程中滴定剂的加入量与待测离子浓度之间的变化关系。

（1）滴定开始前，溶液中只有 $Ca^{2+}$，$[Ca^{2+}]=0.01000\ mol/L$，$pCa=2.00$。

（2）滴定至化学计量点前，溶液中有剩余的 $Ca^{2+}$，$\lg K'_{CaY}=10.7$，当滴入 EDTA 的体积为 19.98mL 时：

$$[Ca^{2+}]=\frac{(20.00-19.98)mL\times 0.01000mol/L}{(20.00+19.98)mL}=5.0\times 10^{-6}mol/L$$

$$pCa=5.30$$

（3）化学计量点时，$Ca^{2+}$ 几乎全部与 EDTA 配位，生成 $CaY^{2-}$，此时：

$$[CaY^{2-}]=\frac{20.00mL\times 0.01000mol/L}{(20.00+20.00)mL}=0.005000mol/L=5.0\times 10^{-3}mol/L$$

化学计量点时，$[Ca^{2+}]=[Y']$

$$K'_{CaY}=\frac{[CaY^{2-}]}{[Ca^{2+}][Y']}=\frac{[CaY^{2-}]}{[Ca^{2+}]^2}$$

$$[Ca^{2+}]=\sqrt{\frac{[CaY^{2-}]}{K'_{CaY}}}=\sqrt{\frac{5.0\times 10^{-3}}{10^{10.7}}}=3.2\times 10^{-6.5}(mol/L)$$

$$pCa=6.49$$

（4）化学计量点后，滴入 20.02mL EDTA 时：

$$[Y']=\frac{(20.02-20.00)mL\times 0.01000mol/L}{(20.02+20.00)mL}=5.0\times 10^{-6}mol/L$$

$$[CaY^{2-}]=\frac{20.00mL\times 0.01000mol/L}{(20.02+20.00)mL}=5.0\times 10^{-3}mol/L$$

故：

$$K'_{CaY}=\frac{[CaY^{2-}]}{[Ca^{2+}][Y']}=\frac{[CaY^{2-}]}{[Ca^{2+}]^2}$$

$$[Ca^{2+}]=\frac{[CaY^{2-}]}{K'_{CaY}[Y']}=\frac{5.0\times 10^{-3}}{10^{10.7}\times 5.0\times 10^{-6}}=2.1\times 10^{-7.7}(mol/L)$$

$$pCa=7.68$$

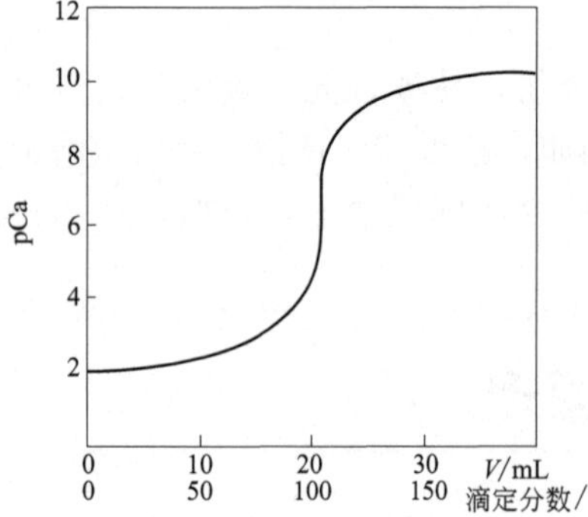


图 6-3 pH＝12 时，用 0.01000mol/L EDTA 标准滴定溶液滴定 20.00mL 0.01000mol/L$Ca^{2+}$ 溶液的滴定曲线

依据以上数据，以 pCa 为纵坐标、滴定剂体积或滴定分数为横坐标作图，即得到滴定曲线，如图 6-3 所示。从图中可以看出，pH＝12 时，用 0.01000mol/L EDTA 标准滴定溶液滴定 20.00mL 0.01000 mol/L $Ca^{2+}$ 溶液，化学计量点时 pCa＝6.49，滴定突跃为 5.30～7.68。

## 二、林邦曲线

准确滴定各种金属离子时所允许的最低 pH 值，以 pH 值为纵坐标，以 $\lg K_{MY}$ 或 $\lg\alpha_{Y(H)}$ 为横坐标，绘成曲线，即为 EDTA 的酸效应曲线（林邦曲线），如图 6-4 所示。

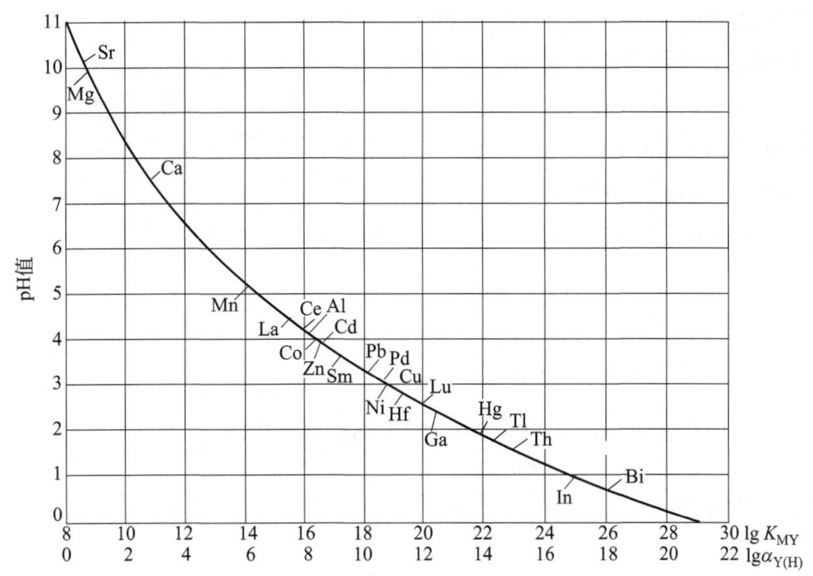


图 6-4　林邦曲线（金属离子的浓度 0.01000mol/L）

实际工作中，利用林邦曲线可查得单独滴定某种金属离子时所允许的最低 pH 值，还可以看出混合离子溶液中哪些离子在一定 pH 范围内对被测离子有干扰。

选择并控制反应条件，直接用 EDTA 标准溶液进行滴定，来测定金属离子含量的方法，即为直接滴定法。在多数情况下，直接滴定法引入的误差较小，操作简便、快速。只要金属离子与 EDTA 的配位反应能满足滴定分析的要求，应尽可能地采用直接滴定法。

直接滴定法中，一般：pH＝1 时，滴定 $Bi^{3+}$；pH＝1.5～2.5，滴定 $Fe^{3+}$；pH＝2.5～3.5，滴定 $Th^{4+}$；pH＝5～6，滴定 $Zn^{2+}$、$Pb^{2+}$、$Cd^{2+}$ 及稀土；pH＝9～10，滴定 $Zn^{2+}$、$Mn^{2+}$、$Cd^{2+}$ 和稀土；pH＝10，滴定 $Mg^{2+}$；pH＝12～13，滴定 $Ca^{2+}$，等。

需要特别指出的是，酸效应曲线是在 $c_M$＝0.01mol/L、允许终点误差为±0.1%、滴定时除 EDTA 酸效应外没有其他副反应的前提条件下得出的，如果前提条件发生变化，曲线也将变化，因此滴定要求的最低 pH 值也会有所不同。

## 三、配位滴定法的应用

### 1. 水的总硬度测定（直接滴定法）

测定水的总硬度的方法是，在一定体积的水样中加入 $NH_3$-$NH_4Cl$ 缓冲溶液，控制水样的 pH＝10，以铬黑 T 作指示剂，用 EDTA 标准溶液滴定至溶液由酒红色变为蓝色，即为滴定终点。

用 NaOH 调节水样的 pH＝12，$Mg^{2+}$ 形成 $Mg(OH)_2$ 沉淀，以钙指示剂为指示剂，用 EDTA 标准溶液滴定，溶液由酒红色变为纯蓝色，即为滴定终点。由总硬度减去钙硬度，即为镁硬度。钙、镁硬度的计算及表示方法与总硬度相同。

**例**　取水样 50.00mL，调 pH＝10，以铬黑 T 为指示剂，用 0.01000mol/L 的 EDTA 标准溶液滴定，消耗 15.00mL；另取水样 50.00mL，调 pH＝12，以钙指示剂为指示剂，用同样的 EDTA 标准溶液滴定，消耗 10.00mL，试计算：

(1) 水样中 $Ca^{2+}$、$Mg^{2+}$ 的总含量，以 mmol/L 表示；

(2) Ca 和 Mg 的各自含量，以 mg/L 表示。

解： 以铬黑 T 为指示剂，pH=10，测得 Ca 和 Mg 的总含量；

以钙指示剂为指示剂，pH=12，$Mg^{2+}$ 形成 $Mg(OH)_2$ 沉淀，测得的是 Ca 的含量。

故：(1) $Ca^{2+}$、$Mg^{2+}$ 的总含量

$$c_{Ca+Mg}=\frac{c_{EDTA}V_{EDTA}}{V_S}=\frac{0.01000\text{mol/L}\times 15.00\text{mL}}{50.00\text{mL}}=3\times 10^{-3}\text{mol/L}=3.000\text{mmol/L}$$

(2) Ca 的含量：已知 $M_{Ca}=40.08\text{g/mol}$，故

$$\rho_{Ca}=\frac{m_{Ca}}{V_S}=\frac{c_{EDTA}V_{EDTA}M_{Ca}}{V_S}$$

$$=\frac{0.01000\text{mol/L}\times 10.00\text{mL}\times 40.08\text{g/mol}\times 10^3}{50.00\text{mL}}=80.16\text{mg/L}$$

Mg 的含量：已知 $M_{Mg}=24.31\text{g/mol}$，Mg 与 EDTA 反应消耗的体积为 15.00mL−10.00mL=5.00mL，故：

$$\rho_{Mg}=\frac{m_{Mg}}{V_S}=\frac{c_{EDTA}V_{EDTA}M_{Mg}}{V_S}$$

$$=\frac{0.01000\text{mol/L}\times 5.00\text{mL}\times 24.31\text{g/mol}\times 10^3}{50.00\text{mL}}=24.31\text{mg/L}$$

### 2. 溶液中的 $Al^{3+}$ 含量的测定（返滴定法）

当被测金属离子不具备直接进行滴定的条件，如与 EDTA 的反应速率缓慢，在测定 pH 值条件下易水解，对指示剂封闭或无适合的指示剂等，可采用返滴定法。例如，用返滴定法测定溶液中的 $Al^{3+}$，具体步骤如下。

调节试液的 pH 值在 4.5 左右（避免 $Al^{3+}$ 水解），准确加入过量的 EDTA 标准溶液，使 $Al^{3+}$ 与 EDTA 完全反应，调节 pH=5～6，再以二甲酚橙作指示剂，用 $Zn^{2+}$ 标准溶液回滴过量的 EDTA 标准溶液，溶液由黄色变为紫红色，即为终点。

根据 EDTA 标准溶液、$Zn^{2+}$ （$Pb^{2+}$）标准溶液的用量计算试样中 Al 的含量。

## 专题五 【阅读材料】配合物在药学上的应用

人类每天除了需要摄入大量的空气、水、糖类、蛋白质及脂肪等物质以外，还需要一定的“生命金属”，它们是构成霉和蛋白质的活性中心的重要组成部分。当“生命金属”过量或稀少，或污染金属元素在人体大量积累，均会引起生理功能的紊乱而致病，甚至导致死亡。因此，配位化学在医药方面的作用越来越重要。

## 一、铂类配合物作为抗癌药物的应用

癌症是严重危害人类健康的一大顽症。专家预计癌症将成为人类的第一杀手，化疗是治疗癌症的重要手段，但其毒副作用较大，于是寻求高效、低毒的抗癌药物一直是人们孜孜以求、不懈努力的奋斗目标。自 1965 年 Rosenberg 等人偶然发现顺铂具有抗癌活性以来，金属配合物的药用性引起了人们的广泛关注，开辟了金属配合物抗癌物研究的新领域。铂配合物的抗癌活性是基于其对癌细胞的毒性，现已确定具有顺式结构的 [$PtA_2X_2$]（A 为胺类，X 为酸根）均显示抑瘤活性，其中顺式二氯·二胺合铂抗癌活性最高。它不仅能强烈抑制实

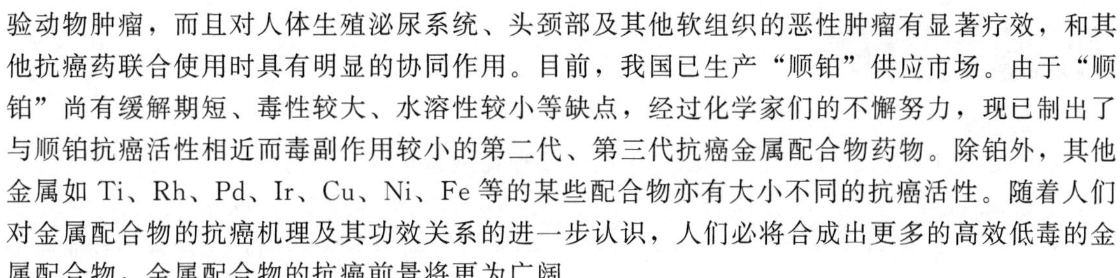
验动物肿瘤，而且对人体生殖泌尿系统、头颈部及其他软组织的恶性肿瘤有显著疗效，和其他抗癌药联合使用时具有明显的协同作用。目前，我国已生产“顺铂”供应市场。由于“顺铂”尚有缓解期短、毒性较大、水溶性较小等缺点，经过化学家们的不懈努力，现已制出了与顺铂抗癌活性相近而毒副作用较小的第二代、第三代抗癌金属配合物药物。除铂外，其他金属如 Ti、Rh、Pd、Ir、Cu、Ni、Fe 等的某些配合物亦有大小不同的抗癌活性。随着人们对金属配合物的抗癌机理及其功效关系的进一步认识，人们必将合成出更多的高效低毒的金属配合物，金属配合物的抗癌前景将更为广阔。

## 二、黄芩苷金属离子配合物药效作用

黄芩味苦、性寒，功能清热燥湿，泻火解毒，止血安胎。临床上用于肺炎、肾炎、肝炎、慢性支气管炎、高血压、急性痢疾、化脓性感染等。有研究表明：黄芩苷-锌配合物（黄芩苷锌）对致敏豚鼠离体肺释放 SRS-A 的抑制作用强于黄芩苷单体，由于黄芩苷能选择性地抑制大鼠血小板脂加氧酶的活性，且脂加氧酶中的非血红素 3 价铁离子是酶的活性中心，在体内又是一种重要的微量元素；又由于其生产与脂加氧酶有关的 SRS-A 可能是引起人类哮喘的主要原因之一。所以实验启示：黄芩苷对哮喘有效可能是由于体内的锌、铁离子竞争性与黄芩苷螯合，从而抑制 SRS-A 的释放，另外对小鼠皮肤被动型过敏也有抑制作用，即具有抑制Ⅰ型变态反应能力，效果亦比黄芩苷好。周晓红等认为黄芩苷锌效果好是由于黄芩苷形成配合物后，增强了它抑制脂加氧酶的作用。可见黄芩苷锌将是治疗过敏型支气管哮喘的一种很有希望的新药。

## 三、配位体作为金属解毒剂的作用

由于环境污染、职业性中毒以及金属代谢障碍均能造成体内 Hg、Pb、Cd、As、Be 等有害元素的累积以及 Fe、Ca、Cu 等必需元素的过量而引起的金属中毒，为使有害或过量金属元素从体内排除，常运用一些药物，这些药物能有选择性地与有毒金属离子（如 As、Hg）形成水溶性大、稳定性强而无毒的螯合配合物，经肾脏排除而解毒，这种药物称为金属解毒剂。

二巯丙醇，简称 BAL，它和 As、Hg、Pb 等的螯合物配位能力比蛋白质和这些金属的强，所以，它是一种常用来治疗肾中毒和汞中毒的金属解毒剂。

毒性较低的二巯基丁酸（DMSA），它具有良好的耐受性，副作用缓和，对血铅和尿铅等有明显的减低作用，被广泛用于治疗 Pb、Hg、As 中毒。

## 本章小结

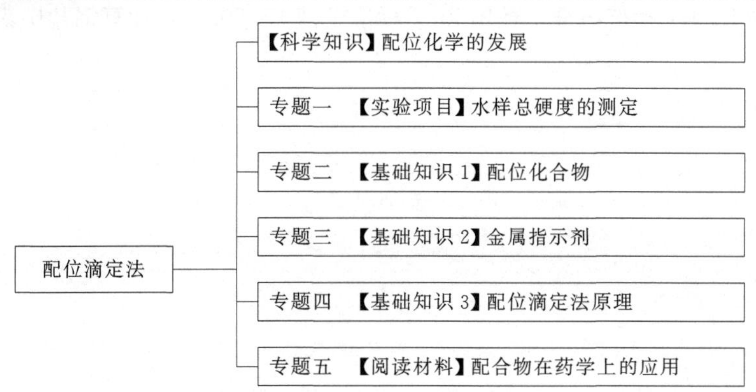

## 课后习题

1. 选择题

（1）在 pH＞10.5 的溶液中，EDTA 的主要存在型体是（　　）。

A. $H_6Y^{2+}$　　B. $H_4Y$　　C. $H_3Y^-$　　D. $Y^{4-}$

（2）现要用 EDTA 滴定法测某水样中 $Ca^{2+}$ 的含量，则用于标定 EDTA 的基准物质应为（　　）。

A. $CaCO_3$　　B. $PbNO_3$　　C. $Na_2CO_3$　　D. Zn

（3）以铬黑 T 作指示剂，在 pH＝10 氨性缓冲溶液中，用 EDTA 标准溶液滴定 $Mg^{2+}$ 时，滴定终点时溶液的颜色转变为（　　）。

A. 酒红色—纯蓝色　B. 纯蓝色—酒红色　C. 酒红色—紫色

（4）返滴定法测定溶液中金属离子的浓度，进行定量计算的依据有（　　）。

①EDTA 标准溶液的浓度与体积　②金属离子标准溶液的浓度与体积　③被测溶液的体积

A. ①　　B. ②　　C. ①②　　D. ①②③

（5）用 EDTA 标准溶液测定水的总硬度，以铬黑 T 作指示剂，若溶液中存在 $Fe^{3+}$、$Al^{3+}$，滴定时的现象可能是（　　）。

A. 终点颜色突变提前　　B. 终点颜色变化迟缓，无突变

C. 对终点颜色突变无影响　　D. 有沉淀生成

（6）以铬黑 T 作指示剂，用 EDTA 标准溶液滴定 $Ca^{2+}$、$Mg^{2+}$ 时，$Fe^{3+}$ 和 $Al^{3+}$ 对指示剂有封闭作用，为消除 $Fe^{3+}$ 和 $Al^{3+}$ 对指示剂的封闭作用，可加入（　　）。

A. $NH_4F$　　B. KCN　　C. 三乙醇胺　　D. NaOH 溶液

2. 计算题

（1）用 0.01060mol/L EDTA 标准溶液滴定水中钙和镁的含量，取 100.0mL 水样，以铬黑 T 为指示剂，在 pH＝10 时滴定，消耗 EDTA 31.30mL。另取一份 100.0mL 水样，加 NaOH 使呈强碱性，使 $Mg^{2+}$ 成 $Mg(OH)_2$ 沉淀，用钙指示剂指示终点，继续用 EDTA 滴定，消耗 19.20mL。计算：

① 水的总硬度（以 $CaCO_3$ mg/L 表示）；

② 水中钙和镁的含量（以 $CaCO_3$ mg/L 和 $MgCO_3$ mg/L 表示）。

（2）称取铝盐试样 1.250g，溶解后加入 0.05000mol/L 的 EDTA 标准溶液 25.00mL，在适当条件下反应后，调节 pH＝5～6，再以二甲酚橙作指示剂，用 0.02000mol/L $Zn^{2+}$ 标准溶液回滴过量的 EDTA 标准溶液，耗用 $Zn^{2+}$ 标准溶液 21.50mL，计算铝盐中铝的质量分数。

# 第七章

# 原子吸收分光光度法

## 知识目标

1. 掌握原子吸收分光光度法的基本原理；
2. 掌握原子吸收分光光度计的基本结构和工作原理；
3. 掌握定量分析方法。

## 能力目标

1. 能用石墨炉原子吸收分光光度法测定待测试样中的元素；
2. 能理解原子吸收分光光度法的基本原理；
3. 能根据实验数据得出定量分析结果。

## 科学常识

### 原子吸收分光光度法

1802 年，Wollaston 在观察太阳光谱时，发现了一些暗线，但当时他没有弄清出现这些暗线的原因。在 1814～1815 年间，Fraunhofer 在棱镜后面安装了一个很窄的狭缝和一架望远镜，对 Wollaston 太阳暗线进行了更仔细的观察和观测，并对这些暗线位置进行标定。1955 年，澳大利亚物理学家 A. Walsh 通过实验，发明了锐线光源灯，解决了原子吸收实际测量的问题，制造出世界上第一台原子吸收光谱商品仪器。此后，原子吸收的应用得到突飞猛进的发展，并在化工、冶金、地质、石油、农业、医药、环保、商检等部门得到日益广泛的应用，并成为许多部门所必需的分析测试手段。

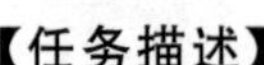

# 专题一 【实验项目】食品中铅含量的测定（石墨炉原子吸收光谱法）

**【任务描述】**

（1）掌握用石墨炉原子吸收光谱法测定待测物中低铅含量的原理和方法。

（2）熟悉石墨炉原子吸收光谱计的操作技术。

**【教学器材】**

石墨炉原子吸收光谱计、微量注射器、马弗炉、瓷坩埚、可调式电炉、分析天平、锥形瓶、容量瓶、电热板。

**【教学药品】**

1mg/mL $Pb^{2+}$ 储备液、$HNO_3$-$HClO_4$ 混合酸（$HNO_3$ 和 $HClO_4$ 的体积比为 4∶1）、1∶1 $HNO_3$溶液、1mol/mL $HNO_3$溶液、$(NH_4)_2S_2O_8$（固体）、13.30% 双氧水、食品试样（大豆、粮食）。

**【组织形式】**

在教师指导下，每位同学根据实验步骤独立完成实验。

**【注意事项】**

（1）使用的试剂 $HNO_3$、$HClO_4$具有腐蚀性，并且在实验过程中会产生大量酸雾和烟，因此，要在通风橱内进行。

（2）酸度太大对石墨炉法测定元素影响较大，特别是对石墨管的损害非常大，应控制酸的浓度不应太高。

**【实验步骤】**

### 1. 1mg/mL $Pb^{2+}$ 储备液制备

准确称取 1.0000g 纯铅（含 Pb 质量分数在 99.99%以上），置于锥形瓶中，分次加少量 1∶1 $HNO_3$ 溶液（总量不超过 37mL），加热溶解，冷却至室温，定量移入 1L 容量瓶中，用水稀释至标线，混匀。

### 2. 试样预处理

（1）粮食、豆类去杂物后，破碎、磨细，过 20 目筛。

（2）肉类、水果、蔬菜、鱼类及蛋类等水分含量高的鲜样，打成匀浆。

### 3. 试样分解与试液制备

干法灰化：准确称取 1～5g 试样（根据铅含量而定），置于瓷坩埚中，加 2～4mL $HNO_3$ 浸泡 1h 以上，先在电热板上小火炭化，冷却后，加 2～3g $(NH_4)_2S_2O_8$ 盖于上面，继续炭化至不冒烟，移入 500℃ 马弗炉中恒温 2h，再升温至 800℃，保持 20min，冷却，加 2～3mL1mol/L $HNO_3$ 溶液，将消化液洗入（或过滤入）10～25mL 容量瓶中，用水少量多次洗涤瓷坩埚，洗液合并于容量瓶中稀释至标线，混匀备用。同时准备空白试样。

### 4. Pb 含量的测定

（1）试样中 Pb 含量的测定　吸取上述已制备好的试液、空白试样各 10 μL，注入石灰炉中，在波长 283.3nm，狭缝 0.2～1.0nm，灯电流 5～7mA，干燥温度 120℃、20s，灰化温度 450℃、15～20s，原子化温度 1700～2300℃、持续 4～5s，背景校正为氘灯情况下，测定其吸光度。

（2）工作曲线的绘制　吸取已制备好的试液、空白试液各 10μL，注入石墨炉中，按上述（1）中仪器工作条件测定其吸光度。减去试剂空白吸光度，绘制出相应的工作曲线。

在重复条件下获得的两次独立测定结果的绝对差值不得超过算数平均值的 20％ 。

**【任务解析】**

铅是一种蓄积性的有害元素，广泛分布于自然界。食品中铅的来源很多，包括动植物原料、食品添加剂及接触食品的管道、容器包装材料、器具和涂料等，均会使铅转移到食品中。长期食用含有铅的食品对人体有害，会造成铅慢性中毒，严重时还会引起血色素缺少性贫血、血管痉挛、高血压等疾病。因此，对食品中铅含量的检验显得尤为重要。

为控制人体铅摄入量，《食品中污染物限量标准》（GB 2762—2012）中规定，豆类、肉类、谷物、新鲜水果、鱼类中的铅含量（以 Pb 计）应分别不大于 0.2mg/kg、0.2mg/kg、0.2mg/kg、0.1mg/kg 和 0.5mg/kg。食品中铅的测定，可采用原子吸收光谱法、分光光度法（比色）、氢化物原子荧光光谱法和极谱法等，本实验主要使用石墨炉原子吸收光谱法。

试样经干法灰化，注入原子吸收光谱计石墨炉中，电热原子化后吸收 283.3nm 共振线，在一定浓度范围内，其吸收值与 Pb 含量成正比，其检出限为 5μg/kg，与标准系列比较定量。

**想一想**

对基体为无机物的试样分解，通常采用什么方法？若测定水样中的 Pb 含量，应如何进行试样的分解？

## 专题二　【基础知识 1】原子吸收分光光度法基本原理

利用原子外层电子跃迁产生的光谱进行分析的方法称为原子光谱法，包括原子吸收分光光度法、原子发射光谱法、原子荧光光谱法。本章主要学习原子吸收分光光度法。

原子吸收分光光度法是基于光源辐射出待测元素的特征谱线，通过试样蒸气时被蒸气中待测元素的基态原子选择性吸收后，根据特征谱线的减弱程度来测定试样中待测元素含量的方法。

### 一、共振线和吸收线

元素的原子由元素的原子核和核外电子组成，核外电子在原子核外分层排布，具有不同的能级。元素原子的核外电子处于最低能级时的状态称为基态（$E_0=0$）。当基态原子受到外界能量（热能、光能）作用时，其外层电子会吸收能量由基态跃迁至能量较高的状态，称为激发态。

电子吸收一定频率的光辐射从基态跃迁到激发态时所产生的吸收谱线称为共振吸收线（简称共振线）。电子从激发态跃迁至基态时，会发射出一定频率的光辐射，对应的谱线称为共振发射线（简称共振线），如图 7-1 所示。

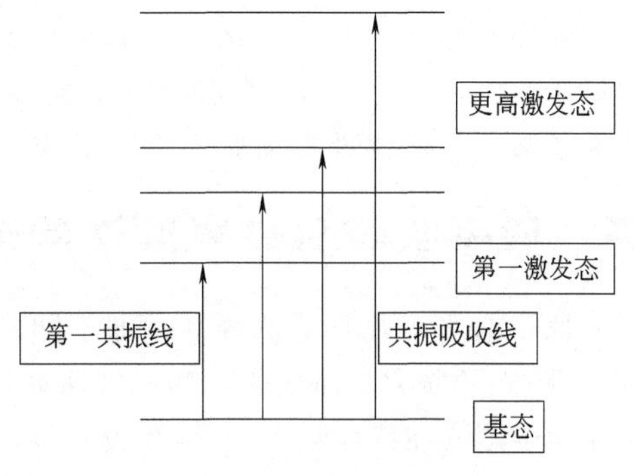

图 7-1　原子能级示意图

不同元素的原子结构不同，能级状态也不同。不同元素的吸收线或发射线频率（或波长）各不相同，具有特征性。只有当外界提供的辐射光能量等于激发态和基态之间的能量差时，该辐射光才能被基态原子吸收，产生相应的吸收线。

$$\Delta E=E_j-E_0=h\nu=h\frac{c}{\lambda}$$

式中，$E_j$、$E_0$分别为激发态、基态的能量。

由于原子从基态到第一激发态的跃迁最容易发生，因此对于大多数元素来说，共振线也是元素的最灵敏线。原子吸收分光光度法就是利用处于基态的待测原子蒸气对光源辐射的共振发射线的吸收来进行分析测定。

## 二、基态原子数与激发态原子的分配

原子吸收测定时，试样在高温下原子化产生原子蒸气，由待测元素分子解离成的原子，绝大部分是基态原子，还有少量激发态原子，在一定温度下，两种状态的原子数目的比值服从波尔兹曼分布定律：

$$\frac{N_j}{N_0}=\frac{g_j}{g_0}e^{-\frac{E_j-E_0}{KT}}$$

式中　$N_j$、$N_0$——激发态、基态的原子数；

$E_j$、$E_0$——激发态、基态原子的能量；

$T$——热力学温度；

$K$——波尔兹曼常数，$1.83\times10^{-23}$J/K。

$g_j$、$g_0$分别为激发态和基态的统计权重，对一定波长的谱线，$g_j/g_0$ 和 $E_0$都是已知值，只要火焰温度确定，就可求得 $N_j/N_0$ 值。表 7-1 列出了几种共振线的 $N_j/N_0$ 值。

**表 7-1　某些元素共振线的 $N_j/N_0$ 值**

| λ(共振线)/nm | $g_j/g_0$ | 激发能/eV | $N_j/N_0$ | |
|---|---|---|---|---|
| | | | $T$=2000K | $T$=3000K |
| Cs 852.1 | 2 | 1.45 | $4.44\times10^{-4}$ | $7.24\times10^{-3}$ |
| Na 589.0 | 2 | 2.104 | $9.86\times10^{-6}$ | $5.83\times10^{-4}$ |
| Ca 422.7 | 3 | 2.932 | $1.22\times10^{-7}$ | $3.55\times10^{-5}$ |
| Fe 372.0 | | 3.332 | $2.99\times10^{-9}$ | $1.31\times10^{-6}$ |
| Cu 324.8 | 2 | 3.817 | $4.82\times10^{-10}$ | $6.65\times10^{-7}$ |
| Mg 285.2 | 3 | 4.346 | $3.35\times10^{-11}$ | $1.50\times10^{-7}$ |
| Pb 283.3 | 3 | 4.375 | $2.83\times10^{-11}$ | $1.34\times10^{-7}$ |

在原子吸收分光光度法中，原子化温度一般小于 3000K，大多数元素的最强共振线波长都低于 600nm，$N_j/N_0$ 值很小（绝大多数在 $10^{-3}$ 以下），$N_j$ 可以忽略不计。因此可用基态原子数 $N_0$ 代替吸收辐射的总原子数。

## 三、原子吸收分光光度法的定量基础

原子对光吸收具有选择性，即不同频率的光，原子对它的吸收是不同的，故透过光的强度 $I_\nu$ 随光的频率 $\nu$ 而变化，变化规律如图 7-2 所示。在频率 $\nu_0$ 处透过光最少，即吸收最大。可见原子蒸气在特征频率 $\nu_0$ 处有吸收线，而且具有一定的频率范围，在光谱学中称为吸收线（或谱线）轮廓。常用吸收系数 $K_\nu$ 随频率 $\nu$ 变化曲线关系来描述吸收谱线轮廓，见图 7-3。

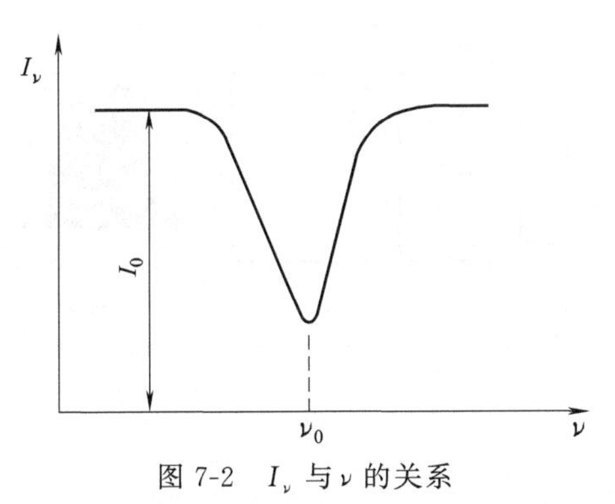


图 7-2　$I_\nu$ 与 $\nu$ 的关系

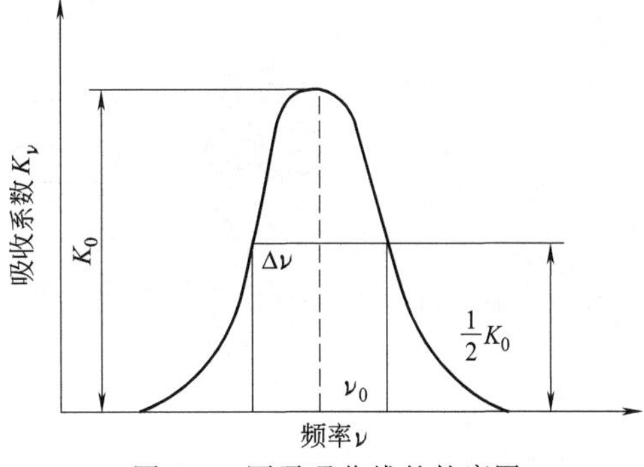


图 7-3　原子吸收线的轮廓图

从图 7-3 可见，当频率为 $\nu_0$ 时吸收系数有极大值，称为“最大吸收系数”或“峰值吸收系数”，以 $K_0$ 表示。最大吸收系数所对应的频率 $\nu_0$ 称为中心频率。最大吸收系数之半 $\left(\frac{K_0}{2}\right)$ 时的频率范围 $\Delta\nu$ 为吸收线的半宽度，约为 0.005nm。

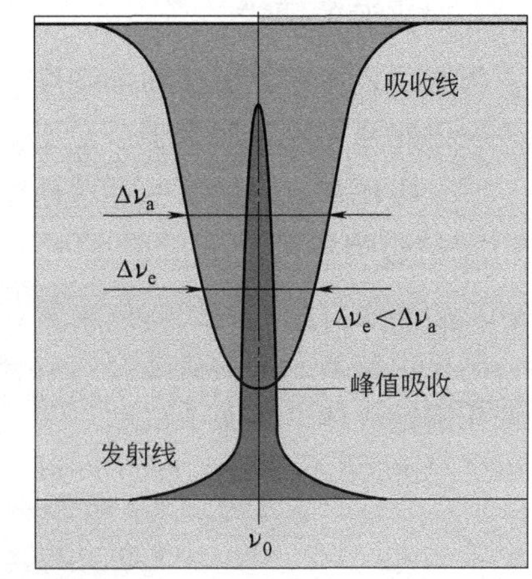


图 7-4　峰值吸收测量示意图

峰值吸收是指气态基态原子蒸气对入射光中心频率线的吸收。为了测量峰值吸收，必须使光源发射线的中心频率与吸收线的中心频率一致，而且发射线的半宽度 $\Delta\nu_e$ 必须比吸收线的半宽度 $\Delta\nu_a$ 小得多（见图 7-4）。实际工作中，用一个与待测元素相同的纯金属或纯化合物制成的空心阴极灯作锐线光源。

在使用锐线光源的情况下，原子蒸气对入射光的吸收也遵守 Lamber-Beer 定律：

$$A=\lg\frac{I_0}{I}=KN_0b$$

式中，$I_0$ 和 $I$ 分别表示入射光和透射光的强度；$b$ 为原子蒸气的厚度；$N_0$ 为试样中基态原子的数目。

在一定条件下，吸光度与待测元素的浓度关系可表示为：

$$A=K'c$$

式中，$K'$在一定实验条件下是常数。此式说明：在一定实验条件下，通过测定基态原子（$N_0$）的吸光度（$A$），就可求得试样中待测元素的浓度（$c$），此即为原子吸收分光光度法定量分析的基础。

## 专题三　【基础知识 2】原子吸收分光光度计

原子吸收分光光度计主要由光源、原子化系统、分光系统和检测系统等四部分组成，如图 7-5 所示。

由锐光源发射的待测元素线的特征光谱通过原子化器，被原子化系统中的基态原子吸收后，进入分光系统，经单色器分光后，被检测器接收，由检测器转化为电信号，最后经放大在读数系统读出。

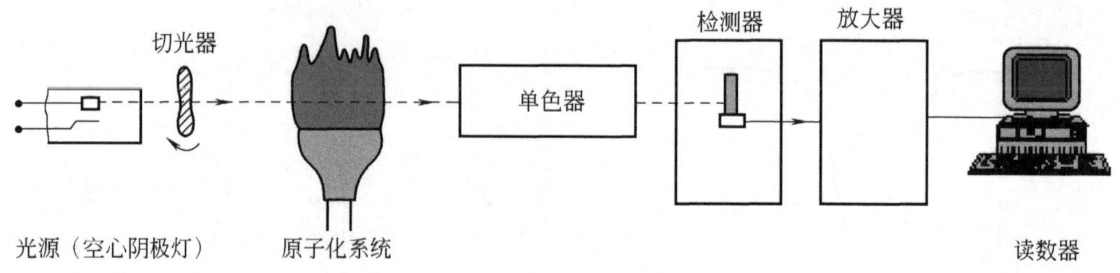


图 7-5 原子分光光度计结构示意图

## 一、光源

光源的作用是发射待测元素的特征光谱，以供吸收测量之用。

### 1. 对光源的要求

为获得较高的灵敏度和准确度，对光源的要求：能发射待测元素的共振线；能发射锐线光，发射光强稳定，背景小（便于信号检测）。

空心阴极灯、蒸气放电灯及高频无极放电灯均符合上述要求，最通用的是空心阴极灯。

### 2. 空心阴极灯

空心阴极灯是一种气体放电管，主要由一个阳极和一个空心圆筒形阴极组成，阳极为钨棒，阴极由待测元素的高纯金属或合金制成。两电极密封于带有石英窗的玻璃管中，管中充有低压惰性气体，见图 7-6。

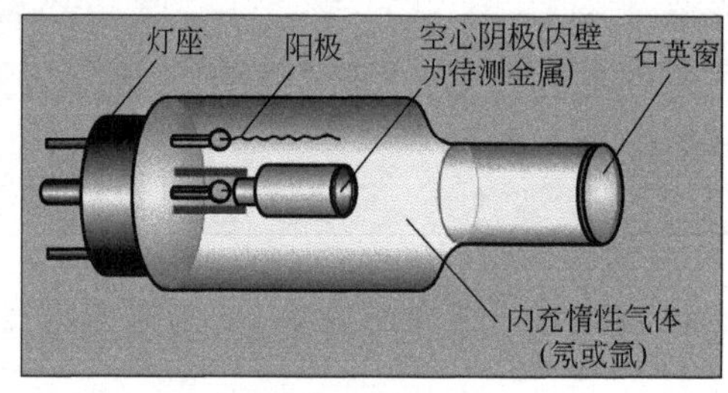


图 7-6 空心阴极灯

空心阴极灯的工作原理：当正负电极间施加电压时，管内气体中存在着的少量的阳离子向阴极运动，并轰击阴极表面，使阴极表面的金属原子溅射出来。溅射出来的阴极元素的原子，在阴极区与电子、惰性气体原子、离子等相互碰撞而被激发，发射出阴极物质的线光谱。

空心阴极灯发射的光谱，主要是阴极元素的光谱，因此用不同的待测元素作阴极材料，可制作各相应待测元素的空心阴极灯。空心阴极灯的光强度与工作电流有关，增大灯的工作电流，可以增加光强度。空心阴极灯的优点是只有一个操作参数（即电流），发射光强度高而稳定，谱线宽度窄，而且灯也容易更换。缺点是使用不太方便，每测定一个元素均需要更换相应的待测元素的空心阴极灯。

## 二、原子化系统

原子化系统的作用是将试样中的待测元素转变成气态的基态原子（原子蒸气）。待测元素由试样转入气相，并解离为基态原子的过程，称为原子化。元素的原子化过程示意如下：

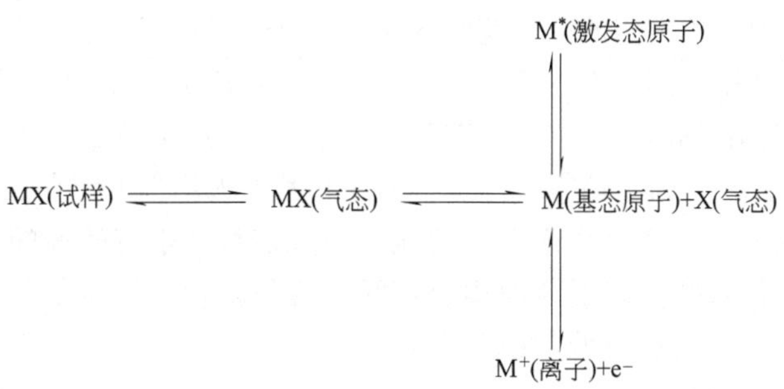


常用的原子化器有火焰原子化器和非火焰原子化器。对原子化器的要求是：必须有足够高的原子化效率；具有良好的稳定性和重现性；操作简便以及干扰小等。

### 1. 火焰原子化装置

火焰原子化装置包括：雾化器和燃烧器两部分，见图 7-7。

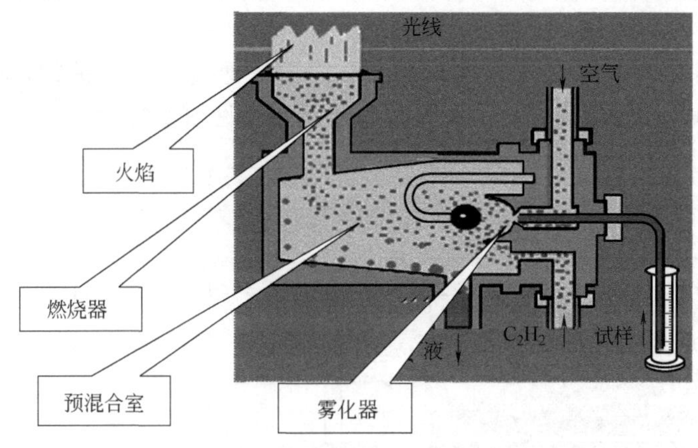


图 7-7 火焰原子化装置

（1）雾化器 雾化器是火焰原子化器的关键部件之一，作用是将试样雾化，并除去较大的雾滴，使试样的雾滴均匀化。要求雾化器喷雾稳定和雾化效率高。

（2）燃烧器 试液雾化后进入预混合室（雾化室），与燃气（如乙炔、丙烷等）在室内充分混合。其中较大的雾滴凝结在壁上，经雾化室下方废液管排出，细小的雾滴进入火焰中。

（3）火焰 火焰的作用是提供一定的能量，促使试液雾滴蒸发、干燥，并经过解离或还原作用，产生大量基态原子。因此，要求火焰的温度能使待测元素解离成基态原子，如果超过所需温度，则激发态原子增加，基态原子将减少，这对原子吸收不利。因此，在确保待测元素能充分原子化的前提下，使用较低温度的火焰比使用较高温度的火焰具有较高的灵敏度。几种常见火焰的燃烧特征见表 7-2。

**表 7-2 几种常见火焰的燃烧特征**

| 气体混合物 | 最高燃烧速度/(cm/s) | 温度/K | 气体混合物 | 最高燃烧速度/(cm/s) | 温度/K |
|---|---|---|---|---|---|
| 空气-乙炔 | 160 | 2573 | 氧气-氢气 | 900 | 2973 |
| 空气-氢气 | 320 | 2318 | 氧气-乙炔 | 1130 | 3333 |
| 空气-丙烷 | 82 | 2198 | 氧化亚氮-乙炔 | 180 | 3248 |

在原子吸收分析中，最常用的火焰有空气-乙炔火焰和氧化亚氮-乙炔火焰两种。前者最高使用温度约 2600K，是用途最广的一种火焰，能用于测定 35 种以上的元素；后者温度高达 3300K，这种火焰不但温度高，而且形成强还原性气氛，可用于测定空气-乙炔火焰所不能分析的难解离元素，如铝、硅、硼、钨等，并且可消除在其他火焰中可能存在的化学干扰现象。

火焰原子化装置的主要优点是简单、快速，对大多数元素有较高的灵敏度和较低的检出限，主要缺点是原子化效率低，至今使用仍广泛。近年来无火焰原子化技术发展迅速，具有更高的原子化效率、灵敏度和更低的检出限。

### 2. 无火焰原子化装置

无火焰原子化装置是利用电热、阴极溅射、等离子体或激光等方法使试样中待测元素形成基态自由原子。目前广泛使用的是电热高温石墨炉原子化法，电热高温石墨炉原子化器如图 7-8 所示。

石墨炉原子化器由石墨炉电源、炉体和石墨管三部分组成。将石墨管固定在两个电极之间，石墨管中心有一进样口，试样由此注入。

石墨炉电源用 10～15V 电压、400～600A 的电流通过石墨管进行加热，需要经干燥、灰化、原子化、净化四个阶段。石墨炉升温程序示意图见图 7-9。

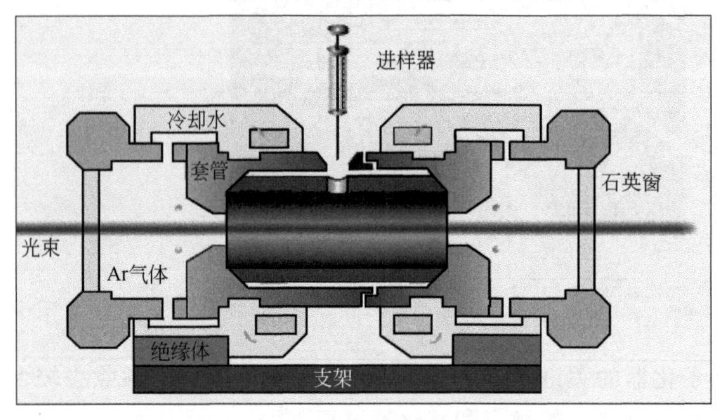


图 7-8　电热高温石墨炉原子化装置

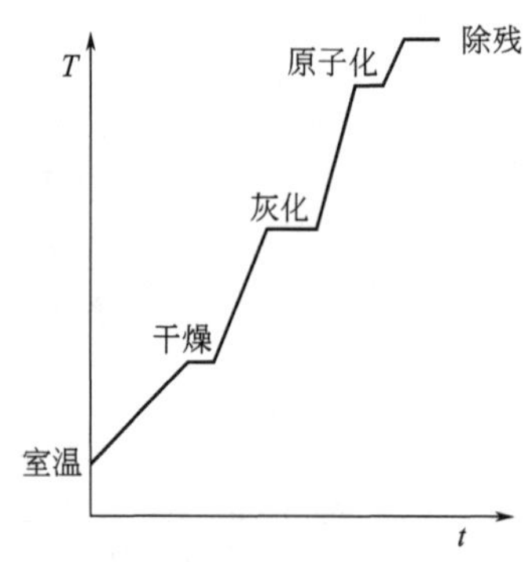


图 7-9　石墨炉升温程序示意图

干燥：蒸发除掉试液的熔剂。

灰化：在不损失待测元素的前提下，进一步除去有机物或低沸点的无机物，以减少基体组分对待测元素的干扰。

原子化：使待测元素成为基态原子。

净化（除残）：进一步提高温度，除去石墨管中的残留分析物，以减少和避免记忆效应，便于下一个试样的测定。

无火焰原子化法（石墨炉法）的优点是原子化效率高，灵敏度高，试样用量少，适用于难熔元素的测定。其缺点是试样组成的不均匀性影响较大，精密度低，背景干扰严重，一般需要校正背景。

## 三、分光系统

分光系统主要由色散元件、凹面镜和狭缝组成，这样的系统也简称为单色器。单色器的作用是将待测元素的共振线与邻近谱线分开，让待测元素的共振线通过。图 7-10 为分光系统示意图。从光源辐射的光经入射狭缝 $S_1$ 射入，被凹面镜反射准光成平行光束射到光栅 G 上，经光栅衍射分光后，再被凹面镜 M 反射聚焦在出射狭缝 $S_2$ 处，经出射狭缝得到平行的光束。光栅 G 可以转动，通过转动光栅，可以使各种波长的光按顺序从光狭缝射出。光栅与刻度盘相连接，转动光栅即可以从刻度盘上读出出射光的波长。

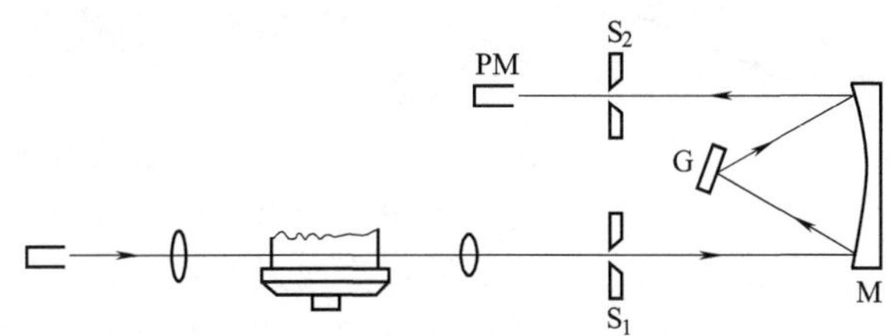


图 7-10　分光系统示意图

G—光栅；M—反射镜；$S_1$—入射狭缝；$S_2$—出射狭缝；PM—检测器

## 四、检测系统

检测系统主要由检测器、放大器、信号处理、显示系统组成。

(1) 检测器　常用光电倍增管作检测器，作用是将单色器分出的光信号转变成电信号。

(2) 放大器　虽然光电倍增管已将信号有所放大，但仍较弱，常使用同步检波放大器将电信号进一步放大。

(3) 对数变换器　将检测、放大后的透光度（$T$）信号，经运算放大器转换成吸光度（$A$）信号。

(4) 显示记录装置　读数显示装置包括表头读数（检流计）、自动记录及数据显示几种。

## 专题四　【基础知识 3】定量分析方法

原子吸收光谱分析是一种动态分析方法，常用的定量方法有标准曲线法、标准加入法和浓度直读法，在这些方法中，标准曲线法是最基本的定量方法，是其他定量方法的基础。

## 一、标准曲线法

首先配制一组合适的标准溶液（浓度由低到高），依次测定吸光度 $A$。以 $A$ 值为纵坐标、待测元素的浓度为横坐标，作 $A$-$c$ 曲线。在相同的实验条件下，测定待测试样溶液的吸光度，从标准曲线上查得该试样中待测元素的含量 $c_x$。

标准曲线法简便、快速，但仅适用于组成比较简单的批量试样的分析。

## 二、标准加入法

若试样的基体组成复杂，且试样的基体对测定有明显的干扰，可用标准加入法测定。

取相同体积的试样溶液（浓度为 $c_x$）四份，分别移入容量瓶中，从第二份开始分别按比例加入不同量的待测元素的标准溶液，然后用溶剂稀释至相同体积。设试样中待测元素的浓度为 $c_x$。

| 加入标准溶液后浓度： | $c_x$ | $c_x+c_0$ | $c_x+2c_0$ | $c_x+3c_0$ | $c_x+4c_0$ | … |
|---|---|---|---|---|---|---|
| 吸光度： | $A_x$ | $A_1$ | $A_2$ | $A_3$ | $A_4$ | … |

以 $A$ 对 $c$ 作图，得如图 7-11 所示直线，延长该直线至与横坐标交于 $c_x$，$c_x$ 即为所测试样中待测元素的浓度。

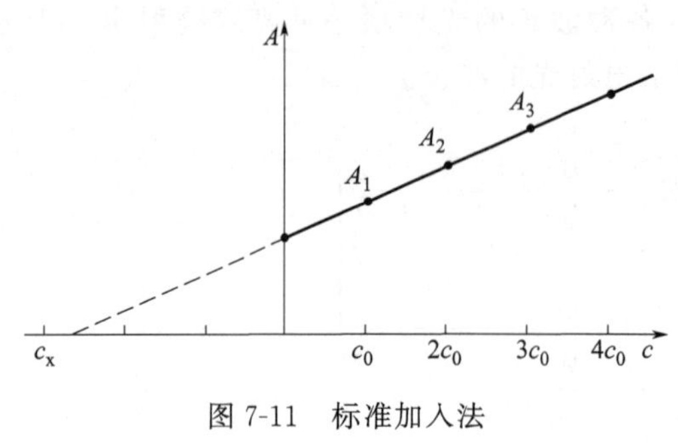

图 7-11　标准加入法

使用标准加入法进行定量分析时，应注意以下几点：

（1）吸光度与待测元素的浓度应呈线性关系；

（2）为得到较为精确的外推结果，最少应采用 4 个点做外推曲线，加入标准溶液的量不能过高或过低；

（3）此法可以消除基体效应带来的影响，但不能消除背景吸收的影响。

## 三、浓度直读法

浓度直读法的基础是标准曲线法，将标准曲线预先存于仪器内，只要测定了试样的吸光度，仪器自动根据内置的校正曲线算出试样中被测元素的浓度和含量，并显示在仪器上。

其测定的准确度直接依赖于：校正曲线的线性、稳定性；测得的试样吸光度值必须落在校正曲线动态范围内。试样中被测元素含量偏离校正曲线线性范围的平均值越远，测定结果的误差越大，而仪器通常没有明确浓度直读范围，不便控制。由此可见，浓度直读法定量的优点是快速，但其准确度要逊于标准曲线法和标准加入法。

原子吸收分光光度法具有如下特点：

（1）选择性高、干扰小　分析不同元素需选择不同元素的灯，若共存元素对被测元素不产生干扰，一般不需要分离共存元素就可以进行测定。

（2）灵敏度高　用火焰原子吸收分光光度法可测到 $10^{-9}$g/mL 数量级，用无火焰原子吸收分光光度法可测到 $10^{-13}$g/mL 数量级。

（3）操作简便，分析速度快　在准备工作做好后，一般几分钟即可完成一种元素的测定。若利用自动原子吸收光谱仪可在 35min 内连续测定 50 个试样中的 6 种元素。

（4）应用广泛　可用来测定 70 多种元素，既可做痕量组分分析，又可进行常量组分测定。已在冶金、地质、采矿、石油、轻工、农药、医药、食品及环境监测等方面得到广泛应用。

（5）局限性　测定一些难熔元素，如稀土元素锆、铪、铌、钽等以及非金属元素不能令人满意。测一种元素就得换一种空心阴极灯，使多种元素的同时分析受到限制。

## 专题五　【阅读材料】原子吸收分光光度法的特点及其应用

人体中含有三十几种金属元素，如：K、Na、Mg、Ca、Cr、Mo、Fe、Pb、Co、Ni、Cu、Zn、Cd、Mn、Se 等，其中大部分为痕量，可用原子吸收分光光度法测定。常用于以下方面的测定应用：

（1）碱金属（Li、Na、K、Rb、Cs）　测定碱金属灵敏度和精密度都很高，且干扰效应较小。

（2）碱土金属（Be、Mg、Ca、Sr、Ba）　这些元素的混合物能容易地用原子吸收法测定，专属性好，干扰很少。

（3）有色金属（Pb、Cu、Zn、Cd、Hg、Bi、Ti）　如头发中锌的测定：取枕部距发根

1cm 的发样约 200mg，经洗涤剂液浸约 0.5h，用自来水冲洗，再用去离子水冲洗，烘干，准确称量 20mg，在石英消化管用 $HClO_4$ ∶ $HNO_3$ = 1 ∶ 5 消化后用 0.5% $HNO_3$ 定容，最后测定 *A*。另外，空气、水和土壤等样品中各种有害微量元素 Pb、Zn、Cd 等的检测都可用原子吸收法来测定。

（4）黑色金属（Fe、Co、Cr、Ni、Mn）光谱复杂，有很多谱线，应使用高强度空心阴极灯和窄的光谱通带。

（5）贵金属（Au、Ag、Pt、Rh、Ru、Os、Ir）测定这类金属灵敏度较高。

## 本章小结

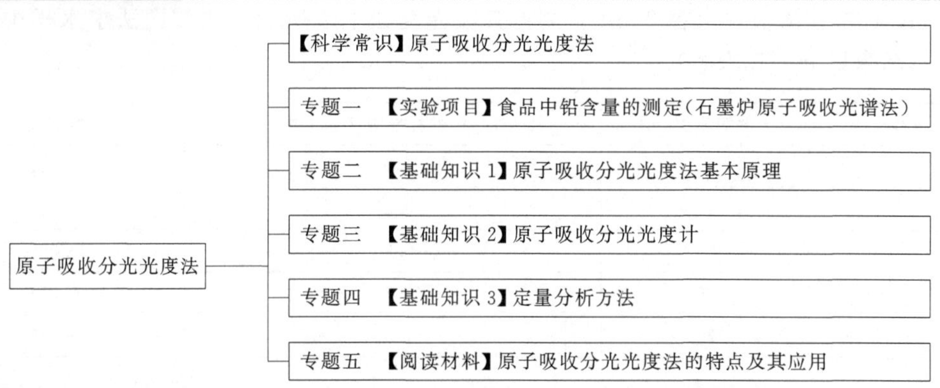


## 课后习题

1. 填空题

（1）原子吸收分光光度计由__________、__________、__________、__________等主要部件组成。

（2）原子化系统的作用是将试样________，原子化的方法有________和________。

（3）在原子吸收光谱中，为了测出待测元素的峰值，吸收系数必须使用锐线光源，常用的光源是________。

（4）原子化过程分为________、________、________、________四个阶段。

2. 选择题

（1）原子吸收光谱法中的吸光物质是（　　）。

A. 分子　　B. 离子　　C. 基态原子　　D. 激发态原子

（2）空心阴极灯的主要操作参数是（　　）。

A. 灯电流　　B. 灯电压　　C. 阴极温度　　D. 内充气体的压力

（3）原子吸收分析中光源的作用是（　　）。

A. 提供试样蒸发和激发所需的能量

B. 在广泛的光谱区域内发射连续光谱

C. 发射待测元素基态原子所吸收的特征共振辐射

D. 产生紫外线

（4）在原子吸收分析中，采用标准加入法可以消除（　　）。

A. 基体效应的影响　B. 光谱背景的影响　C. 其他谱线的干扰　D. 电离效应

（5）在原子吸收光谱分析中，若组分较复杂且对被测组分又有明显干扰时，为了准确地

进行分析，最好选择何种方法进行分析？(　　)

A. 工作曲线法　　B. 内标法　　C. 标准加入法　　D. 间接测定法

(6) GFAAS分析中，石墨炉升温顺序是：(　　)。

A. 灰化—干燥—净化—原子化　　B. 干燥—灰化—净化—原子化

C. 干燥—灰化—原子化—净化　　D. 灰化—干燥—原子化—净化

(7) 石墨炉原子吸收法与火焰法相比，优点是(　　)。

A. 灵敏度高　　B. 重现性好　　C. 分析速度快　　D. 背景吸收小

3. 计算题

用标准加入法测定某水样中的 $Mg^{2+}$ 的浓度，分别取试样 5 份，再各加入不同量的 100μg/mL 标准镁溶液，定容 25mL，测得其吸光度如下表所示，用作图法求水样中 $Mg^{2+}$ 的浓度（结果以 mg/L 表示）。

| 序号 | 试液的体积/mL | 加入 $Mg^{2+}$ 的标准溶液的体积/mL | 吸光度 |
|---|---|---|---|
| 1 | 20 | 0.00 | 0.091 |
| 2 | 20 | 0.25 | 0.181 |
| 3 | 20 | 0.50 | 0.282 |
| 4 | 20 | 0.75 | 0.374 |
| 5 | 20 | 1.00 | 0.470 |

# 第八章

# 电位分析法

## 知识目标

1. 掌握电位分析法的基本原理；
2. 掌握常用参比电极的构造；
3. 掌握直接电位法测定 pH 值的原理；
4. 了解指示电极的种类；
5. 了解电位滴定法的仪器装置。

## 能力目标

1. 能合理选用参比电极和指示电极，掌握直接电位法测定离子浓度的实验技术；
2. 小组成员间的团队协作能力；
3. 培养学生的动手能力和安全生产的意识。

生活常识

### 等电位连接

安全接地就是等电位连接，它是以大地电位为参考电位的大范围的等电位连接。在一般概念中接地指的是接大地，不接大地就是违反了电气安全的基本要求，这一概念有局限性。飞机飞行中极少发生电击事故和电气火灾，但飞机并没有接大地。飞机中的用电安全不是靠接大地，而是靠等电位连接来保证在飞机内以机身电位为基准电位来做等电位连接。由于飞机内范围很窄小，即使在绝缘损坏的事故情况下电位差也很小，因此飞机上的电气安全是得到有效保证的。人生活在地球上，因此往往需要与地球等电位，即将电气系统和电气设备外壳与地球连接，这就是常说的“接地”。飞机上可用接线端子与机身连接，而在地球上则需用接地极作为接线端子与其连接。

# 专题一 【实验项目】氯化物中氯含量的测定（电位测定法）

【任务描述】

利用电位滴定法测定氯化物中氯的含量。

【教学器材】

离子计或精密酸度计（量程为－500～500mV）、测量电极（银电极或用具有硫化银涂层的银电极）、参比电极（双液接型饱和甘汞电极，内充饱和氯化钾溶液，滴定时外套管内盛饱和硝酸钾溶液）、微量滴定管（分度值为0.02mL或0.01mL）。

【教学药品】

0.1mol/L氯化钾标准溶液、0.1mol/L硝酸银标准滴定溶液、0.1%溴酚蓝指示液（乙醇溶液）、2∶3硝酸溶液、95%乙醇溶液、200g/L氢氧化钠溶液。

【组织形式】

每三个同学为一实验小组，根据教师指导独立完成实验。

【注意事项】

（1）酸度计使用前必须校准。

（2）玻璃电极初次使用需在蒸馏水中浸泡24h以上，平时不用也应浸泡在蒸馏水中。而甘汞电极则应浸泡在氯化钾饱和溶液中。

（3）饱和甘汞电极在使用前应先取下电极下端口和上侧加液口的小胶帽，不用时戴上。

（4）饱和甘汞电极内部溶液的液面应高于试样溶液液面，以防止试样对内部溶液的污染或因外部溶液与$Ag^+$、$Hg^{2+}$发生反应而造成液接面的堵塞，尤其是后者，可能是测量误差的主要来源。

（5）上述试液污染对测定影响较小。但如果用此参比电极测$K^+$、$Cl^-$、$Ag^+$、$Hg^{2+}$时，其测量误差可能会较大。这时可用盐桥（不含干扰离子的$KNO_3$或$Na_2SO_4$）。

（6）饱和甘汞电极使用前要检查电极下端陶瓷芯毛细管是否通畅。检查方法是：先将电极外部擦干，然后用滤纸紧贴磁芯下端片刻，若滤纸上出现湿印，则证明毛细管未堵塞。

【实验步骤】

## 一、氯化钾标准溶液和硝酸银标准滴定溶液的配制与标定

（1）0.1mol/L氯化钾标准溶液的制备　准确称取3.728g预先在130℃下烘至恒重的基准氯化钾（称准至0.001g），置于烧杯中，加水溶解后，移入500mL容量瓶中用水稀释至刻度线，混匀。其他浓度的氯化钾溶液如0.01mol/L、0.005mol/L、0.001mol/L由氯化钾标准溶液稀释后制得。

（2）0.1mol/L硝酸银标准滴定溶液的配制　准确称取17.5g硝酸银，置于烧杯中，加水溶解后，移入1L容量瓶中用水稀释至刻度线，混匀。其他浓度的硝酸银标准滴定溶液如0.01mol/L、0.005mol/L、0.001mol/L可由0.1mol/L硝酸银溶液稀释后制得。

（3）硝酸银标准滴定溶液的标定　准确移取5.0mL或10.0mL选定浓度的氯化钾标准溶液置于50mL烧杯中，加1滴0.1%溴酚蓝指示液，滴加2∶3硝酸溶液，使溶液恰呈黄色，再加15mL或30mL 95%乙醇溶液，放入电磁搅拌子。将烧杯置于电磁搅拌器上，开动搅拌器，把测量电极和参比电极插入试液中，连接离子计或精密酸度计接线，调整其零点，记录起始电位值。

用与氯化钾标准溶液浓度相对应的硝酸银标准滴定溶液进行滴定，先加入 4mL 或 9mL，再依次加入一定体积的浓度为 0.01mol/L（0.005mol/L、0.001mol/L）的硝酸银标准滴定溶液，每次加入量为 0.05mL、0.1mL 或 0.2mL（必要时可适当增加），记录每次加入硝酸银标准滴定溶液后的总体积及相对应的电位值，计算出连续增加的电位值 $\Delta E_1$ 之间的差值 $\Delta E_2$。$\Delta E_1$ 的最大值即为滴定终点，终点后再继续记录一个电位值 $E$，填入表 8-1 中。

标定 0.1mol/L 硝酸银标准滴定溶液时，应取 25.0mL 0.1mol/L 氯化钾标准溶液，加入体积比为 2∶3 的硝酸溶液。在水溶液中进行，其他操作与上述操作相同。

滴定终点所消耗的硝酸银标准滴定溶液体积（$V$）按式（8-1）计算：

$$V=V_0+\frac{V_1 b}{B} \tag{8-1}$$

式中，$V_0$ 为 $\Delta E_0$ 电位增量值 $\Delta E_1$ 达最大值前所加入硝酸银标准滴定溶液体积，mL；$V_1$ 为电位增量值 $\Delta E_1$ 达最大值前最后一次所加入硝酸银标准滴定溶液体积，mL；$b$ 为 $\Delta E_2$ 最后一次正值；$B$ 为 $\Delta E_2$ 最后一次正值和第一次负值的绝对值之和（见表 8-1）；$V$ 为滴定时消耗的硝酸银标准滴定溶液的体积，mL。

硝酸银标准滴定溶液浓度（$c$）按式（8-2）计算：

$$c=\frac{c_0 V_2}{V} \tag{8-2}$$

式中，$c_0$ 为所取氯化钾标准溶液的浓度，mol/L；$V_2$ 为所取氯化钾标准溶液的体积，mL。

**表 8-1　实验记录格式举例**

| 硝酸银标准滴定溶液的体积/mL | 电位值/mV | $\Delta E_1$/mV | $\Delta E_2$/mV |
|---|---|---|---|
| 4.80 | 176 | 35 | 37 |
| 4.90 | 211 | | |
| 5.00 | 283 | 72 | −49 |
| 5.10 | 306 | 23 | −10 |
| 5.20 | 319 | 13 | |
| 5.30 | 330 | | |

$$V=4.90+\frac{0.1\times37}{37+49}=4.94(\text{mL})$$

说明：第一、二栏分别记录所加硝酸银标准滴定溶液的总体积和对应的电位值 $E$ 。第三栏记录连续增加的电位 $\Delta E_1$。第四栏记录增加的电位值 $\Delta E_1$ 之间的差值 $\Delta E_2$，此差值有正有负。

## 二、试液的制备

准确称取适量试样用合理的方法处理或移取经预处理后的适量试液，置于烧杯中，加 1 滴 0.1%溴酚蓝指示液，用 200g/L 氢氧化钠溶液或 2∶3 硝酸溶液调节溶液的颜色恰好为黄色，移入适量大小的容量瓶中，加水至标线，混匀，此试液为溶液 A（氯离子浓度在 $1.0\times10^3\sim1.5\times10^3$ mg/L）。

## 三、滴定

移取一定体积的溶液 A（氯含量为 0.01～75mg），置于 50mL 烧杯中，加 95%乙醇溶液使其与所取溶液 A 的体积之比为 3∶1，总体积不大于 40mL（当用的硝酸银标准滴定溶液的浓度大于 0.02mol/L 时不可加入 95%乙醇)。放入电磁搅拌子，将烧杯置于电磁搅拌器上，开动搅拌器，把测量电极和参比电极插入试液中，调整离子计或精密酸度计零点，记录起始电位值。

用适当浓度的硝酸银标准滴定溶液进行滴定，每次加入量分别为 0.05mL、0.1mL 或 0.2mL（必要时可以适当增加)，记录每次加入硝酸银标准滴定溶液后的总体积及相对应的电位值 $E$，计算出连续增加电位值 $\Delta E_1$ 之间的差值 $\Delta E_2$。$\Delta E_1$ 的最大值即为滴定终点，终点后再继续记录一个电位值 $E$。同时进行空白实验。

以质量分数表示的氯化物（以 Cl 计）含量 $x$ 按式（8-3）计算：

$$x=\frac{(V_3-V_4)c\times 0.03545}{m}\times 100\%=\frac{(V_3-V_4)c\times 3.545}{m}\% \tag{8-3}$$

式中，$c$ 为硝酸银标准滴定溶液浓度，mol/L ；$V_3$ 为滴定所消耗的硝酸银标准滴定溶液的体积，mL；$V_4$ 为空白滴定所消耗的硝酸银标准滴定溶液的体积，mL；$m$ 为被滴定试样的质量，g ；0.03545 为与 1.00mL 硝酸银标准滴定溶液（$c_{AgNO_3}=1.000$mol/L）相当的以克为量纲的氯化物（以 Cl 计）的质量。

试液中氯化物（以 Cl 计）的含量和建议采用的标准溶液浓度及测量电极的种类如表 8-2 所示。

**表 8-2 标准溶液及电极种类的选择**

| 所取试液中氯含量/(mg/L) | 选用标准溶液($AgNO_3$ 和 KCl)的浓度/(mg/L) | 选用测量电极的种类 |
|---|---|---|
| 1～10 | 0.001 | $Ag-Ag_2S$ |
| 10～100 | 0.005 | $Ag-Ag_2S$ |
| 100～250 | 0.01 | $Ag-Ag_2S$ |
| 250～1500 | 0.1 | Ag |

**【任务解析】**

电位滴定法是通过测量滴定过程中指示电极电位的突跃来确定滴定终点的一种滴定分析方法。滴定时，在溶液中插入一个合适的指示电极与参比电极组成工作电池，随着滴定剂的加入，由于待测离子和滴定剂发生化学反应，待测离子的浓度不断变化，使得指示电极的电位也相应发生改变。到达化学计量点时，溶液中待测离子浓度发生突跃变化，必然引起指示电极电位发生突跃变化。因此，可以通过测量指示电极电位的变化来确定终点。再根据滴定剂浓度和终点时滴定剂消耗的体积计算待测离子的含量。

想一想

1. 本实验为什么用双盐桥饱和甘汞电极作参比电极？如果用 KCl 的盐桥饱和甘汞电极，对测定结果有什么影响？

2. 通过本实验能体会到电位滴定法的哪些优点？

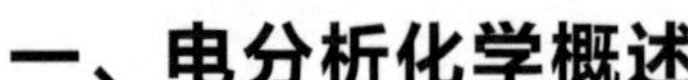

## 专题二 【基础知识 1】电位分析法的基本原理

## 一、电分析化学概述

电分析化学是利用物质在溶液中的电化学性质及其变化规律进行分析的方法，是仪器分析的一个重要分支。它是以溶液的电导、电量、电流、电位等电化学参数与待测物质含量之间的关系作为计量的基础。

根据测定参数的不同，电分析化学法分为以下几类：电导分析法、电位分析法、电解分析法、库仑分析法、伏安法和极谱分析法等。

电分析化学法具有如下特点：

(1) 灵敏度、准确度高，适用于痕量甚至超痕量物质的分析；

(2) 选择性好，分析速度快；

(3) 仪器装置较简单，价格较便宜，操作方便，易实现自动化和连续化，适合在线分析；

(4) 应用范围十分广泛，可以作组分含量分析，也可以进行价态、形态分析，还可以作为其他领域科学研究的工具。

## 二、电位分析法的基本原理

电位分析法是电分析化学方法的重要分支，可分为直接电位法和电位滴定法。其测量装置是将指示电极和参比电极插入被测溶液中组成的原电池，也称工作电池。直接电位法是通过测定原电池的电动势或电极电位，求出指示电极的电位，再根据指示电极的电位直接求出待测物质的含量。该方法的特点是简便、快捷，灵敏度高，应用范围广。电位滴定法是利用指示电极在滴定过程中电位的变化及化学计量点附近电位的突跃来确定滴定终点，根据消耗滴定剂的体积和浓度来计算待测物质的含量。该方法的特点是准确度高，易于实现自动控制，能进行连续和自动滴定。

电位分析的工作电池是由两支性能不同的电极插入同一试液中组成。一支叫指示电极，它的电位随试液中待测离子浓度的变化而变化。另一支叫参比电极，它的电位不受试液中待测离子浓度的变化的影响，具有恒定数值。假设参比电极的电位高于指示电极的电位，则工作电池可以表示为：

$$\mathrm{M}|\mathrm{M}^{n+}\|\text{参比电极}$$

可以利用 Nernst 方程直接求出待测物质含量，这是电位法的理论依据。

$$E=E_{\text{参比}}-E_{\mathrm{M}^{n+}/\mathrm{M}}=E_{\text{参比}}-E^{\ominus}_{\mathrm{M}^{n+}/\mathrm{M}}-\frac{RT}{nF}\ln a_{\mathrm{M}^{n+}} \tag{8-4}$$

Nernst 方程式表示的是电极电位与离子活度之间的关系式，一般测定的是离子浓度而不是活度，活度与浓度的关系为

$$a=\gamma c$$

式中，$\gamma$ 为活度系数，由溶液的离子强度决定。

直接电位法应用范围广，测定速度快，测定的离子浓度范围宽，可以制作成传感器，用于工业生产流程或环境监测的自动检测；可以微型化，做成微电极，用于微区、细胞等的分析。电位滴定法其准确度比指示剂滴定法高，可用于指示剂法难进行的滴定，如极弱酸、碱的滴定，络合物稳定常数较小的滴定，浑浊、有色溶液的滴定等，也可较好地应用于非水滴定。

必须指出的是，直接电位法测得的是被测溶液里某种离子的平衡浓度，电位滴定法测得的是物质的总量。

### 想一想

电位分析法的理论基础是什么？它可以分成哪两类分析方法？它们各有何特点？

# 专题三 【基础知识 2】参比电极

参比电极的电位与被测物质的浓度无关，测量过程中电位恒定，是计算电位的参考基准。因此，要求参比电极的电位值恒定，即使有微小电流通过，仍能保持不变；电极与待测试液间的液接电位很小，可以忽略不计；对温度或浓度没有滞后现象，具备良好的重现性和稳定性。标准氢电极（NHE）是最精确的参比电极，它的电极电位在任何温度下都是 0V。但因该种电极制作麻烦，使用过程中要用氢气，因此在实际测量中，常用其他参比电极来代替。如最常用的参比电极是饱和甘汞电极和银-氯化银电极，尤其是饱和甘汞电极（SCE）。

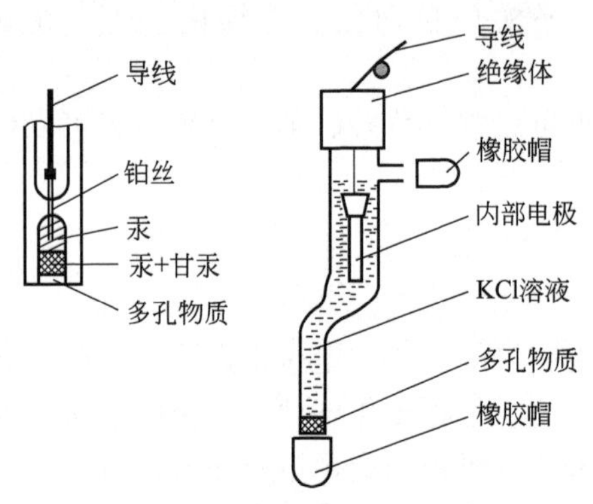

图 8-1 甘汞电极结构示意图

## 一、甘汞电极

甘汞电极由纯汞、$Hg_2Cl_2$-Hg 混合物和 KCl 溶液组成。其结构如图 8-1 所示。

甘汞电极有两个玻璃套管，内套管封接一根铂丝，铂丝插入纯汞中，汞下装有甘汞和汞（$Hg_2Cl_2$-Hg）的糊状物；外套管装入 KCl 溶液，电极下端与待测溶液接触处是熔接陶瓷芯或玻璃砂芯等多孔物质。

甘汞电极的半电池为：

$$Hg,Hg_2Cl_2(\text{固})\mid KCl(\text{液})$$

电极反应为：

$$Hg_2Cl_2+2e^- \rightleftharpoons 2Hg+2Cl^-$$

25℃时电极电位为

$$E_{Hg_2Cl_2/Hg}=E^{\ominus}_{Hg_2Cl_2/Hg}-0.0592\lg a_{Cl^-} \tag{8-5}$$

可见，在一定温度下，甘汞电极的电位取决于 KCl 溶液的活度，当 $Cl^-$ 活度一定时，其电位值也是一定的。由于 KCl 的溶解度随温度而变化，电极电位与温度有关。因此，只要内充 KCl 溶液、温度一定，其电位值就保持恒定。表 8-3 给出了 25℃时不同浓度 KCl 溶液制得的甘汞电极的电位值。

**表 8-3 25℃时甘汞电极的电极电位**

| 名 称 | KCl 溶液浓度/(mol/L) | 电极电位/V | 名 称 | KCl 溶液浓度/(mol/L) | 电极电位/V |
|---|---|---|---|---|---|
| 饱和甘汞电极(SCE) | 饱和浓度 | 0.2438 | 0.1mol/L 甘汞电极 | 0.10 | 0.3365 |
| 标准甘汞电极(NCE) | 1.0 | 0.2828 | | | |

电位分析法最常用的甘汞电极中的 KCl 溶液为饱和溶液，因此称为饱和甘汞电极，用 SCE 表示。

使用注意事项如下。

（1）电极上侧加液口和下端口的橡胶帽，使用前取下，用完及时套上。

（2）电极内饱和 KCl 溶液的液位以浸没内电极为度，不足时要及时从加液口添加。

（3）使用前应检查电极下端陶瓷芯毛细管是否畅通。

（4）安装时，电极应垂直置于溶液中，内参比溶液液面应略高于待测溶液液面，以防止待测溶液向电极内渗透。

（5）使用前要检查玻璃弯管处是否有气泡，防止电路短路或仪器读数不稳定。

（6）若为饱和甘汞电极，则饱和 KCl 溶液中应有少量 KCl 晶体，以保证饱和度。

## 二、银-氯化银电极

将表面镀有 AgCl 层的金属银丝，浸入一定浓度的 KCl 溶液中，即构成银-氯化银电极，如图 8-2 所示。

银-氯化银电极的半电池为：

$$\mathrm{Ag, AgCl(固)} \mid \mathrm{KCl(液)}$$

电极反应：

$$\mathrm{AgCl + e^- \rightleftharpoons Ag + Cl^-}$$

25℃时电极电位为：

$$E_{\mathrm{AgCl/Ag}} = E^{\ominus}_{\mathrm{AgCl/Ag}} - 0.0592\lg a_{\mathrm{Cl^-}} \tag{8-6}$$

因此，在一定温度下银-氯化银电极的电极电位同样也取决于 KCl 溶液中的 $Cl^-$ 的活度。

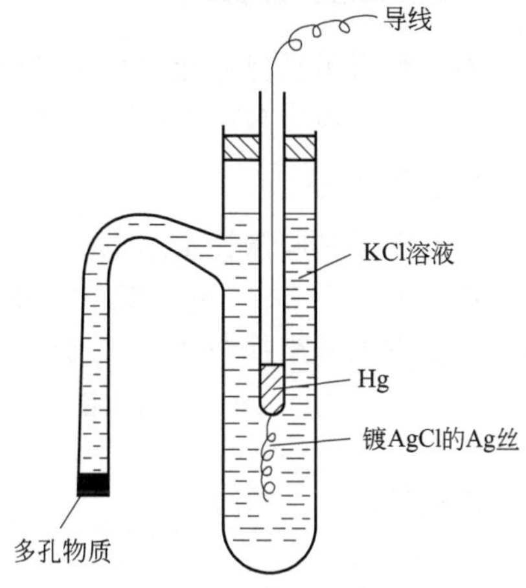


图 8-2 银-氯化银电极

25℃时，不同浓度的 KCl 溶液的银-氯化银电极的电位如表 8-4 所示。

**表 8-4 25℃时银-氯化银电极的电极电位**

| 名 称 | KCl 溶液浓度/(mol/L) | 电极电位/V | 名 称 | KCl 溶液浓度/(mol/L) | 电极电位/V |
|---|---|---|---|---|---|
| 饱和银-氯化银电极 | 饱和浓度 | 0.2000 | 0.1mol/L 银-氯化银电极 | 0.10 | 0.2880 |
| 标准银-氯化银电极 | 1.0 | 0.2223 | | | |

银-氯化银电极的特点如下。

（1）银-氯化银电极的体积小，常用在 pH 玻璃电极和其他各种离子选择性电极中作内参比电极。

（2）银-氯化银电极不像甘汞电极那样有较大的温度滞后效应，在高达 275℃左右的温度下仍能使用，而且稳定性好，因此可在高温下替代甘汞电极。

（3）银-氯化银电极用作外参比电极时，使用前必须除去电极内的气泡。内参比电极应有足够高度，否则应添加 KCl 溶液。

（4）银-氯化银电极所用的 KCl 溶液必须事先用 AgCl 饱和，否则会使电极上的 AgCl 溶解，因为 AgCl 在 KCl 溶液中有一定溶解度。

### 想一想

1. 使用甘汞电极时应注意什么？
2. 银-氯化银电极的特点是什么？

## 专题四 【基础知识 3】指示电极

电位分析法中，电极电位随溶液中待测离子活（浓）度的变化而变化，指示出待测离子活（浓）度的电极称为指示电极。电位分析法的核心就是求出指示电极的电极电位。常用的指示电极种类很多，主要有基于电子交换反应的金属基电极和基于离子交换或扩散的离子选择性电极（ISE）两大类，分别介绍如下。

## 一、金属基电极

金属基电极是以金属为基体的电极，其特点是：电极电位来源于电极表面的氧化还原反应，在电极反应过程中发生了电子交换。常用的金属基电极有以下几种。

### 1. 零类电极

这类电极又叫惰性金属电极，它是由铂、金等惰性金属（或石墨）插入含有氧化还原电对（如 $Fe^{3+}/Fe^{2+}$，$Ce^{4+}/Ce^{3+}$，$I_3^-/I^-$ 等）物质的溶液中构成的。金属铂并不参加电极反应，只提供电子交换场所、电子传导的载体，没有离子穿越相界面。例如，铂片插入含 $Fe^{3+}$ 和 $Fe^{2+}$ 的溶液中组成的电极，其电极组成表示为：

$$Pt|Fe^{3+},Fe^{2+}$$

电极反应：

$$Fe^{3+}+e^- \rightleftharpoons Fe^{2+}$$

25℃时电极电位：

$$E=E^{\ominus}+0.0592\lg\frac{a_{Fe^{3+}}}{a_{Fe^{2+}}} \tag{8-7}$$

可见 Pt 未参加电极反应，其电位指示出溶液中氧化态和还原态离子活度之比，Pt 只提供了交换电子的场所。这一类电极一般用在电位滴定中。铂电极在使用前，先要在 10% 的 $HNO_3$ 溶液中浸泡数分钟，清洗干净后再用。

### 2. 第一类电极

这类电极又称金属-金属离子电极，还称活性金属电极，它是将金属浸入含有该金属离子的溶液中构成的。金属与其离子平衡的电极，它只有一个接界面。其电极反应为：

$$M^{n+}+ne^- \rightleftharpoons M$$

25℃时电极电位：

$$E=E^{\ominus}+\frac{0.0592}{n}\lg[M^{n+}] \tag{8-8}$$

例如，将金属银丝浸在 $AgNO_3$ 溶液中构成的电极，电极电位只与 $Ag^+$ 的活度有关，因此这种电极不但可用于测定 $Ag^+$ 的活度，而且可用于滴定过程中，由于沉淀或配位等反应而引起 $Ag^+$ 活度变化的电位滴定。较常用的此类电极有汞、铜、铅等组成的电极。

### 3. 第二类电极

这类电极又称金属-金属难溶盐电极（M-MX），它是由金属表面带有该金属难溶盐的涂层，浸在与其难溶盐有相同阴离子的溶液中组成的，它有两个接界面。如：银-氯化银电极（$Ag/AgCl$，$Cl^-$），甘汞电极（$Hg/Hg_2Cl_2$，$Cl^-$）。

金属与其配离子组成的电极如银-银氰配离子电极。其电极电位取决于阴离子的活度，所以可以作为测定阴离子的指示电极，例如银-氯化银电极可用来测定氯离子活度。由于这类电极具有制作容易、电位稳定、重现性好等优点，因此主要用作参比电极。

### 4. 第三类电极

这类电极又称汞电极，它是由金属汞浸入含少量 $Hg^{2+}$-EDTA 配合物及被测离子 $M^{n+}$

的溶液中所组成。

电极可表示为：

$$Hg|HgY^{2-},MY^{n-4},M^{n+}$$

25℃时汞的电极电位为：

$$\varphi_{Hg^{2+}/Hg}=K+\frac{0.0592}{2}\lg[Hg^{2+}] \tag{8-9}$$

由式（8-9）可见，在一定条件下，汞电极电位仅与［$Hg^{2+}$］有关，因此可用作EDTA滴定$M^{n+}$的指示电极。

## 二、离子选择性电极

### 1. 概述

离子选择性电极（ISE）是国际纯粹与应用化学联合会（IUPAC）推荐使用的专业术语，定义为一类电化学传感器，它的电位与溶液中所给定的离子活度的对数呈线性关系。离子选择性电极是指示电极中的一类，它对给定的离子具有能斯特响应。这类电极的电位是由于离子交换或扩散而产生的，而没有电子转移，是一种以电位法测量溶液中某些特定离子活度的指示电极。故与金属基指示电极在原理上有本质的区别。离子选择性电极都具有一个敏感膜，所以又称膜电极。

1976年，IUPAC基于离子选择性电极都是膜电极这一事实，根据膜的特征，将离子选择性电极分为以下几类：

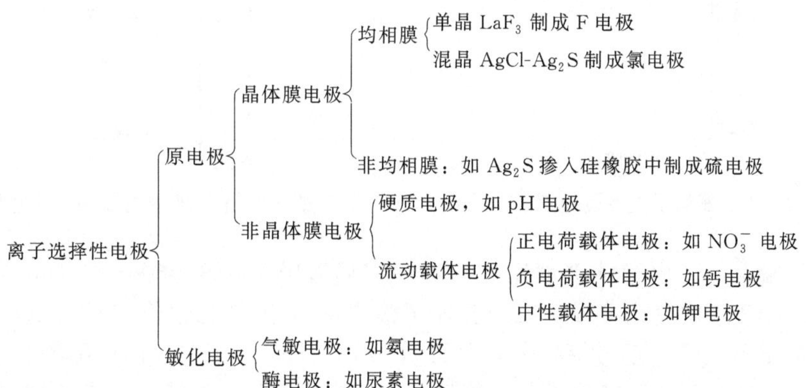


离子选择性电极主要由离子选择性膜、内参比溶液和内参比电极组成。根据膜的性质不同，离子选择性电极可分为非晶体膜电极、晶体膜电极和敏化电极等。

### 2. 晶体膜电极

电极的薄膜一般是由难溶盐经过加压或拉制成单、多晶或混晶的活性膜。晶体膜电极是目前品种最多、应用最广泛的一类离子选择性电极。

由于膜的制作方法不同，晶体膜电极可分为均相膜电极和非均相膜电极两类。均相膜电极由一种或几种化合物的均匀混合物的晶体构成。非均相膜电极是将难溶盐均匀地分散在惰性材料中制成的敏感膜。其中电活性物质对膜电极的功能起决定性作用。惰性物质可以是聚氯乙烯、聚苯乙烯、硅橡胶、石蜡等。

氟离子选择性电极是最典型的均相膜电极。图8-3为氟离子选择性电极构造。敏感膜为氟化镧单晶，即掺有$EuF_2$的$LaF_3$单晶切片；掺杂的目的有两个，一是造成晶格缺陷（空穴），二是降低晶体的电阻，增加导电性。将氟化镧单晶封在塑料管的一端。内参比电极为 Ag-AgCl 电极。内参比溶液为 0.10mol/L 的 NaCl 和 0.10mol/L 的 NaF 混合溶液（$F^-$ 用来控制膜内表面的电位，$Cl^-$ 用以固定内参比电极的电位）。

氟离子电极有较高的选择性，阴离子中除了 $OH^-$ 外均无干扰，但测试溶液的 pH 值需控制在 5～6，因 pH 值太低，氟离子部分形成 HF 或 $HF_2^-$，降低了氟离子的活度；pH 值太高，$LaF_3$ 单晶膜与 $OH^-$ 发生交换，释放出氟离子，干扰测定。

### 3. 非晶体膜电极

非晶体膜电极是出现最早、应用最广泛的一类离子选择性电极。其根据膜基质的性质可分为两类：一类是刚性基质电极（玻璃电极）；另一类是流动载体电极（液膜电极）。

（1）pH 玻璃电极　pH 玻璃电极是世界上使用最早的离子选择性电极，20 世纪 60 年代以后，人们开始研制出来了以其他敏感膜（如晶体膜）制作的各种 ISE，使得电位分析法得到了快速发展和应用。

pH 玻璃电极是测定溶液 pH 值的一种常用指示电极，其结构如图 8-4 所示。

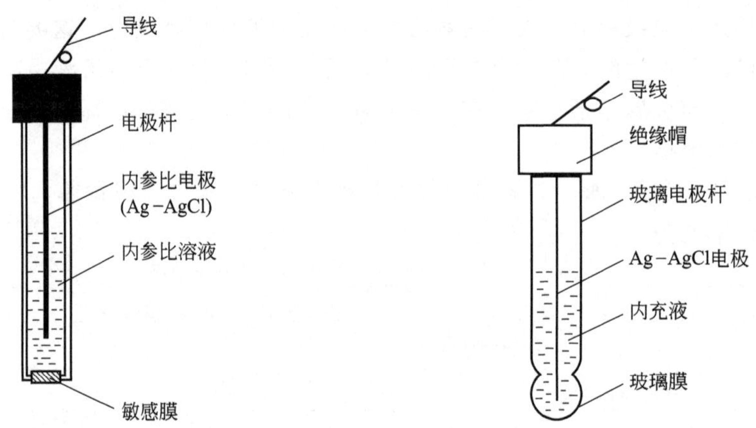


图 8-3　氟离子选择性电极　　　图 8-4　pH 玻璃电极结构示意图

电极的下端是一个由特殊玻璃制成的球形玻璃薄膜，膜厚 0.08～0.1mm，膜内密封，以 0.1mol/L HCl 为内参比溶液，在内参比溶液中插入银-氯化银作内参比电极。内参比电极的电位是恒定不变的，它与待测试液中的 $H^+$ 活度（pH）无关，pH 玻璃电极之所以能作为 $H^+$ 的指示电极，是由于玻璃膜与试液接触时会产生与待测溶液 pH 有关的膜电位。现在不少商品的 pH 玻璃电极制成复合电极，它集指示电极和外参比电极于一体，使用起来更为方便。

pH 玻璃电极的响应机理是用离子选择性电极测定有关离子，一般都是基于内部溶液与外部溶液之间产生的电位差，即所谓膜电位。膜电位的产生是由于溶液中的离子与电极膜上的离子发生了交换作用。膜电位的大小与响应离子活度之间的关系服从 Nernst 方程式。

$$E_{膜}=K+0.059\lg a_{H^+(试)}=K-0.059pH_{试} \tag{8-10}$$

式中，$K$ 为常数，由玻璃膜电极本身的性质决定。上式说明，在一定温度下，玻璃膜电极的膜电位与试液的 pH 值呈线性关系。

随后，20 世纪 20 年代，人们又发现不同组成的玻璃膜对其他一些阳离子如 $Na^+$、$K^+$、

$NH_4^+$ 等也有能斯特响应，相继研制出了 pNa、pK、$pNH_4$ 玻璃电极，这些都是 ISE。

（2）液膜电极　液膜电极亦称流动载体电极，此类电极是用浸有某种液体离子交换剂的惰性多孔膜作电极膜制成的。以钙离子选择性电极（图 8-5）为例来说明。如图所示，内参比溶液为 $Ca^{2+}$ 水溶液。内外管之间装的是 0.1mol/L 二癸基磷酸钙（液体离子交换剂）的苯基磷酸二辛酯溶液。其极易扩散进入微孔膜，但不溶于水，故不能进入试液溶液。二癸基磷酸根可以在液膜-试液两相界面间来回迁移，传递钙离子，直至达到平衡。由于 $Ca^{2+}$ 在水相（试液和内参比溶液）中的活度与在有机相中的活度有差异，在液膜-试液两相界面间进行扩散，会破坏两相界面附近电荷分布的均匀性，在两相之间产生相界电位，从而建立起电极电位与钙离子活度间的关系式。

钙电极适宜的 pH 值范围是 5～11，可测出 $10^{-5}$ mol/L 的 $Ca^{2+}$。

液态膜电极的选择性在很大程度上取决于液体离子交换剂对阳离子或阴离子的离子交换选择性，但一般不如固态膜电极的选择性高。

### 4. 敏化电极

敏化电极是以原电极为基础装配而成的，是通过某种界面的敏化反应将试液中被测物转化成能被原电极响应的离子，包括气敏电极、酶电极、细菌电极及生物电极等。这类电极的结构特点是在原电极上覆盖一层膜或物质，使得电极的选择性提高。

（1）气敏电极　气敏电极是对气体敏感的电极。它是将离子选择性电极 ISE 与气体透气膜结合起来而组成的复膜电极。管的底部紧靠选择性电极敏感膜，装有透气膜（憎水性多孔膜），允许溶液中的离子通过，如多孔玻璃、聚氯乙烯、聚四氟乙烯等；管中有电解质溶液，它是将响应气体与 ISE 联系起来的物质。图 8-6 为气敏氨电极示意图。

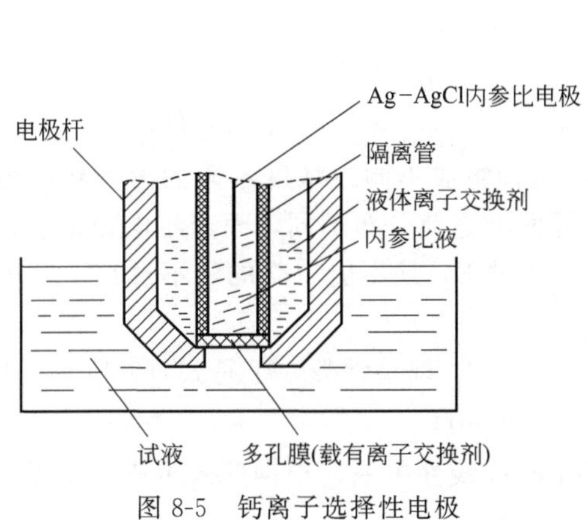


图 8-5　钙离子选择性电极

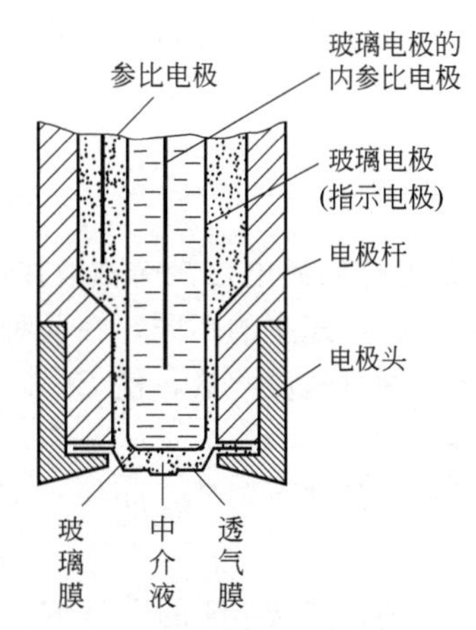


图 8-6　气敏氨电极的结构示意图

气敏氨电极指示电极是 pH 玻璃电极；AgCl/Ag 为参比电极，中介溶液为 0.1 mol/L 的 $NH_4Cl$。当电极浸入待测试液时，试液中 $NH_3$ 通过透气膜，并发生如下反应：

$$NH_3 + H_2O \rightleftharpoons NH_4^+ + OH^-$$

使内部 $OH^-$ 活度发生变化，即 pH 值发生改变，被 pH 玻璃电极响应，从而建立起膜电位与氨的活度间的能斯特方程式。测定范围为 $10^{-6}$～1mol/L。此外还有 $CO_2$、$SO_2$、$NO_2$、HCN、HF 等气敏电极。

（2）酶电极　酶电极是在 ISE 的敏感膜上覆盖一层固定化的酶而构成的复膜电极，利用酶的界面催化作用，将被测物质转变为适宜于电极测定的物质。如尿素可以被尿酶催化分解，反应如下：

$$CO(NH_2)_2 + H_2O \rightleftharpoons 2NH_3 + CO_2$$

产物 $NH_3$ 可以通过气敏氨电极测定，从而间接测定出尿素的浓度。酶是具有生物活性的催化剂，酶的催化反应选择性强，催化效率高，而且大多数酶的催化反应可在常温下进行。但由于酶的活性不易保存，酶电极的使用寿命短，精制困难，使得电极的制备不太容易。

**想一想**

电极有几种类型？各种类型电极的电极电位如何表示？

## 专题五 【基础知识 4】直接电位法

直接电位法主要应用于 pH 的电位测定和用离子选择性电极测定溶液中的离子活度。

### 一、 pH 的电位法测定

#### 1. 测定原理

测量溶液的 pH 用玻璃电极作为指示电极（负极），饱和甘汞电极作为参比电极（正极），与待测溶液组成工作电池，测量电池如下：

(－)Ag/AgCl,0.1 mol/L HCl|玻璃膜|试样溶液‖KCl(饱和),$Hg_2Cl_2$|Hg(＋)

25℃时电池的电动势可用下式计算：

$$\begin{aligned} E &= E_{Hg_2Cl_2/Hg} - E_{玻璃} + E_L \\ &= E_{Hg_2Cl_2/Hg} - E_{AgCl/Ag} - E_{膜} + E_L \\ &= E_{Hg_2Cl_2/Hg} - E_{AgCl/Ag} - K + 0.059pH_{试} + E_L \end{aligned} \tag{8-11}$$

$E_L$ 是液体接界电位，简称液接电位。当两种组成不同或浓度不同的溶液相接触时，由于正负离子扩散速率的不同，在两种溶液的界面上电荷分布不同，而产生电位差。通常采用盐桥连接两种电解质溶液，使 $E_L$ 减小。但严格讲 $E_L$ 是不能忽略的，不过在一定的条件下 $E_L$ 为常数。

由于一定条件下，$E_{Hg_2Cl_2/Hg}$、$E_{AgCl/Ag}$、$K$、$E_L$ 都是常数，于是式（8-11）可写为：

$$E = K' + 0.059pH_{试} \tag{8-12}$$

可见，测定溶液 pH 的电位 $E$ 与试样的 pH 成线性关系，根据此式可进行溶液 pH 值的测定。

#### 2. 溶液 pH 值的测定

式（8-12）中只要测定出 $E$，并求出常数 $K'$，就可计算出试样的 pH 值了。但 $K'$ 是个复杂的常数，包括外参比电极电位、内参比电极电位、液接电位等，所以不能由式（8-12）测量 $E$ 求出溶液 pH 值。在实际测定中，$pH_x$ 的测定是通过与标准缓冲溶液的 $pH_s$ 相比较而确定的。

若测得 $pH_s$ 的标准缓冲溶液电动势为 $E_s$，则：

$$E_s = K + 0.059pH_s \tag{8-13}$$

在相同条件下，测得 $pH_x$ 的试样溶液的电动势为 $E_x$，则：

$$E_x = K + 0.059pH_x \tag{8-14}$$

由式（8-13）、式（8-14）可得：

$$pH_x = pH_s + \frac{E_x - E_s}{0.059} \tag{8-15}$$

若以 pH 玻璃电极作为正极，饱和甘汞电极作为负极，则：

$$pH_x = pH_s + \frac{E_s - E_x}{0.059} \tag{8-16}$$

式（8-15）和式（8-16）即为按实际操作方式对水溶液 pH 的实用定义，亦称 pH 标度。实验测出 $E_s$ 和 $E_x$ 后，即可计算出试液的 $pH_x$。而在实际工作中，用 pH 计测量 pH 值时，先用 pH 标准缓冲溶液对仪器进行定位，然后测量试液，从仪表上直接读出试液的 pH 值。使用 pH 计时，应尽量使温度保持恒定并选用与待测溶液 pH 接近的标准缓冲溶液。标准缓冲溶液是 pH 值测定的基准，标准缓冲溶液的配制与 pH 值的确定是非常重要的。常用的标准缓冲溶液见表 8-5。

**表 8-5　标准缓冲溶液 pH 值**

| 温度/℃ | 草酸氢钾 0.05mol/L | 酒石酸氢钾 25℃(饱和) | 邻苯二甲酸氢钾 0.05mol/L | $KH_2PO_4$ 0.025mol/L-$Na_2HPO_4$ 0.025mol/L |
|---|---|---|---|---|
| 0 | 1.666 | — | 4.003 | 6.984 |
| 10 | 1.670 | — | 5.998 | 6.923 |
| 20 | 1.675 | — | 4.002 | 6.881 |
| 25 | 1.679 | 3.557 | 4.008 | 6.865 |
| 30 | 1.683 | 3.552 | 4.015 | 6.853 |
| 35 | 1.688 | 3.549 | 4.024 | 6.844 |
| 40 | 1.694 | 3.547 | 4.035 | 6.838 |

## 二、离子活（浓）度的测定

### 1. 测定原理

与用玻璃电极测定溶液的 pH 相似，用离子选择性电极测定离子活度时也是将它浸入待测溶液而与参比电极组成电池，并测量其电动势。对于各种离子选择性电极，电池电动势计算如下。

$$E = K \pm \frac{RT}{nF}\ln a$$

$$a = \gamma c$$

$\gamma$ 为活度系数在系列的测量中必须使 $\gamma$ 基本不变，才不会影响测定的结果。在电位分析法中通过加入总离子强度调节缓冲溶液（简称 TISAB）来实现。

总离子强度缓冲溶液一般由中性电解质、掩蔽剂和缓冲溶液组成。例如，测定试样中的氟离子所用的 TISAB 由氯化钠、柠檬酸钠及 HAc-NaAc 缓冲溶液组成。氯化钠用以保持溶液的离子强度恒定，柠檬酸钠用以掩蔽 $Fe^{3+}$、$Al^{3+}$ 等干扰离子，HAc-NaAc 缓冲溶液则使溶液的 pH 值控制在 5.0～6.0。

当离子总强度保持相同时

$$E = K' + \frac{RT}{nF}\ln c \tag{8-17}$$

工作电池的电动势在一定实验条件下与待测离子的浓度的对数值呈直线关系。因此通过测量电动势可测定待测离子的浓度。其中离子选择性电极作正极时，$K'$后一项取正值；对阴离子响应的电极$K'$后一项取负值。

### 2. 定量分析方法

由于实际测定的是离子浓度而不是活度，难以方便获得各种离子的标准溶液，故不能像测定 pH 一样采用比较法。通常定量分析方法采用以下两种方法。

（1）标准曲线法　用测定离子的纯物质配制一系列不同浓度的标准溶液，并用总离子强度调节缓冲溶液（TISAB）保持溶液的离子强度相对稳定，分别测定各溶液的电位值，并绘制 $E$-lg $c_i$ 的工作曲线（注意：离子活度系数保持不变时，膜电位才与 lg $c_i$ 呈线性关系）。然后在试液中加入相同量的 TISAB，混匀后置于工作电池中，插入电极，测得电池的电动势 $E_x$，从工作曲线上即可查得试液的 $c_x$。

例如：测 $F^-$ 时，所使用的 TISAB 的典型组成为：1mol/L 的 NaCl，使溶液保持较大稳定的离子强度；0.25mol/L 的 HAc 和 0.75mol/L 的 NaAc，使溶液 pH 值在 5 左右；0.001mol/L 的柠檬酸钠，掩蔽 $Fe^{3+}$、$Al^{3+}$ 等干扰离子。标准曲线法适于大批量且组成较为简单的试样分析。

（2）标准加入法　当试样为金属离子溶液，离子强度比较大，且溶液中存在配体，要测定金属离子总浓度（包括游离的和已配位的）时，一般采用标准加入法。

设某一试液体积为 $V_x$，其待测离子的浓度为 $c_x$，测定的工作电池电动势为 $E_1$，则：

$$E_1 = K + \frac{2.303RT}{nF}\lg(\chi_i \gamma_i c_x) \tag{8-18}$$

式中，$\chi_i$ 为游离态待测离子占总浓度的分数；$\gamma_i$ 是活度系数；$c_x$ 是待测离子的总浓度。

往试液中准确加入一小体积 $V_s$（大约为 $V_x$ 的 1/100）的用待测离子的纯物质配制的标准溶液，浓度为 $c_s$（约为 $c_x$ 的 100 倍）。由于 $V_x \gg V_s$，可认为溶液体积基本不变。浓度增量为：

$$\Delta c = \frac{c_s V_s}{V_x}$$

再次测定工作电池的电动势为 $E_2$：

$$E_2 = K + \frac{2.303RT}{nF}\lg(\chi_2 \gamma_2 c_x + \chi_2 \gamma_2 \Delta c)$$

可以认为 $\gamma_2 \approx \gamma_1$，$\chi_2 \approx \chi_1$，则

$$\Delta E = E_2 - E_1 = \frac{2.303RT}{nF}\lg\left(1 + \frac{\Delta c}{c_x}\right)$$

令

$$S = \frac{2.303RT}{nF}$$

则

$$\Delta E = S\lg\left(1 + \frac{\Delta c}{c_x}\right)$$

故

$$c_x = \frac{\Delta c}{10^{\Delta E/S} - 1} \tag{8-19}$$

标准加入法最大的特点是：两次测量在同一溶液中进行，仅仅是待测离子浓度稍有不同，溶液条件几乎完全相同，因此一般可以不加 TISAB。标准加入法适用于复杂物质的分析，操作简单，精确度高。

## 三、影响测定准确度的因素

从电极性能、待测离子和共存离子的性质等方面考虑，影响电位准确性的因素主要有以下几个方面。

### 1. 温度

据 $E=K'+\frac{RT}{nF}\ln a$，温度不但影响直线的斜率，也影响直线的截距，$K'$所包括的参比电极电位、膜电位、液接电位等都与温度有关。因此，在测量过程中应尽量保持温度恒定。

### 2. 电动势的测量

由 Nernst 公式知，$E$ 的测量的准确度直接影响分析结果的准确度。$E$ 的测量误差 $\Delta E$ 与分析结果的相对误差 $\Delta c/c$ 之间的关系式为

$$\frac{\Delta c}{c}\times 100\%=\frac{n\Delta E}{0.0257}=(3900n\Delta E)\% \tag{8-20}$$

当 $\Delta E=\pm 1\text{mV}$ 时，对于一价离子，浓度的相对误差为±3.9%；对于二价离子，浓度的相对误差为±7.8%；对于三价离子，浓度的相对误差为±11.7%。可见，$E$ 的测量误差 $\Delta E$ 对分析结果的相对误差 $\Delta c/c$ 影响极大，对高价离子尤为严重。因此，电位分析中要求测量仪器要有较高的测量精度（≤±1mV）。

### 3. 干扰离子

在电位分析中干扰离子的干扰主要是与电极膜发生反应、与待测离子发生反应，干扰离子还会影响离子强度。为了消除干扰，可以加入掩蔽剂，必要时通过预处理分离除去。

### 4. 溶液的 pH

酸度是影响测量的重要因素之一，一般测定时，要加缓冲溶液控制溶液的 pH 范围。如氟离子选择性电极测定氟时控制 pH 值在 5～7。

### 5. 被测离子的浓度

由 Nernst 公式知，在一定条件下，$E$ 与 $\ln c$ 成正比关系。任何一个离子选择性电极都有一个线性范围，一般为 $10^{-6}\sim10^{-1}\text{mol/L}$。检出下限主要取决于组成电极膜的活性物质的性质。例如，沉淀膜电极检出限不能低于沉淀本身溶解所产生的离子活度。

### 6. 电位平衡时间

电位平衡时间是离子选择性电极的一个重要性能指标。根据 IUPAC 的建议，其定义是：从离子选择性电极和参比电极一起接触溶液的瞬间算起，直到电动势达稳定数值（变化≤1mV）所需要的时间，又称响应时间。一般来说，被测离子的浓度越大，平衡时间越短；适当搅拌，可以加快响应。

### 7. 迟滞效应

对同一活度的溶液，测出的电动势数值与离子选择性电极在测量前接触的溶液有关，这种现象称为迟滞效应。它是离子选择性电极分析法的主要误差来源之一。消除的方法是：测量前用去离子水将电极电位洗至一定的值。

## 四、直接电位法的应用

离子选择性电极是一种简单、迅速，能用于有色和浑浊溶液的非破坏性分析工具，仪器不复杂，而且可以分辨不同离子的存在形式，能测量少到几微升的样品，所以十分适用于野外分析和现场自动连续监测。与其他分析方法相比，它在阴离子分析方面具有优势。电极对活度产生响应这一点也有特殊意义，它不仅可用作络合物和动力学的研究工具，而且通过电极的微型化用于直接观察体液甚至细胞内某些重要离子的活度变化。离子选择性电极的分析对象十分广泛，它已成功地应用于环境监测、水质和土壤分析、临床化验、海洋考察、工业流程控制以及地质、冶金、农业、食品和药物分析等领域。

### 想一想

什么叫总离子强度调节缓冲溶液？它的作用是什么？

# 专题六 【基础知识 5】电位滴定法

## 一、电位滴定法的测定原理

电位滴定法是根据工作电池电动势在滴定过程中的变化来确定终点的一种滴定分析方法。滴定时，在溶液中插入一个合适的指示电极与参比电极组成工作电池，随着滴定剂的加入，由于待测离子和滴定剂发生化学反应，待测离子的浓度不断变化，使得指示电极的电位也相应发生改变。到达化学计量点时，溶液中待测离子浓度发生突跃变化，必然引起指示电极电位发生突跃变化。因此，可以通过测量指示电极电位的变化来确定终点。再根据滴定剂浓度和终点时滴定剂消耗的体积计算待测离子的含量。

因为电位滴定法只需观测滴定过程中电位的变化情况，不需要知道终点电位的绝对值，因此与直接电位法相比，受电极性质、液接电位和活度系数等的影响要小得多。因此测定的精密度、准确度均比直接电位法高，与滴定分析相当。

另外，由于电位滴定法不用指示剂确定终点，因此它不受溶液颜色、浑浊等限制，特别是在无合适指示剂的情况下，可以很方便地采用电位滴定法。但电位滴定法与普通的滴定法、直接电位法相比，分析时间较长。如能使用自动电位滴定仪，则可达到简便、快速的目的。

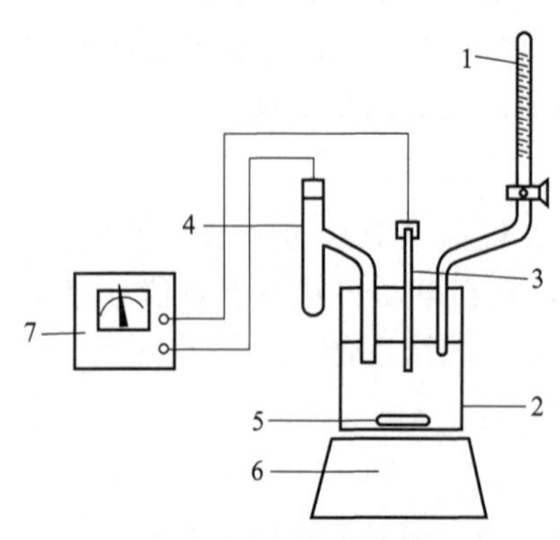

图 8-7 电位滴定法的基本仪器装置

1—滴定管；2—滴定池；3—指示电极；4—参比电极；5—搅拌棒；6—电磁搅拌器；7—电位计

## 二、基本装置

在直接电位法的装置中，加一滴定管，即组成电位滴定的装置。进行电位滴定时，每加一定体积的滴定剂，测一次电动势，直到达到化学计量点为止。这样就可得到一组滴定用量（$V$）与相应电动势（$E$）的数据。由这组数据就可以确定滴定终点。电位滴定法的装置由四部分组成，即电池、搅拌器、测量仪表、滴定装置，如图 8-7 所示。

## 三、电位滴定法的应用

电位滴定法除了适用于没有合适指示剂及浓度很稀的试液的各滴定反应类型的滴定外，还特别适用于有色溶液、浑浊溶液和不透明溶液的测定，还可用于非水溶液的滴定，采用自动滴定仪，还可加快分析速度，实现全自动操作。电位滴定法可用于酸碱滴定、沉淀滴定、氧化还原滴定及配位滴定。

### 1. 酸碱滴定

一般酸碱滴定都可用电位滴定法，尤其是对弱酸弱碱的滴定，指示剂法滴定弱酸弱碱时，准确滴定要求必须 $K_a cK_b c \geqslant 10^{-8}$，而电位法只需 $K_a cK_b c \geqslant 10^{-10}$。例如在乙酸介质中可以用高氯酸溶液滴定吡啶等。滴定时常用玻璃电极作指示电极、甘汞电极作参比电极。

### 2. 氧化还原滴定

指示剂法准确滴定的要求是滴定反应中，氧化剂和还原剂的标准电位之差 $\Delta\varphi^{\ominus} \geqslant 0.36V$ $(n=1)$，而电位法只需大于等于 0.2V，应用范围广；电位法常用 Pt 电极作为指示电极、甘汞电极或钨电极作参比电极。

### 3. 配位滴定

指示剂法准确滴定的要求是生成络合物的稳定常数必须是 $\lg Kc \geqslant 6$，而电位法可用于稳定常数更小的络合物；电位法所用的指示电极一般有两种，一种是 Pt 电极或某种离子选择性电极，另一种为 Hg 电极（即第三类电极）。

### 4. 沉淀滴定

电位法应用比指示剂法更为广泛，尤其是难找到指示剂或难以进行选择滴定的混合物体系，电位法往往可以进行；电位法所用的指示电极主要是离子选择性电极，也可用银电极或汞电极。

**想一想**

直接电位法与电位滴定法有何区别？

## 专题七 【阅读材料 1】离子选择性电极发展简史

1906 年由 R. 克里默最早研究的，随后由德国的 F. 哈伯等人制成的测量 pH 值的玻璃电极是第一种离子选择性电极。1934 年 B. 伦吉尔等观察到含氧化铝或三氧化二硼的玻璃电极对钠也有响应。20 世纪 50 年代末，G. 艾森曼等制成了对氢离子以外的其他阳离子有能斯特响应的玻璃电极。1936 年 H. J. C. 坦德罗观察了萤石膜对 $Ca^{2+}$ 的响应，1937 年 I. M. 科尔托夫用卤化银薄片试制了卤素离子电极。1961 年匈牙利的 E. 蓬戈系统研制了以硅橡胶等为惰性基体的，对包括 $Ag^{+}$、$S^{2-}$ 和卤素离子在内的多种离子有响应的沉淀膜电极。1966 年美国的 M. S. 弗兰特和 J. W. 罗斯用氟化镧单晶制成高选择性的氟离子电极，这是离子选择性电极发展史上的重要贡献；1967 年罗斯又制成第一种液体离子交换型的钙离子电极。与此同时，瑞士的西蒙学派通过从抗生素制备钾电极，开始了另一类重要的电极，即中性载体膜电极的研究。到 20 世纪 60 年代末，离子选择性电极的商品已有 20 种左右，这一分析技术也开始成为电化学分析法中的一个独立的分支学科。

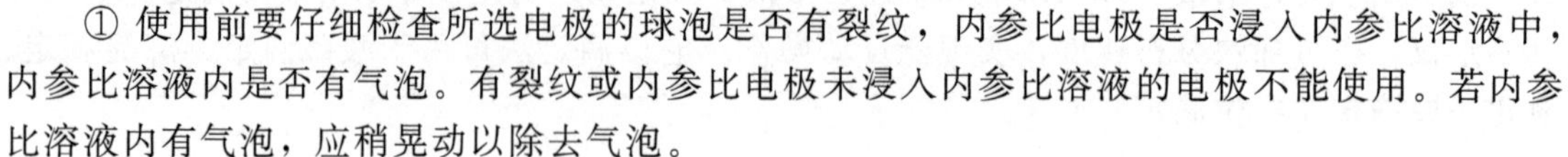

## 专题八 【阅读材料 2】使用玻璃电极时的注意事项

① 使用前要仔细检查所选电极的球泡是否有裂纹，内参比电极是否浸入内参比溶液中，内参比溶液内是否有气泡。有裂纹或内参比电极未浸入内参比溶液的电极不能使用。若内参比溶液内有气泡，应稍晃动以除去气泡。

② 玻璃电极在长期使用或储存中会“老化”，老化的电极不能再使用。玻璃电极的使用期一般为一年。

③ 玻璃电极玻璃膜很薄，容易因为碰撞或受压而破裂，使用时必须特别注意。

④ 玻璃球泡沾湿时可以用滤纸吸去水分，但不能擦拭。玻璃球泡不能用浓 $H_2SO_4$ 溶液、洗液或浓乙醇洗涤，也不能用于含氟较高的溶液中，否则电极将失去功能。

⑤ 电极导线绝缘部分及电极插杆应保持清洁干燥。

⑥ 改变玻璃膜的组成，可制成对其他阳离子响应的玻璃膜电极，如：$Na^+$、$K^+$、$Li^+$等玻璃电极，只要改变玻璃膜组成中的 $Na_2O$-$Al_2O_3$-$SiO_2$ 三者的比例，电极的选择性会表现出一定的差异。锂玻璃膜电极仅在 pH 值大于 13 时发生碱差。

## 专题九 【阅读材料 3】自动电位滴定法

自动电位滴定的装置如图 8-8 所示。在滴定管末端连接可通过电磁阀的细乳胶管，管下端接上毛细管。滴定前根据具体的滴定对象，为仪器设置电位（或 pH）的终点控制值（理论计算值或滴定实验值）。滴定开始时，电位测量信号使电磁阀断续开关，滴定自动进行。电位测量值到达仪器设定值时，电磁阀自动关闭，滴定停止。

现代的自动电位滴定已应用计算机控制。计算机对滴定过程中的数据自动采集、处理，并利用滴定反应化学计量点前后电位突变的特性，自动寻找滴定终点、控制滴定速度，到达终点时自动停止滴定。由人工操作来获得滴定曲线及精确地确定终点是很费时的。如果采用自动电位滴定仪就可以解决上述问题，尤其对批量试样的分析更能显示其优越性。

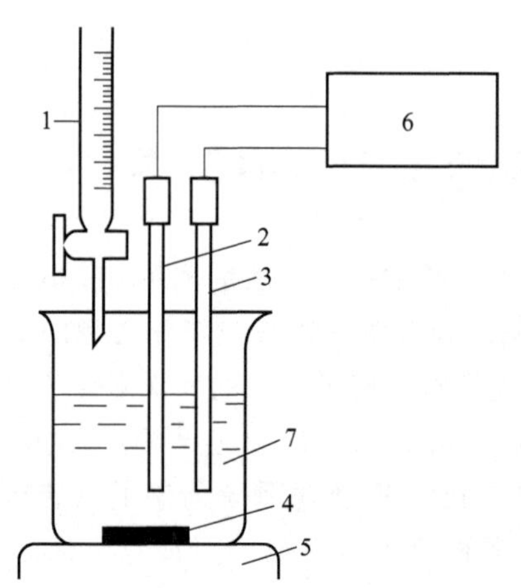


图 8-8　自动电位滴定装置示意图

1—滴定管；2—指示电极；3—参比电极；4—铁芯搅拌棒；5—电磁搅拌器；6—自动滴定控制器；7—试液

目前使用的滴定仪主要有两种类型：一种是滴定至预定终点电位时，滴定自动停止；另一种是保持滴定剂的加入速度恒定，在记录仪上记录其完整的滴定曲线，以所得曲线确定终点时滴定剂的体积。

自动控制终点型仪器需事先将终点信号值（如 pH 或 mV）输入，当滴定到达终点后 10s 时间内电位不发生变化，则延迟电路就自动关闭电磁阀电源，不再有滴定剂滴入。使用这些仪器实现了滴定操作连续自动化，而且提高了分析的准确度。

## 本章小结

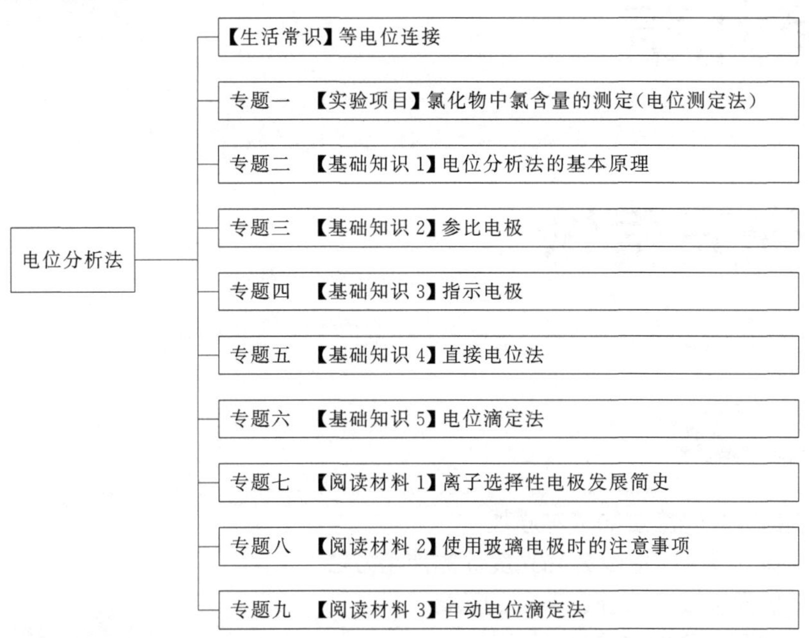


## 课后习题

1.选择题

(1) 25℃时，某一价金属离子活度从 1mol/L 降低到 $1\times10^{-5}$mol/L 时，其电位的变化为（　　）。

A. 0.295V　　B. 0.059V　　C. 0.118V　　D. 0.177V

(2) 常作参比电极的是（　　）。

A. 玻璃电极　　B. 甘汞电极　　C. 气敏电极　　D. 液膜电极

(3) 当金属插入其盐溶液中时，金属表面和溶液界面间形成双电层，产生了电位差，这个电位差叫（　　）。

A. 膜电位　　B. 液接电位　　C. 电极电位

(4) KCl 溶液的浓度增加，25℃时甘汞电极的电极电势（　　）。

A. 增加　　B. 减小　　C. 不变　　D. 不确定

2.填空题

(1) 电位分析的工作电池是由两支性能不同的电极插入同一试液中组成。一支叫__________，它的电位随试液中待测离子浓度的变化而变化。另一支叫__________，它的电位不受试液中待测离子浓度的变化的影响，具有恒定数值。

(2) 列举四个影响电位准确性的因素________、________、________、________。

(3) 离子选择性电极可分为__________、__________和__________等。

3.试述 pH 玻璃电极的响应机理。解释 pH 的实用定义。

4.测定 pH=5.00 的溶液，得到电动势为 0.2018V；而测定另一未知溶液时，电动势为 0.2366V。电极的实际响应斜率为 58.0mV/pH 。计算未知液的 pH 值。

# 第九章

# 吸光光度法

## 知识目标

1. 掌握吸光光度法的基本原理；
2. 掌握 TU-1810PC 分光光度计的使用方法；
3. 了解显色反应及显色条件的选择；
4. 了解测量条件的选择。

## 能力目标

1. 学会利用紫外-可见分光光度计测定待测组分的含量；
2. 小组成员间的团队协作能力；
3. 培养学生的动手能力和安全生产的意识。

科学常识 

### 溶液的颜色

光是一种电磁波。自然光是由不同波长（400～700nm）的电磁波按一定比例组成的混合光，通过棱镜可分解成红、橙、黄、绿、青、蓝、紫等各种颜色相连续的可见光谱。如把两种光以适当比例混合而产生白光感觉时，则这两种光的颜色互为补色。如绿与紫红、黄与蓝互为补色（见图 9-1）。当白光通过溶液时，如果溶液对各种波长的光都不吸收，溶液就没有颜色。如果溶液吸收了其中一部分波长的光，则溶液就呈现透过溶液后剩余部分光的颜色。例如，看到 $KMnO_4$ 溶液在白光下呈紫红色，就是因为白光透过溶液时，绿色光大部分被吸收，而其他各色都能透过。

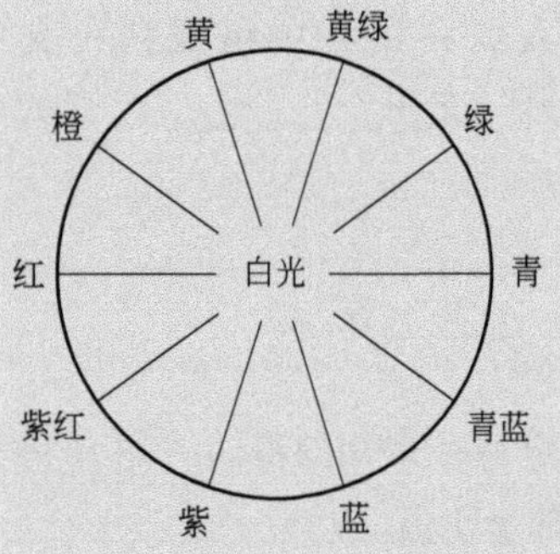


图 9-1　光的互补关系示意图

# 专题一　【实验项目1】TU-1810PC分光光度计的使用

**【任务描述】**

通过实验学会使用TU-1810PC分光光度计。

**【教学器材】**

TU-1810PC分光光度计、计算机、打印机、容量瓶、比色皿、吸量管、烧杯、擦镜纸。

**【教学药品】**

苯甲酸。

**【组织形式】**

每个同学根据教师指导独立完成实验。

**【注意事项】**

(1) 紫外-可见分光光度计使用前先预热30min。

(2) 取拿比色皿时，手指只能捏住比色皿的毛玻璃面，而不能碰比色皿的光学表面。

(3) 比色皿不能用碱溶液或氧化性强的洗涤液洗涤，也不能用毛刷清洗。比色皿外壁附着的水或溶液应用擦镜纸或细而软的吸水纸吸干，不要擦拭，以免损伤它的光学表面。

(4) 如果大幅度改变测试波长时，需等数分钟后才能正常工作。因波长由长波向短波或短波向长波移动时，光能量变化急剧，光电管受光后响应较慢，需一段适应平衡时间。

**【实验步骤】**

(1) 开机　依次打开电源、显示器、主机、打印机。

(2) 仪器初始化　在计算机窗口上双击"UVSoftware"图标，仪器进行自检，大约需要4min。如果自检各项都"确定"，进入工作界面，预热0.5h后，便可任意进入以下操作。

(3) 光度测量　单击"光度测量"按钮进入光度测量工作界面。

① 设置参数。单击"参数设置"设置光度测量参数，具体输入：相应波长值；测光方式$T\%$或Abs（一般为Abs）；重复测量次数，是否取平均值，单击确认键退出设置参数。

② 校零。在样品池中放入参比溶液，单击校完零后，取出参比溶液。

③ 测量。倒掉取出的参比溶液，放入样品溶液，单击"开始"即可测出样品的Abs值。

(4) 光谱扫描　单击"光谱扫描"按钮进入光谱扫描工作界面。

① 设置参数。单击"参数设置"设置光谱扫描参数，具体输入波长范围（先输长波再输短波）；测光方式$T\%$或Abs；扫描速度（一般为中速）；采样间隔（一般为1nm或0.5nm）；记录范围（一般为0～1）。单击"确定"退出参数设置。

② 基线校正。在样品池中放入参比溶液，单击"基线"按钮，基线校正完后单击"确定"保存基线，取出参比溶液。

③ 扫描。倒掉取出的参比溶液，放入样品单击"开始"进行扫描，当扫描完毕后，单击"峰谷检测"检出图谱的峰、谷波长值及$T\%$或Abs值。

(5) 定量测量　单击"定量测定"按钮进入定量测定工作界面。

① 参数设置。单击"参数设置"设置定量测定参数，具体输入：测量模式（一般为单波长）；输入测量波长值；选择曲线方式（一般为$c=K_0A+K_1+\cdots$）；单击"确定"退出参数设置。

② 校零。在样品池中放入参比溶液，单击“校零”，校完后取出参比溶液。

③ 测量标准样品。将鼠标移动到标准样品测量窗口点击一次左键，倒掉取出的参比溶液，放入一号标准样品，单击“开始”输入相应的标液浓度单击“确定”。依次类推将所配标准样品测完。检查曲线相关系数 $K$ 值情况。

④ 样品测定。放入待测样品，将鼠标移动到未知样品测量窗口，单击“开始”“确定”，即可测出样品浓度。

(6) 关机　退出紫外操作系统后，依次关掉主机、计算机、打印机电源。

**【任务解析】**

分光光度计通常由光源、单色器、吸收池、检测器、信号处理和显示系统 5 个部分组成。以 TU-1810PC 分光光度计为例（图 9-2）。

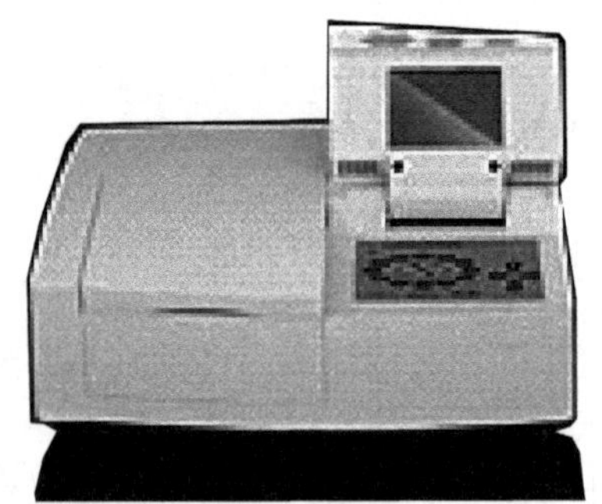

图 9-2　TU-1810PC 分光光度计

### 1. 光源

光源是能发射所需波长的光的器件。光源应满足的条件是在仪器的工作波段范围内可以发射连续光谱，具有足够的光强度，其能量随波长变化小，稳定性好，使用寿命长。

可见分光光度计一般使用钨灯和碘钨灯等。

紫外分光光度计光源主要采用氢灯、氘灯和氙灯等放电灯。根据入射光光束的条数又分单光束和双光束，TU-1810PC 是准双光束，又叫比例双光束。

### 2. 单色器

单色器的作用是把光源发出的连续光分解为按波长顺序排列的单色光，并通过出射狭缝分离出所需波长的单色光，它是分光光度计的心脏部分。它由入射狭缝、准直装置（透镜或反射镜）、色散元件（棱镜或光栅）、聚焦装置（透镜或凹面反射镜）和出口狭缝五部分组成。TU-1810PC 为 2nm 固定光谱带宽。

### 3. 吸收池

吸收池又叫比色皿，是盛放待测试液的容器。它应具有两面互相平行、透光且精确厚度的平面，能借助机械操作把待测试样间断或连续地排到光路中，以便吸收测量的光通量。

吸收池主要有石英池和玻璃池两种，前者用于紫外-可见光区，后者用于可见和近红外区。可见-紫外光吸收池的光程长度一般为 1cm，变化范围从几厘米到 10cm 或更长。吸收池有 2 个毛面、2 个光面，手不能直接接触光面，擦拭是用擦镜纸，向同一个方向擦。装溶液的体积以 1/2～4/5 为宜，在测定时参比池和样品池应是一对经校正好的匹配吸收池。

### 4. 检测器

检测器是能把光信号转变为电信号的器件。检测器具有高灵敏度、高信噪比，响应速度快，在整个研究的波长范围内有恒定的响应，在没有光照射时，其输出应为零，产生的电信号应与光束的辐射功率呈正比。

在紫外-可见光区常用的检测器有光电池、光电管、光电倍增管、硅光电二极管检测器等。

### 5. 信号处理和显示系统

通常信号处理器是一种电子器件，它可放大检测器的输出信号，也可以把信号从直流变

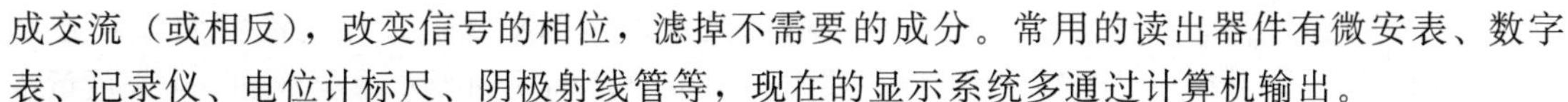

成交流（或相反），改变信号的相位，滤掉不需要的成分。常用的读出器件有微安表、数字表、记录仪、电位计标尺、阴极射线管等，现在的显示系统多通过计算机输出。

**想一想**

分光光度计定性与定量分析的基础是什么？

## 专题二　【基础知识 1】吸光光度法的基本原理

### 一、物质对光的选择性吸收

光的吸收是物质与光相互作用的一种形式，物质分子对光的吸收必须符合普朗克条件，只有当入射光能量与吸光物质分子两个能级间的能量差 $\Delta E$ 相等时，才会被吸收，即

$$\Delta E = E_2 - E_1 = h\nu = h\,\frac{c}{\lambda} \tag{9-1}$$

物质对光的选择性吸收，是由于单一物质的分子只有有限数量的量子化能级的缘故。由于各种物质的分子能级千差万别，它们内部各能级间的能级差也不相同，因而选择吸收的性质反映了分子内部结构的差异。换言之，物质内部结构不同，对光的吸收就不同。

### 二、透射比和吸光度

光的吸收程度与光通过物质前后的光的强度变化有关，光强度是指单位时间内照射在单位面积上的光的能量，用 $I$ 表示。它与单位时间照射在单位面积上的光子的数目有关，与光的波长没有关系。

当一束平行的单色光通过一均匀有色溶液时，其中的吸光物质吸收了光能，光的强度就减弱了，如图 9-3 所示，设 $I_0$ 为入射光强度，$I_t$ 为透射光强度，透射光强度 $I_t$ 与入射光强度 $I_0$ 之比称为透射比（或透光度），用 $T$ 表示。

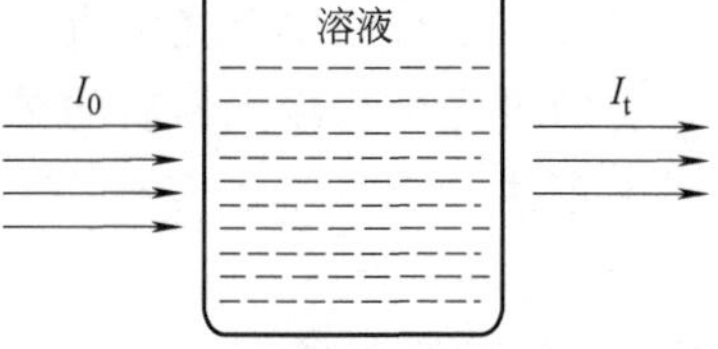


图 9-3　溶液吸光示意图

$$T = \frac{I_t}{I_0} \tag{9-2}$$

溶液的透射比越大，表示它对光的吸收越小；相反，透射比越小，表示它对光的吸收越大。透射比倒数的对数称为吸光度，用 $A$ 来表示。

$$A = \lg \frac{1}{T} = -\lg T \tag{9-3}$$

吸光度 $A$ 取值范围为 $0 \sim \infty$，它表示溶液的吸光程度。$A$ 越大，表明溶液对光的吸收越强。

### 三、吸收曲线

保持待测物质溶液浓度和吸收池厚度不变，测定不同波长下待测物质溶液的吸光度 $A$（或透射比 $T$），以波长 $\lambda$ 为横坐标、吸光度 $A$（透射比 $T$）为纵坐标，绘制得到的曲线称

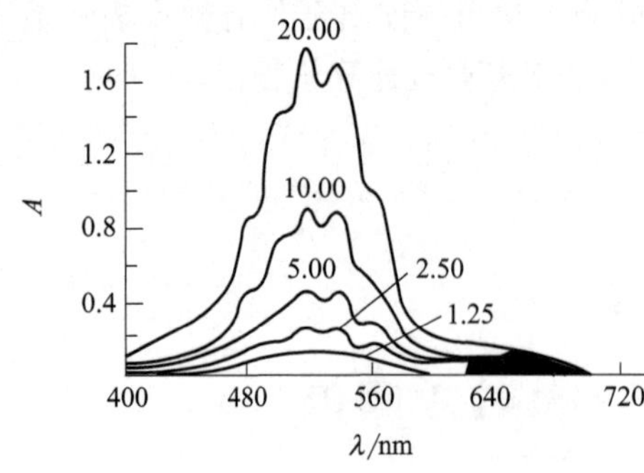

图 9-4 $KMnO_4$ 溶液的吸收光谱图

为吸收光谱，又称吸收曲线。它能清楚地描述物质对一定波长范围光的吸收情况。图 9-4 是质量浓度分别为 1.25μg/mL、2.50μg/mL、5.00μg/mL、10.00μg/mL 和 20.00μg/mL $KMnO_4$ 溶液的吸收光谱。

从图 9-4 可以看出以下两点。

(1) $KMnO_4$ 溶液对不同波长光的吸收程度不同，对波长 525nm 附近的绿色光具有最大吸收，在吸收曲线上形成一个最高峰，称为吸收峰。吸光度最大处的波长称为最大吸收波长，用符号 $\lambda_{max}$ 表示。$KMnO_4$ 溶液的 $\lambda_{max}=525nm$，在 $\lambda_{max}$ 处测得的摩尔吸光系数为 $\varepsilon_{max}$，$\varepsilon_{max}$ 可以更直观地反映用吸光光度法测定该吸光物质的灵敏度。

(2) 对同一物质，浓度不同时，同一波长下的吸光度 $A$ 不同，但其最大吸收波长的位置和吸收光谱的形状相似。同一物质在同一波长下浓度越高、吸光度越大，此可以作为定量分析的基础。

另外，对于不同物质，由于它们对不同波长光的吸收具有选择性，因此它们的 $\lambda_{max}$ 的位置和吸收光谱的形状互不相同，可以据此对物质进行定性分析。

## 四、光吸收定律——朗伯-比尔定律

### 1. 朗伯-比尔定律

朗伯（J. H. Lamber）和比尔（A. Beer）分别于 1760 年和 1852 年研究了光的吸收与溶液液层厚度及溶液浓度之间的定量关系，二者结合称为朗伯-比尔定律（Lamber Beer law），它是光吸收的基本定律。

当一束平行的单色光垂直入射通过一均匀、各向同性、非散射和反射的吸收物质的溶液时，它的吸光度与吸光物质的浓度及液层厚度的乘积成正比，这就是朗伯-比尔定律，又称光吸收定律。

$$A=Kcb \tag{9-4}$$

式中 $A$——吸光度；

$K$——吸光系数；

$c$——溶液的浓度；

$b$——液层厚度，即光路长度。

式（9-4）是朗伯-比尔定律的数学表达式。它表明当一束单色光通过含有吸光物质的溶液时，溶液的吸光度与吸光物质的浓度及液层厚度成正比，这是分光光度法进行定量的依据。

### 2. 吸光系数

式（9-4）中的 $K$ 是吸光系数，吸光系数是指待测物质在单位浓度、单位厚度时的吸光度。按照使用浓度单位的不同，可分为质量吸光系数、摩尔吸光系数。吸光系数 $K$ 与吸光物质的性质、入射光波长及温度等因素有关。

当浓度用 g/L、液层厚度用 cm 为单位表示时，则 $K$ 用另一符号 $\alpha$ 来表示。$\alpha$ 称为质量吸光系数，其单位为 L/(g·cm)，它表示质量浓度为 1g/L、液层厚度为 1cm 时溶液的吸光

度。这时，式（9-4）表示为

$$A=\alpha\rho b \tag{9-5}$$

当浓度 $c$ 用 mol/L、液层厚度 $b$ 用 cm 为单位表示时，则 $K$ 用另一符号 $\varepsilon$ 来表示。$\varepsilon$ 称为摩尔吸光系数，其单位为 L/（mol·cm），它表示物质的量浓度为 1mol/L、液层厚度为 1cm 时溶液的吸光度。这时，式（9-4）可写成

$$A=\varepsilon cb \tag{9-6}$$

## 想一想

质量吸光系数与摩尔吸光系数的换算关系是什么？

朗伯-比尔定律一般适用于浓度较低的溶液，所以在分析实践中，不能直接取浓度为 1mol/L 的有色溶液来测定 $\varepsilon$，而是在适当的低浓度时测定该有色溶液的吸光度，通过计算求得 $\varepsilon$。摩尔吸光系数 $\varepsilon$ 反映吸光物质对光的吸收能力，摩尔吸光系数 $\varepsilon$ 越大，表示该物质对某波长的光的吸收能力越强，测定该吸光物质的灵敏度就越高。

**例 1**　用1,10-邻菲罗啉分光光度法测定铁，配制铁标准溶液浓度为 4.00μg/mL，用 1cm 的比色皿在 510nm 波长处测得吸光度为 0.813，求铁（Ⅱ）-邻菲罗啉配合物的摩尔吸光系数。

**解：**

$$c_{Fe}=\frac{4.00\times10^{-3}}{55.85}=7.16\times10^{-5}\,(\text{mol/L})$$

$$\varepsilon=\frac{A}{cb}=\frac{0.813}{7.16\times10^{-5}\times1}=1.1\times10^{4}\ [\text{L/(mol}\cdot\text{cm)}]$$

### 3. 朗伯-比尔定律的影响因素

根据朗伯-比尔定律，当吸收池的厚度恒定时，以吸光度对浓度作图应得到一条通过原点的直线。但在实际工作中，仪器或溶液的实际条件与朗伯-比尔定律所要求的理想条件不一致，吸光度与浓度之间往往偏离这种线性关系，如图 9-5 所示，偏离的主要原因如下。

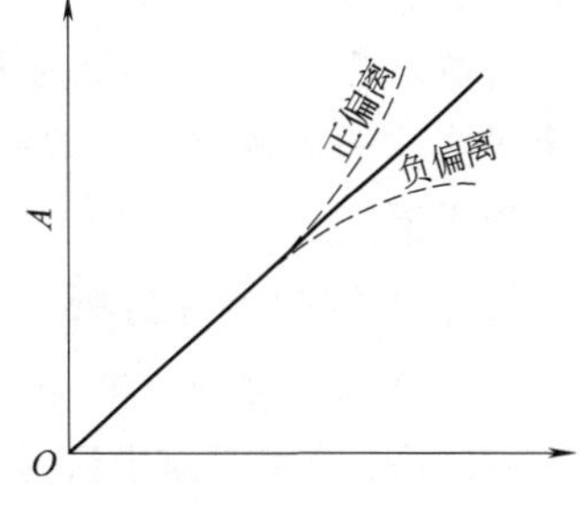

图 9-5　偏离朗伯-比尔定律

（1）非单色光引起的偏离　朗伯-比尔定律只适用于单色光，由于单色器色散能力的限制和出口狭缝需要保持一定的宽度，目前各种分光光度计得到的入射光实际上都是波长范围较窄的复合光。

尽量使用比较好的单色器，将入射光波长选择在被测物质的最大吸收处，以克服非单色光引起的偏离。另外，测定时应选择适当的浓度范围，使吸光度读数在标准曲线的线性范围内。

（2）溶液的性质引起的偏离　朗伯-比尔定律通常只有在稀溶液中才能成立，随着溶液浓度增大，吸光质点间距离缩小，彼此间相互作用加强，破坏了吸光度与浓度的线性关系。如果溶液中的吸光物质不稳定，发生解离、缔合，形成新化合物或互变异构等化学变化而改变其浓度，导致偏离朗伯-比尔定律。

在测量前做好样品的预处理，控制好显色反应、溶液 pH 和化学平衡条件等。

分光光度法具有仪器简单、操作便捷、分析速度快、易于普及推广的特点；灵敏度高，适于测定低含量及微量组分，适宜测定的含量范围为 0.001%～0.1%；准确度高、选择性好，相对误差一般为 1%～3%。分光光度法在石油化工工业分析及环境监测中占有重要地

位，主要用于无机元素的测定。

想一想

怎样克服朗伯-比尔定律的影响因素？

## 专题三 【实验项目 2】紫外-可见分光光度法测定未知物

**【任务描述】**

给出四种（水杨酸、磺基水杨酸、1,10-邻菲罗啉、苯甲酸）的标准溶液，并给出一种未知浓度的上述四种溶液中的一种作未知液，通过分光光度法鉴定出未知液并测量其浓度。

**【教学器材】**

紫外可见分光光度计（TU-1810PC）、1cm 石英比色皿 2 个、容量瓶（100mL）15 个、吸量管（10mL）5 支、烧杯（100mL）5 个。

**【教学药品】**

水杨酸、磺基水杨酸、1,10-邻菲罗啉、苯甲酸。

**【组织形式】**

每个同学根据实验步骤独立完成实验。

**【注意事项】**

同【实验项目 1】TU-1810PC 分光光度计的使用。

**【实验步骤】**

### 1. 吸收池配套性检查

石英吸收池在 220nm 装蒸馏水，以一个吸收池为参比，调节透射比 $T$ 为 100%，测定其余吸收池的透射比，其偏差应小于 0.5%，可配成一套使用，记录其余比色皿的吸光度值作为校正值。

### 2. 未知物的定性分析

将四种标准试剂溶液和未知液配制成约为一定浓度的溶液。以蒸馏水为参比，于波长 200～350nm 范围内测定溶液吸光度，并作吸收曲线。根据吸收曲线的形状确定未知物，并从曲线上确定最大吸收波长作为定量测定时的测量波长（190～210nm 处的波长不能选择为最大吸收波长）。

### 3. 标准工作曲线绘制

分别准确移取一定体积的标准溶液于所选用的 100mL 容量瓶中，以蒸馏水稀释至刻线，摇匀。根据未知液吸收曲线上最大吸收波长，以蒸馏水为参比，测定吸光度。然后以浓度为横坐标，以相应的吸光度为纵坐标绘制标准工作曲线。

### 4. 未知物的定量分析

确定未知液的稀释倍数，并配制待测溶液于所选用的 100mL 容量瓶中，以蒸馏水稀释至刻线，摇匀。根据未知液吸收曲线上最大吸收波长，以蒸馏水为参比，测定吸光度。根据待测溶液的吸光度，确定未知样品的浓度。未知样品平行测定 3 次。

【任务解析】

1. 定性分析

光谱扫描得到未知液的光谱图，与给出的四种标准溶液的光谱图对照，得出未知物。

2. 定量分析

根据未知溶液的稀释倍数，求出未知物的含量。

计算式：

$$c_0 = c_x n \tag{9-7}$$

式中 $c_0$——原始未知溶液浓度，μg/mL；

$c_x$——查出的未知溶液浓度，μg/mL；

$n$——未知溶液的稀释倍数。

想一想

怎样稀释未知液才能将其作进标准溶液的工作曲线内？

## 专题四 【基础知识 2】吸光光度法的应用

吸光光度法主要应用于测定微量和痕量组分，也可以测定高含量组分和多组分，还可以测定配合物的组成和稳定常数。

## 一、单组分分析

对于指定组分，先配制一系列浓度不同的标准溶液，在与样品相同条件下，分别测量其吸光度，以吸光度 $A$ 为纵坐标、浓度 $c$ 或 $\rho$ 为横坐标，绘制得到吸光度与浓度关系曲线，称为工作曲线（标准曲线）。如果待测组分服从朗伯-比尔定律，此曲线应该是一条过原点的直线。根据工作曲线，在相同的条件下，测定试样的吸光度，从工作曲线上查出试样溶液的浓度，再计算试样中待测组分的含量，这就是工作曲线法，也称标准曲线法，如图 9-6 所示。

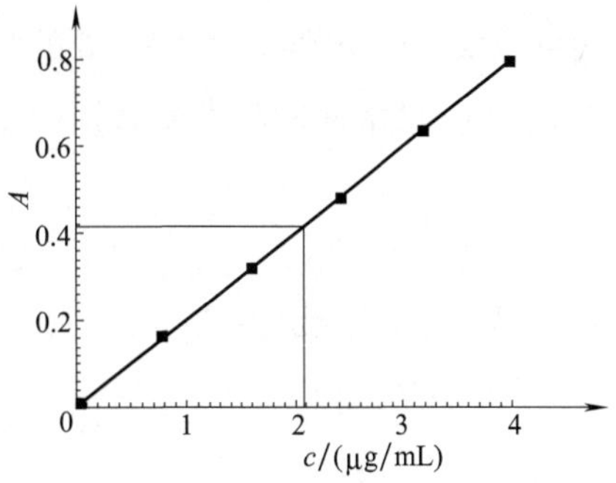

图 9-6 标准曲线法

工作曲线的线性好坏可用线性相关系数 $r$ 来表示，$r$ 越接近于 1，说明线性越好，吸光光度法一般要求 $r > 0.999$。

在实际工作中，对于个别试样的测定，有时采用比较法，即在相同条件下分别测定标准溶液（浓度为 $c_0$）和样品溶液（浓度为 $c_x$）的吸光度 $A_0$ 和 $A_x$，由下式求出待测物质的浓度。

$$c_x = \frac{A_x}{A_0} c_0 \tag{9-8}$$

工作曲线法准确、简便，尤其适用于批量试样的分析，是应用最多的一种定量分析方法。

## 二、多组分分析

当溶液中共存多个组分时，其吸收峰的互相干扰情况有三种，如图 9-7 所示。

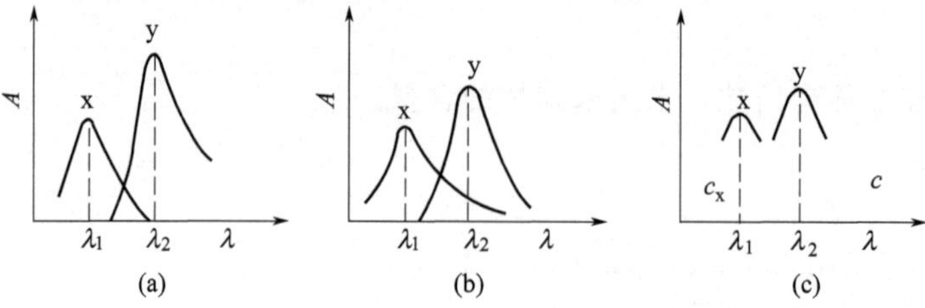


图 9-7 混合物的吸收光谱

### 1. 吸收光谱不重叠

图 9-7（a）的情况表明两组分互不干扰，用测定单组分的方法分别在 $\lambda_1$、$\lambda_2$ 处测定 x、y 两组分。

### 2. 吸收光谱部分重叠

图 9-7（b）的情况表明两种组分 x 对 y 的测定有干扰，而 y 对 x 的测定没有干扰。首先测定纯物质 x 和 y 分别在 $\lambda_1$、$\lambda_2$ 处的吸光系数 $\varepsilon_{\lambda_1}^{x}$、$\varepsilon_{\lambda_1}^{y}$、$\varepsilon_{\lambda_2}^{x}$ 和 $\varepsilon_{\lambda_2}^{y}$，再单独测量混合组分溶液在 $\lambda_1$ 处的吸光度 $A_{\lambda_1}^{x}$，求得组分 x 的浓度 $c_x$。然后在 $\lambda_2$ 处测量混合溶液的吸光度 $A_{\lambda_2}^{x+y}$，因为吸光度具有加和性，即：

$$A_{\lambda_2}^{x+y}=A_{\lambda_2}^{x}+A_{\lambda_2}^{y}=\varepsilon_{\lambda_2}^{x}bc_x+\varepsilon_{\lambda_2}^{y}bc_y \tag{9-9}$$

可求出组分 y 的浓度。

### 3. 吸收光谱相互重叠

图 9-7（c）的情况表明，两组分在 $\lambda_1$、$\lambda_2$ 处都有吸收，两组分彼此互相干扰。首先测定纯物质 x 和 y 分别在 $\lambda_1$、$\lambda_2$ 处的吸光系数 $\varepsilon_{\lambda_1}^{x}$、$\varepsilon_{\lambda_1}^{y}$、$\varepsilon_{\lambda_2}^{x}$ 和 $\varepsilon_{\lambda_2}^{y}$，再分别测定混合组分溶液在 $\lambda_1$、$\lambda_2$ 处溶液的吸光度 $A_{\lambda_1}^{x+y}$ 及 $A_{\lambda_2}^{x+y}$，然后列出联立方程

$$\begin{aligned}A_{\lambda_1}^{x+y}&=\varepsilon_{\lambda_1}^{x}bc_x+\varepsilon_{\lambda_1}^{y}bc_y\\A_{\lambda_2}^{x+y}&=\varepsilon_{\lambda_2}^{x}bc_x+\varepsilon_{\lambda_2}^{y}bc_y\end{aligned} \tag{9-10}$$

求得 $c_x$、$c_y$ 分别为

$$\begin{aligned}c_x&=\frac{\varepsilon_{\lambda_2}^{y}A_{\lambda_1}^{x+y}-\varepsilon_{\lambda_1}^{y}A_{\lambda_2}^{x+y}}{(\varepsilon_{\lambda_1}^{x}\varepsilon_{\lambda_2}^{y}-\varepsilon_{\lambda_2}^{x}\varepsilon_{\lambda_1}^{y})b}\\c_y&=\frac{\varepsilon_{\lambda_2}^{x}A_{\lambda_1}^{x+y}-\varepsilon_{\lambda_1}^{x}A_{\lambda_2}^{x+y}}{(\varepsilon_{\lambda_1}^{y}\varepsilon_{\lambda_2}^{x}-\varepsilon_{\lambda_2}^{y}\varepsilon_{\lambda_1}^{x})b}\end{aligned} \tag{9-11}$$

对于多个组分的光谱互相干扰，可借助计算机处理测定结果。

### 想一想

什么是吸收曲线？什么是工作曲线？它们各有什么作用？

## 专题五 【基础知识3】测量条件的选择

为了得到可靠的数据和准确的分析结果，必须选择好光度测量条件。

### 一、样品溶剂的选择

分光光度法的测定是在溶液中进行的，如果样品是固体就需要转化为溶液。无机样品通常用酸（碱）溶解或熔融；有机样品用有机溶剂溶解或提取。要求溶剂有良好的溶解能力，在测定波长范围内没有明显的吸收，被测组分在溶剂中有良好的吸收峰形，挥发性小、不易燃、无毒性、价格便宜等。

### 二、测定波长的选择

在定量分析中，通常根据吸收曲线，选择被测物质的最大吸收波长 $\lambda_{max}$ 作为入射光波长，因为在 $\lambda_{max}$ 处，摩尔吸收系数最大，测定的灵敏度高，而且此波长处的小范围内，$A$ 随 $\lambda$ 的变化不大，使测定也具有较高准确度。若在 $\lambda_{max}$ 处有其他吸光物质干扰测定时，应根据“吸收最大、干扰最小”的原则来选择入射光波长，以减少对朗伯-比尔定律的偏差。

### 三、参比溶液的选择

选择恰当的参比溶液来调节仪器的零点，消除吸收池对入射光的反射和吸收，以及溶剂、试剂等对光的吸收也会使光强度减弱，为了使光的吸收仅与待测组分的浓度有关，需要选择合适的参比溶液，消除由于比色皿、溶剂、试剂带来的误差。

1. 溶剂参比

如果样品基体、试剂及显色剂均在测定波长无吸收，则可用溶剂作参比溶液。

2. 试剂参比

如果显色剂或试剂有吸收，可用空白溶液作参比溶液。

3. 试液参比

如果显色剂及溶剂不吸收，而样品基体组分有吸收，则应采用不加显色剂的样品溶液作参比溶液。

### 四、吸光度范围的选择

当浓度较大或浓度较小时，相对误差都比较大。在实际测定时，只有使待测溶液的透射比 $T$ 在 15%～65%，或使吸光度 $A$ 在 0.2～0.8，才能保证测量的相对误差≤±2%，才能满足分析要求。当吸光度 $A=0.434$（或透射比 $T=36.8\%$）时，测量的相对误差最小。可通过控制溶液的浓度或选择不同厚度的吸收池来调整吸光度值，使其落在适宜范围之内。

### 五、仪器狭缝宽度的选择

狭缝宽度过大时，入射光的单色性降低，标准曲线偏离朗伯-比尔定律，准确度降低；

狭缝宽度过小时，光强变弱，测量的灵敏度降低。

选择狭缝宽度的方法：测量吸光度随狭缝宽度的变化，狭缝宽度在一个范围内变化时，吸光度是不变的，当狭缝宽度大到某一程度时，吸光度才开始减小。在不引起吸光度减小的情况下，尽量选取最大狭缝宽度。

## 六、干扰的消除

### 1. 控制酸度

利用控制酸度的方法提高反应的选择性，以保证主反应进行完全。例如，二硫腙测定 $Hg^{2+}$ 时，$Pb^{2+}$、$Cu^{2+}$、$Ni^{2+}$、$Cd^{2+}$ 等十多种金属离子都能与其形成有色配合物，但在强酸条件下，这些干扰离子不能与二硫腙形成稳定配合物，而 $Hg^{2+}$ 仍能定量进行，故控制酸度可以达到目的。

### 2. 选择掩蔽剂

利用掩蔽剂消除干扰时，选取的掩蔽剂不与待测离子作用，仅与其他干扰离子形成配合物。

### 3. 分离

采用预先分离的方法，如沉淀、萃取、离子交换、蒸发和蒸馏以及色谱分离法。

**想一想**

*吸光光度法怎样选择参比溶液？*

## 专题六 【阅读材料 1】显色反应及显色条件的选择

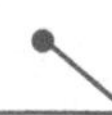

利用可见吸光光度法进行定量分析时，要求被测物质溶液能吸收可见光区内某种波长的单色光，即有色物质才能直接测定。没有颜色的物质就得先转化成与之关联的有色物质再测定。

## 一、显色反应

将无色或浅色的待测组分转变为有色物质的反应称为显色反应，所用的试剂称为显色剂。显色反应的类型主要有氧化还原反应和配位反应两大类。对于显色反应的要求如下。

（1）灵敏度高，有色物质的 $\varepsilon$ 应大于 $10^4 L/(mol \cdot cm)$。

（2）选择性好，干扰少，或干扰容易消除。

（3）有色化合物的组成恒定，化学性质稳定，符合一定的化学式。至少保证在测量过程中溶液的吸光度基本恒定。这就要求有色化合物不容易受外界环境条件的影响，如日光照射、空气中的氧和二氧化碳的作用等，也不应受溶液中其他化学因素的影响。

（4）有色化合物与显色剂之间的颜色差别要大，即显色剂对光的吸收与有色化合物的吸收有明显区别，一般要求两者的吸收峰波长之差 $\Delta\lambda$（称为对比度）大于 60nm。

## 二、显色剂

### 1. 无机显色剂

许多无机试剂能与金属离子发生显色反应，但形成的大多数配合物不够稳定，测定的灵敏度和选择性都不高，具有实际应用价值的不多。

### 2. 有机显色剂

大多数有机显色剂能与金属离子生成稳定的配合物。显色反应的选择性和灵敏度都比无机显色剂高，被广泛地应用于吸光光度分析中。表 9-1 列出几种常用的有机显色剂。

**表 9-1　几种常用的有机显色剂**

| 显色剂 | 测定元素 | 反应介质 | 颜色 | 最大吸收波长/nm |
|---|---|---|---|---|
| 磺基水杨酸 | $Fe^{3+}$ | pH＝2～3 | 紫红色 | 520 |
| 邻菲罗啉 | $Fe^{2+}$ | pH＝3～9 | 橘红色 | 510 |
| 丁二酮肟 | $Ni^{2+}$ | 碱性，氧化剂存在 | 红色 | 470 |
| 二硫腙 | $Cu^{2+}$、$Pb^{2+}$、$Zn^{2+}$、$Cd^{2+}$ | 控制酸度及加入掩蔽剂 | | 490～550 |
| 偶氮胂(Ⅲ) | Th(Ⅳ)、Zr(Ⅳ)、U(Ⅳ) | 强酸性 | 蓝紫色 | 665～675 |
| 铬天青 S | 稀土金属离子 | 弱酸性 | 紫红色 | 530 |
| | $Al^{3+}$ | pH＝5～5.8 | | |

### 3. 多元配合物

多元配合物是由三种或三种以上的组分所形成的配合物。目前应用较多的是由一种金属离子与两种配位体所组成的三元配合物。三元配合物比二元配合物选择性好、灵敏度高，因此多元配合物在吸光光度分析中应用较普遍。

## 三、显色反应条件

### 1. 显色剂用量

为了使显色反应进行完全，一般需加入过量显色剂，对于有些显色反应，显色剂加入太多，反而会引起副反应，对测定不利。在实际工作中，显色剂的适宜用量是通过实验来求得的，如图 9-8 所示。

实验方法：固定被测组分的浓度和其他条件，只改变显色剂的加入量，测量吸光度，作出吸光度-显色剂用量的关系曲线，当显色剂用量达到某一数值而吸光度无明显增大时，表明显色剂用量已足够。

### 2. 溶液的酸度

酸度影响显色剂的平衡浓度和颜色，影响被测金属离子的存在状态，影响配合物的组成。显色反应的适宜酸度是通过实验来确定的。

实验方法：同上固定其他条件，只改变 pH 值，以 $A$ 为纵坐标、pH 值为横坐标绘制 $A$-pH 关系曲线，如图 9-9 所示，从图上确定适宜的 pH 范围。

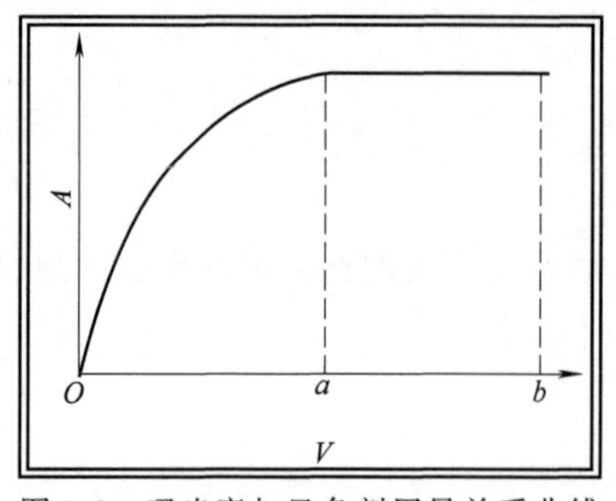

图 9-8 吸光度与显色剂用量关系曲线

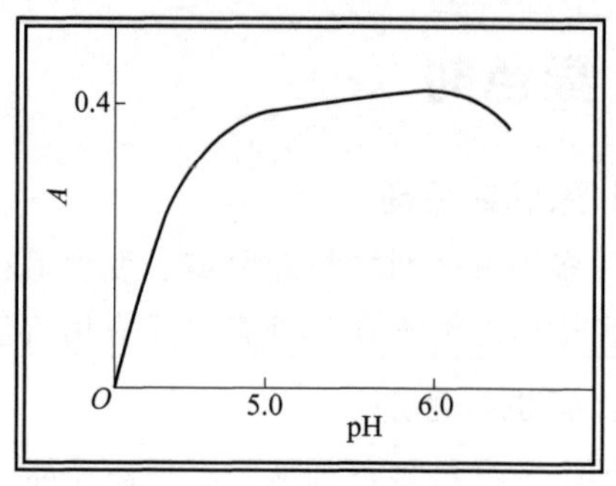

图 9-9 A-pH 关系曲线

### 3. 显色时间

有些显色反应瞬间完成，溶液颜色很快达到稳定状态，并在较长时间内保持不变；有些显色反应虽能迅速完成，但有色化合物很快开始褪色；有些显色反应进行缓慢，溶液颜色需经一段时间后才稳定。因此，必须经实验来确定最适合测定的时间区间。

实验方法：配制一份显色溶液，从加入显色剂起计算时间，每隔几分钟测量一次吸光度，制作吸光度-时间曲线，根据曲线来确定适宜时间。一般来说，对那些反应速率很快、有色化合物又很稳定的体系，测定时间的选择余地很大。

### 4. 显色温度

一般显色反应在室温下进行，有些显色反应必须加热至一定温度才能完成。选择显色温度时可以作吸光度-显色温度曲线。

### 5. 溶剂的选择

有机溶剂常降低有色化合物的解离度，从而提高显色反应的灵敏度。有机溶剂还可能提高显色反应的速率，影响有色配合物的溶解度和组成。

## 专题七 【阅读材料 2】用 Excel 制作标准曲线

用 Excel 制作标准曲线，首先，将数据整理好输入 Excel，并选取完成的数据区，然后点击图表向导，点击图表向导后会运行图表向导，先在图表类型中选“XY 散点图”，并选择图表类型的“散点图”(第一个没有连线的)。点击“下一步”，出现界面。如输入是横向列表的就不用更改，如果是纵向列表就改选“列”。如果发现图不理想，就要仔细察看是否数据区选择有问题，如果有误，可以点击“系列”来更改。如果是 X 值错了就点击它文本框右边的小图标，出现界面后，在表上选取正确的数据区域。然后点击“下一步”出现图表选项界面，相应调整选项，以满足自己想要的效果。点击“下一步”，一张带标准值的完整散点图就已经完成。完成了散点图后需要根据数据进行回归分析，计算回归方程，绘制出标准曲线。其实这很简单，先点击图上的标准值点，然后按右键，点击“添加趋势线”。由于是线性关系，所以在类型中选“线性”，点击“确定”，标准曲线就回归并画好了。计算回归后的方程：点击趋势线（也就是我们说的标准曲线）然后按右键，选趋势线格式，在显示公式和显示 R 平方值（直线相关系数）前点一下，勾上，再点确定。这样公式和相关系数都出来了。用 Excel 电子表格中的 TREND 函数，将标准品的吸光度值与对应浓度进行直线拟合，然后由被测物的吸光度值返回线性回归拟合线，查询被测物的浓度，方法简便，可消除视觉差，提高实验的准确性。方法：打开 Excel 电子表格，在 A1：Ai 区域由低浓度依次输入标准品的浓度值；在 B1：Bi 区域输入经比色（或比浊）后得到的标准品相应 A 值：存盘以备查询结果。点击工具栏中的函数钮（fx），选取“统计”项中的 TREND 函数；点击“确定”，即出现 TREND 函数输入框。在 known-y′s 框中输入“A1：Ai”，在 known-x′s 中输入“B1：Bi”；在 new-x′s 中，输入被测物的 A 值，其相应的浓度值立即出现在“计算结果”处。随着计算机的普及，Excel 电子表格亦被广泛应用于实验室，因此，用 Excel 电子表格制作标准曲线及查询测定结果准确、实用。

## 本章小结

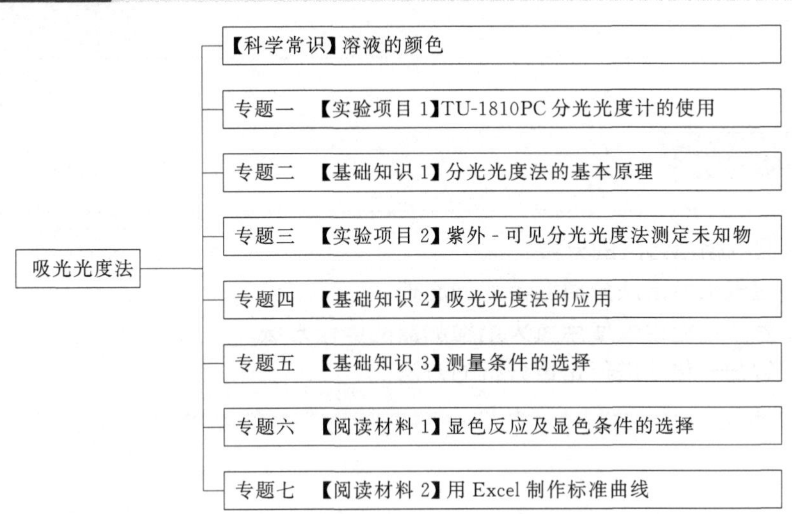


## 课后习题

1. 选择题

（1）一束（　　）通过有色溶液时，溶液的吸光度与溶液浓度和液层厚度的乘积成正比。

A. 平行可见光　　B. 平行单色光　　C. 白光　　D. 紫外光

（2）（　　）为互补色光。

A. 黄与蓝　　B. 红与绿　　C. 绿与青　　D. 紫与青蓝

（3）下列操作中正确的是（　　）。

A. 比色皿外壁有水珠　　B. 手捏比色皿的光面

C. 用报纸擦拭比色皿外壁　　D. 手捏比色皿的毛面

（4）如果显色剂或试剂有吸收，可用（　　）作参比溶液。

A. 溶剂　　B. 试剂　　C. 蒸馏水　　D. 显色剂

2. 填空题

（1）分光光度计由________、________、________、________和________ 5 部分组成。

（2）朗伯-比尔定律的数学表达式是________。

（3）吸收池的材质通常有________和________两种。

3. 何为工作曲线？它有什么用途？

4. 光度测量的条件是什么？

5. 某试液用 2cm 的比色皿测得 $T=60\%$，若改用 1cm 比色皿，则 $T$ 和 $A$ 各是多少？

# 第十章

# 气相色谱法

## 知识目标

1. 掌握气相色谱法的分类；
2. 掌握气相色谱法分离混合物的原理；
3. 了解气相色谱仪使用氢火焰检测器的操作方法；
4. 了解归一化法进行定量分析的方法。

## 能力目标

1. 学会使用气相色谱仪（氢火焰检测器）；
2. 学会液体进样技术；
3. 小组成员间的团队协作能力；
4. 培养学生的动手能力和安全生产的意识。

## 化学常识

### 色谱的起源

色谱法起源于20世纪初，1906年俄国植物学家米哈伊尔·茨维特用碳酸钙填充竖立的玻璃管，以石油醚洗脱植物色素的提取液，经过一段时间洗脱之后，植物色素在碳酸钙柱中实现分离，由一条色带分散为数条平行的色带。由于这一实验将混合的植物色素分离为不同的色带，因此茨维特将这种方法命名为色谱。

## 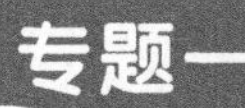专题一 【实验项目】气相色谱法分析苯的同系物

**【任务描述】**

通过实验学会使用气相色谱仪（FID 氢火焰检测器），分析苯的同系物。

**【教学器材】**

多媒体实验室、气相色谱仪（氢火焰检测器）、微量注射器（1μL）、秒表、色谱柱（不锈钢或玻璃，3mm×2m；有机皂土与邻苯二甲酸二壬酯混合固定液）、镜纸。

**【教学药品】**

苯、甲苯、对二甲苯、间二甲苯、邻二甲苯苯系混合物样品；苯系混合物标准样（准确称取苯、甲苯、对二甲苯、间二甲苯和邻二甲苯各 0.5g，于干燥、洁净的小试剂瓶中，混匀，塞紧瓶塞）。

**【组织形式】**

每个同学根据教师指导独立完成实验。

**【注意事项】**

（1）在未接色谱柱时，不要打开氢气阀门，以免氢气进入柱箱。通氢气后，待管道中残余气体排出后，应及时点火，并保证火焰是点着的。

（2）测定流量时，一定不能让氢气和空气混合，即测氢气时，要关闭空气，反之亦然。无论什么原因导致火焰熄灭时，应尽快关闭氢气阀门，直到排除了故障，重新点火时，再打开氢气阀门。高档仪器有自动检测和保护功能，火焰熄灭时可自动关闭氢气。

（3）FID 的灵敏度与氢气、空气和氮气的比例有直接的关系，因此要注意优化。一般三者的比例接近或等于 1∶10∶1，如氢气 30～40mL/min，空气 300～400mL/min，氮气 30～40mL/min。

（4）为防止检测器被污染，检测器温度设置不应低于色谱柱实际工作的最高温度。一旦检测器被污染，轻则灵敏度下降或噪声增大，重则点不着火。消除污染的办法是清洗，主要是清洗喷嘴表面和气路管道。具体办法是拆下喷嘴，依次用不同的溶剂（丙酮、氯仿和乙醇）浸泡，并在超声波水浴中超声 10min 以上。还可用细不锈钢丝穿过喷嘴中间的孔，或用酒精灯烧掉喷嘴内的油状物，以达到彻底清洗的目的。有时使用时间长了，喷嘴表面会积炭（一层黑色的沉积物），这会影响灵敏度。可用细砂纸轻轻打磨表面除去。清洗之后将喷嘴烘干，再装进检测器进行测定。

**【实验步骤】**

### 1. 检查并设定仪器工作条件

柱温：90℃；进样-汽化室：150℃；检测器：150℃；进样量：0.1μL；纸速：1cm/min；载气（$N_2$）流量：40mL/min；氢气流量：40mL/min；空气流量：400mL/min。

### 2. 启动仪器

按规定的操作条件调试、点火。待基线稳定后，用微量注射器注入苯系混合物样品 0.1μL。记下各色谱峰的保留时间。根据色谱峰的大小选定氢火焰检测器的灵敏度和衰减倍数。

### 3. 定性分析

在相同的操作条件下，依次在气相色谱仪上注进苯、甲苯、对二甲苯、间二甲苯和邻二甲苯纯品各 0.05μL，记录保留时间，与苯系混合物样品中各组分的保留时间一一对照定性。

### 4. 测量校正因子

待仪器稳定后，注入苯系混合物标准样 1μL，记录色谱图。准确测量各组分的峰高、半峰宽，用以计算峰面积及相对校正因子。

### 5. 定量分析

在相同的操作条件下，注入苯系混合物样品 0.1μL，准确测量各组分峰面积。平行测定 2～3 次。

### 6. 数据处理

（1）将实验操作条件填入下表。

| 色谱柱规格 | | 空气流量 | |
|---|---|---|---|
| 色谱柱材料 | | 色谱柱温度 | |
| 固定液 | | 汽化室温度 | |
| 载体及粒度 | | 检测器温度 | |
| 载气流量 | | 检测器灵敏度 | |
| 氢气流量 | | 走纸速度 | |

（2）将定性分析结果填入下表。

| 测定结果 | | $t_R$/s | $t_M$/s | $t'_R$/s | $\gamma_{2.1}$ | 定性结论 |
|---|---|---|---|---|---|---|
| 样品 | 色谱峰 1 | | | | | |
| | 色谱峰 2 | | | | | |
| | 色谱峰 3 | | | | | |
| | 色谱峰 4 | | | | | |
| | 色谱峰 5 | | | | | |
| 纯物质 | 苯 | | | | | |
| | 甲苯 | | | | | |
| | 对二甲苯 | | | | | |
| | 间二甲苯 | | | | | |
| | 邻二甲苯 | | | | | |

（3）将相对校正因子的测算结果填入下表。

| 测(算)结果 | | $m$/g | $h$/mm | $Y_{1/2}$/mm | $A$/mm$^2$ | $f'_i$ |
|---|---|---|---|---|---|---|
| 混合物标准 | 苯 | | | | | |
| | 甲苯 | | | | | |
| | 对二甲苯 | | | | | |
| | 间二甲苯 | | | | | |
| | 邻二甲苯 | | | | | |

（4）将定量分析结果填入下表。

| 测(算)结果 | | $f'_i$ | $h$/mm | $Y_{1/2}$/mm | $A$/mm$^2$ | 质量分数 |
|---|---|---|---|---|---|---|
| 样品 | 苯 | | | | | |
| | 甲苯 | | | | | |
| | 对二甲苯 | | | | | |
| | 间二甲苯 | | | | | |
| | 邻二甲苯 | | | | | |

**【任务解析】**

### 1. 利用保留时间对照定性分析

在一定的色谱条件下，一个未知物只有一个确定的保留时间。因此将已知纯物质在相同的色谱条件下的保留时间与未知物的保留时间进行比较，就可以定性鉴定未知物。若二者相同，则未知物可能是已知的纯物质；$t_R$ 不同，则未知物就不是该纯物质。

### 2. 归一化法定量分析

当试样中所有 $n$ 个组分全部流出色谱柱，并在检测器上产生信号时，可用归一化法计算组分含量。归一化法就是以样品中被测组分经校正过的峰面积（或峰高）占样品中各组分经过校正的峰面积（或峰高）的总和的比例来表示样品中各组分含量的定量方法。

假设试样中有 $n$ 个组分，每个组分的质量分别为 $m_1$、$m_2$、…、$m_n$，各组分含量的总和 $m$ 为 100%，其中组分 $i$ 的质量分数 $w_i$ 可按式（10-1）计算：

$$w_i=\frac{m_i}{m}\times100\%=\frac{m_i}{m_1+m_2+\cdots+m_n}\times100\%=\frac{A_i f'_i}{A_1 f'_1+A_2 f'_2+\cdots+A_n f'_n} \tag{10-1}$$

式中，$f'_i$ 为 $i$ 组分的相对校正因子。

相对校正因子（$f'_i$）是指组分 $i$ 与另一标准物 s 的绝对校正因子之比，即：

$$f'_i=\frac{f_i}{f_s}=\frac{m_i/A_i}{m_s/A_s}=\frac{m_i A_s}{m_s A_i}$$

当 $m_i$、$m_s$ 以摩尔为单位时，所得相对校正因子称为相对摩尔校正因子，用 $f'_M$ 表示；当 $m_i$、$m_s$ 用质量单位时，以 $f'_m$ 表示。

$A_i$ 为组分 $i$ 的峰面积，得质量分数；如为摩尔校正因子，则得摩尔分数或体积分数（气体）。

**想一想**

保留值在色谱定性、定量分析中有什么意义？

## 专题二　【基础知识 1】气相色谱法的相关知识

色谱法是一种用于分离、分析多组分混合物质的非常有效的方法。起源于俄国植物学家茨维特分离提取植物色素实验。茨维特在研究植物色素成分时，用石油醚浸取植物色素，然后将浸取液倒入用碳酸钙填充的玻璃管柱内，并不断用石油醚淋洗，各种色素在玻璃柱内形成不同颜色的色带，由此得名“色谱法”。随着科学技术的不断进步，色谱法也可以分析无色物质，但“色谱”一词仍然沿用。

色谱法是一种利用不同物质在不同相态的选择性分配，以流动相对固定相中的混合物进行洗脱，混合物中不同的物质会以不同的速度沿固定相移动，最终达到分离的效果的方法。所谓流动相是指色谱过程中携带组分向前移动的物质，如茨维特实验中的石油醚。所谓固定相是指色谱过程中不移动的具有吸附活性的固体或涂渍在载体上的液体，如茨维特实验中的碳酸钙。

色谱分析法是将色谱法与适当检测手段相结合的分析方法。

## 一、分类

色谱法有多种类型，从不同的角度可以有不同的分类法。

### 1. 按固定相和流动相所处的状态分类

见表 10-1。

**表 10-1 按固定相和流动相所处的状态分类**

| 分类 | 流动相 | 固定相 | 类型 |
| --- | --- | --- | --- |
| 液相色谱 | 液体 | 固体 | 液-固色谱 |
| | 液体 | 液体 | 液-液色谱 |
| 气相色谱 | 气体 | 固体 | 气-固色谱 |
| | 气体 | 液体 | 气-液色谱 |

### 2. 按分离机理分类

吸附色谱法：以固定吸附剂为固定相，利用它对不同组分吸附能力强弱不同而得以分离和分析的方法。

分配色谱法：利用不同组分在固定相和流动相之间分配性能（或溶解度）不同而达到分离和分析的方法。

离子交换色谱：利用溶液中不同离子与离子交换剂间的交换能力的不同而进行分离的方法。

空间排斥（阻）色谱法：利用多孔性物质对不同大小的分子的排阻作用进行分离的方法。

## 二、气相色谱法原理

气相色谱根据固定相不同分为气-液色谱和气-固色谱。

### 1. 气-液色谱分离原理

气-液色谱的固定相是涂在惰性载体表面的固定液，当气态试样随载气进入色谱柱时，试样组分分子与固定液分子充分接触，气相中各组分会部分或全部溶解到固定液中。随着载气的不断通入，被溶解的组分又从固定液中挥发出来，挥发出来的组分随着载气向前移动时又再次被固定液溶解。随着载气的流动，溶解-挥发的过程反复进行。由于组分性质的差异，固定液对它们的溶解能力将有所不同。易被溶解的组分，在柱内移动的速度慢，停留的时间长；反之，不易被溶解的组分，在柱内停留的时间短。各组分流经一定的柱长（或一定时间间隔），经过足够多次的反复分配后，性质不同的组分就会彼此分离。

2. 气-固色谱法分离原理

气-固色谱的固定相是固体吸附剂，当气态试样随载气进入色谱柱时，试样组分分子与吸附剂充分接触，气相中各组分会被吸附剂吸附。随着载气的不断通入，被吸附的组分又从固定相中洗脱出来（称为脱附），脱附下来的组分随着载气向前移动时又再次被固定相吸附。随着载气的流动，组分吸附-解析的过程反复进行。由于组分性质的差异，固定相对它们的吸附能力有所不同。易被吸附的组分，脱附较难，利用不同物质在固体吸附剂上的物理吸附-解吸能力不同实现物质的彼此分离。

3. 气相色谱法的特点

气相色谱法是基于色谱柱能分离样品中各个组分，检测器能连续响应，能同时对各组分进行定性定量的一种分离分析方法，是石油、化工、医药、食品、环境保护、生化等生产、科研部门一种重要的分析手段。其优点是：选择性高、高效能；灵敏度高；分析速度快；样品用量少；应用范围广泛。气相色谱法的不足之处，第一，是由于色谱峰不能直接给出定性的结果，它不能用来直接分析未知物，必须用已知纯物质的色谱图和它对照；第二，当分析无机物和高沸点有机物时比较困难，需要采用其他色谱分析方法来完成。

**想一想**

气-液色谱分离原理是什么？

## 专题三 【基础知识 2】气相色谱法的理论基础

色谱图是反映流出组分在检测器中的浓度或质量随流过色谱柱所需时间的变化曲线，是选择色谱操作条件、评价色谱分离效能、进行色谱定性分析和定量分析的依据。

## 一、气相色谱图及有关术语

1. 气相色谱图

试样经色谱分离后的各组分的浓度（或质量）经检测器转换成电信号记录下来，得到一条信号随时间变化的曲线，称为色谱流出曲线，即气相色谱图。理想的色谱流出曲线应该是正态分布曲线，如图 10-1 所示，色谱图上各个色谱峰，相当于试样中的各种组分，根据各个色谱峰，可以对试样中的各组分进行定性分析和定量分析。

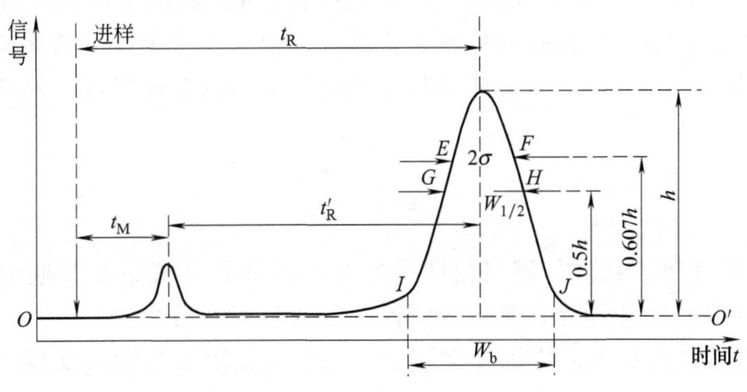


图 10-1 气相色谱图

2. 有关术语

（1）基线　在实验条件下，纯流动相进入检测器时，响应信号的记录值称为基线，如图10-1中直线$OO'$所示。基线在稳定的条件下应是一条水平的直线，它的平直与否可反映出实验条件的稳定情况。

（2）色谱峰　当某组分从色谱柱流出时，检测器对该组分的响应信号随时间变化所形成的峰形曲线称为该组分的色谱峰。色谱峰一般呈正态分布，色谱峰可以用峰高、峰面积、峰宽、半峰宽等参数来描述。

峰高（$h$）是指峰顶到基线的距离。峰面积（$A$）是指每个组分的流出曲线与基线间所包围的面积。峰高或峰面积的大小与每个组分在样品中的含量相关，因此色谱图中，峰高和峰面积是气相色谱进行定量分析的主要依据。峰宽（$W_b$）是指色谱峰两侧拐点所作的切线与基线两交点之间的距离，如$IJ$。半峰宽（$W_{1/2}$）是指在峰高$1/2h$处的峰宽，如$GH$。

（3）保留值　保留值表示试样组分在色谱柱内的滞留情况，通常用时间或相应的载气体积表示。它反映组分与固定相之间作用力的大小，在一定的固定相和操作条件下，任何一种物质都有一确定的保留值，这样就可用作定性参数。

① 死时间（$t_M$）。不被固定相吸附或溶解的气体（如空气、甲烷）从进样开始到柱后出现浓度最大值时所需的时间称为死时间。显然，死时间正比于色谱柱的空隙体积。

② 保留时间（$t_R$）。被测组分从进样开始到柱后出现浓度最大值时所需的时间。保留时间是色谱峰位置的标志。

③ 调整保留时间（$t'_R$）。扣除死时间后的保留时间，即

$$t'_R=t_R-t_M \tag{10-2}$$

它更确切地表达了被分析组分的保留特性，是气相色谱定性分析的基本参数。

④ 死体积（$V_M$）。色谱柱内固定相颗粒间所剩余的空间、色谱仪中管路和连接头间的空间以及进样系统、检测器的空间的总和。若操作条件下色谱柱内载气的平均流速为$F_c$（mL/min），则

$$V_M=t_MF_C \tag{10-3}$$

⑤ 保留体积（$V_R$）。从进样开始到柱后被测组分出现浓度最大值时所通过的载气体积，即

$$V_R=t_RF_C \tag{10-4}$$

⑥ 调整保留体积（$V'_R$）。扣除死体积后的保留体积，即

$$V'_R=t'_RF_C=(t_R-t_M)F_c=V_R-V_M \tag{10-5}$$

同样，$V'_R$与载气流速无关。死体积反映了色谱柱和仪器系统的几何特性，它与被测物的性质无关，故保留体积值中扣除死体积后将更合理地反映被测组分的保留特性。

⑦ 相对保留值（$r_{is}$）。指一定实验条件下某组分$i$的调整保留值与标准物质s的调整保留值之比

$$\gamma_{is}=\frac{t'_{R_i}}{t'_{R_s}}=\frac{V'_{R_i}}{V'_{R_s}} \tag{10-6}$$

$r_{is}$仅仅与组分性质、柱温、固定相性质有关，而与载气流量及其他实验条件无关，它表示色谱柱对两种组分的选择性，是色谱定性分析的重要参数之一。

（4）分配系数（$K$）　在一定温度和压力下，组分在固定相和流动相之间分配达平衡时的浓度的比值，即

$$K=\frac{\text{每毫升固定液中所溶解的组分量}}{\text{柱温及柱平均压力下每毫升载气所含组分量}}=\frac{c_L}{c_G} \tag{10-7}$$

式中，$c_L$，$c_G$ 为组分在固定液、载气（气相）中的浓度。

分配系数 $K$ 是由组分和固定相的热力学性质决定的，它是每一个溶质的特征值，它仅与固定相和温度两个变量有关，与两相体积、柱管的特性以及所使用的仪器无关。

## 二、基本理论

多组分试样通过色谱柱逐一分离，描述这一过程的理论主要有塔板理论和速率理论。

### 1. 塔板理论

1941 年马丁（Martin）和辛格（Synge）最早提出塔板理论（plate theory），他们将色谱柱比作蒸馏塔，把一根连续的色谱柱设想成由许多小段组成。在每一小段内，一部分空间为固定相占据，另一部分空间充满流动相。组分随流动相进入色谱柱后，就在两相间进行分配。并假定在每一小段内组分可以很快地在两相中达到分配平衡，这样一个小段称作一个理论塔板（theoretical plate），一个理论塔板的长度称为理论塔板高度（theoretical plate height）$H$。经过多次分配平衡，分配系数小的组分，先离开蒸馏塔，分配系数大的组分后离开蒸馏塔。由于色谱柱内的塔板数相当多，因此即使组分分配系数只有微小差异，仍然可以获得好的分离效果。他们将分离技术比拟为一个分馏过程，即将连续的色谱过程看成是许多小段平衡过程的重复。一个色谱柱的塔板数越多，则其分离效果就越好。

### 2. 速率理论

1956 年荷兰学者范第姆特（Van Deemter）等在研究气-液色谱时，提出了色谱过程动力学理论——速率理论。他们吸收了塔板理论中板高的概念，并充分考虑了组分在两相间的扩散和传质过程，从而在动力学基础上较好地解释了影响板高的各种因素，提出速率理论方程式，亦称范弟姆特方程式。

$$H=A+B/u+Cu \tag{10-8}$$

式中 $H$——塔板数；

$A$——涡流扩散项（系数）；

$B$——分子扩散项（系数）；

$C$——传质阻力项（系数）；

$u$——载气线速度，cm/s。

该理论模型对气相、液相色谱都适用。

**想一想**

什么是保留值，包括哪些参数？

## 专题四 【基础知识 3】气相色谱仪

常用气相色谱仪一般由气路系统、进样系统、分离系统、检测系统、数据处理系统和温度控制系统等六部分组成。

## 一、气相色谱分析流程

如图 10-2 所示，流动相载气由高压钢瓶 1 供给，经减压阀 2 减压后，通过净化器 3 净化，用气流调节阀 4 控制气流速度，利用转子流量计 5 指示载气的柱前流量。试样用微量注射器在进样口注入到汽化室 6 经瞬间汽化，被载气带入色谱柱 7 进行分离。分离后的组分逐个进入检测器 8 放空，将组分的浓度（或质量）变化转变为电信号，电信号经放大后，由记录器记录下来，即得到色谱图。

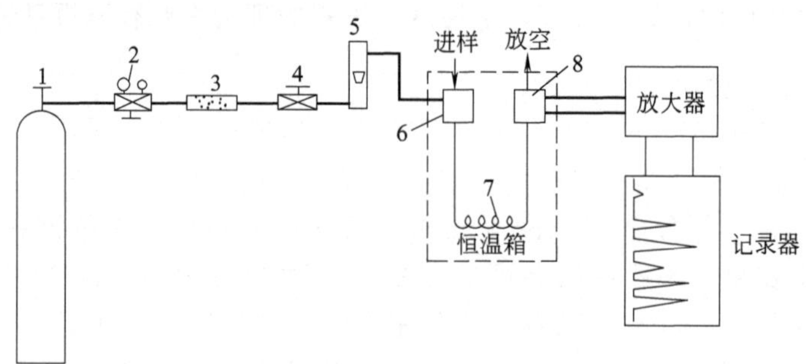


图 10-2　单柱单气路结构示意图

## 二、 GC-7890Ⅱ型气相色谱仪

GC-7890Ⅱ气相色谱仪由柱箱、进样器、检测器、气路控制系统和计算机控制系统组成。有 5 种检测器可供选择，下面以 FID 检测器为例。

（1）按照所用色谱柱的老化条件充分老化色谱柱，将色谱柱与 FID 检测器相连接。

（2）打开净化器上的载气开关阀，再用检漏液检漏，以保证良好气密性。调节载气流量为适当值（根据刻度-流量表或用皂膜流量计测得）。

（3）打开电源开关，根据分析需要设置柱温、进样温度及 FID 检测器的温度（FID 检测器的温度应＞100℃）。

（4）打开净化器的空气、氢气开关阀，分别调节空气和氢气流量为适当值（根据刻度-流量表或用皂膜流量计测得）。

（5）待 FID 检测器的温度升高到 100℃以上后，按［FIRE］键，点燃 FID 检测器的火焰。注意如果 FID 检测器的温度低于 100℃时点火，会造成检测器内积水，影响检测器的稳定性。

（6）设置 FID 检测器微电流放大器的量程。量程分为 10,9,8,7 四挡，量程为 10 时，FID 检测器的微电流放大器灵敏度最高，量程为 9 则灵敏度降低，其余依此类推。量程通过［RANGE］来设置，设置步骤按说明书进行（假定设置量程为 8）。

（7）设置输出信号的衰减值。衰减分 0～8 九挡，分别表示输出信号的 $2^0$～$2^8$ 衰减输出，衰减通过［ATT］来设置。将信号线与积分仪连接，即将仪器所附的信号线插到［SIGNAL A］插座上，将信号线另一头的叉形焊片与积分仪连接。调节调零电位器使 FID 输出信号在积分仪的零位附近。进样后如出反峰，请将信号线叉形焊片的正负位置对调。

（8）GC7890Ⅱ气相色谱仪 FID 检测器在日常关机时，应当先将高效净化器的氢气和空气的开关阀关闭，以切断 FID 检测器的燃气和助燃气将火焰熄灭，然后降温，当柱箱温度低于 80℃以下时才能关闭载气和电源开关。

## 三、操作条件的选择

在气相色谱分析中，除了要选择好固定相以外，还要选择分离操作的最佳条件。

### 1. 载气及流速的选择

载气种类的选择应考虑载气对柱效的影响、检测器要求及载气性质。根据范第姆特方程，当载气流速较小时，为抑制试样的纵向扩散，需摩尔质量大的载气（如 $N_2$，Ar）。当载气流速较大时，为减小传质阻力，采用较小摩尔质量的载气（如 $H_2$，He）。热导检测器需要使用热导率较大的氢气或氦气，有利于提高检测灵敏度。在氢火焰检测器中，氮气仍是首选目标。

由范第姆特方程式可以看出，分子扩散项与载气流速成反比，而传质阻力项与流速成正比，所以必然有一最佳流速使板高最小，柱效能最高。

最佳流速一般通过实验来选择。以载气流速 $u$ 为横坐标、板高 $H$ 为纵坐标，绘制 $H$-$u$ 曲线，如图 10-3 所示。

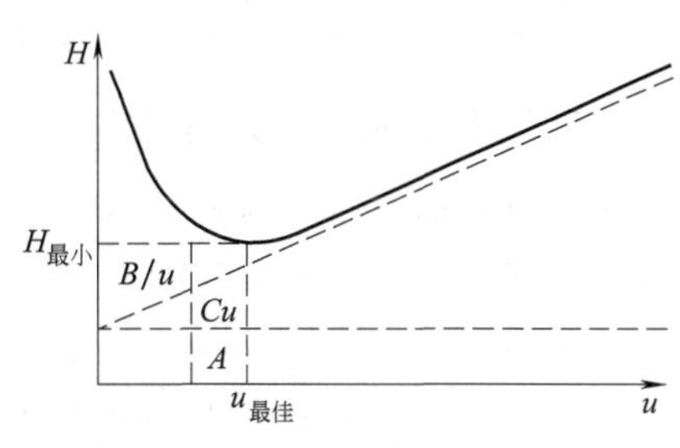


图 10-3　塔板高度 $H$ 与载气流速 $u$ 的关系

曲线最低点处对应的塔板高度最小，因此对应载气的最佳线速度。使用最佳载气流速虽然柱效高，但分析速度慢，因此，实际工作中，在加快分析速度，同时又不明显增加塔板高度的情况下，一般采用比最佳流速稍大的流速进行测定。对一般色谱柱（内径 3～4mm）常用流速为 20～100mL/min。

### 2. 色谱柱及柱温的选择

在气相色谱分析中，样品的分离过程是在色谱柱内完成的，样品能否在色谱柱中得到完全分离，取决于固定相的选择是否合适。

增加柱长可以增加塔板数，从而增加柱效能，但增加柱长也加长了分析时间、增大了柱阻力。一般柱长为 1～3m，内径为 3～4mm。

柱温合适与否，直接影响分离效能和分析速度测定的结果。柱温低有利于组分的分离，当柱温过低，被测组分可能在柱中冷凝，或者增加传质阻力。柱温高不利于分离，柱温过高，色谱峰靠拢，甚至色谱峰重叠。最佳柱温一般比各组分的平均沸点低 20～30℃。

### 3. 汽化室温度的选择

选择的原则是既能保证试样不分解，又能使样品迅速汽化。一般比柱温高 30～70℃，或比样品组分中最高沸点高 30～50℃，就可以满足分析要求。

### 4. 进样量和进样时间的选择

进样量的多少应根据试样的性质、种类、含量和检测器的灵敏度等确定。进样量过大，所得到的色谱峰形不对称程度增加，峰高、峰面积与进样量不成线性关系，无法定量。若进样量太小，可能会因检测器灵敏度不够无法检出。色谱柱最大允许量通过实验获得。对于内径为 3～4mm、柱长 2m，固定液用量为 16％～20％的色谱柱，液体进样量为 0.1～10μL；检测器为 FID 时进样量应小于 1μL。

进样速度必须迅速，一般在 1s 之内完成。否则会增大峰宽，峰变形，影响分离。常用注射器或气体减压阀进样。

想一想

气相色谱基本流程是什么？

## 专题五 【基础知识 4】气相色谱分析方法

### 一、定性分析

色谱定性分析就是要确定色谱图上各色谱峰所代表的化合物。由于各种物质在一定的色谱条件下均有确定的保留值，因此保留值可作为一种定性指标。

#### 1. 利用保留时间$t_R$对照定性

色谱分析的基本依据是保留时间。当固定相和操作条件严格不变时，一个未知物只有一个确定的保留时间。因此相同的色谱条件下，若已知纯物质的保留时间与未知物的保留时间相同，则可以认为二者是同一物质，相反则不是同一物质。纯物质对照法定性只适用于组分性质已有所了解，组成比较简单，且有纯物质的未知物。已知纯样的 $t_R$ 直接对照定性方法的依据是色谱条件严格不变时，任一组分都有一定的保留值。此法的可靠性与分离度有关。

#### 2. 利用加入法定性

当未知样品中组分较多，所得色谱峰过密，用 $t_R$ 对照定性不易辨认时，可以将纯物质加入到试样中，观察各组分色谱峰的相对变化，若加入纯样后某一组分的峰高增加，表示试样中可能含有该纯样。

#### 3. 利用保留指数定性

保留指数又称柯瓦（Kovats）指数，它表示物质在固定液上的保留行为，是目前使用最广泛并被国际上公认的定性指标。保留指数也是一种相对保留值，它采用一系列正构烷烃作为基准物质，规定其保留指数为分子中碳原子个数乘以 100（如正己烷的保留指数为 600），其他物质的保留指数是通过选定两个相邻的正构烷烃，其分别具有 $Z$ 和（$Z+1$）个碳原子。被测物质 X 的调整保留时间应在相邻两个正构烷烃的调整保留值之间，被测物的保留指数值可用内插法计算。

$$I_X=100\left(\frac{\lg t'_{R(X)}-\lg t'_{R(Z)}}{\lg t'_{R(Z+1)}-\lg t'_{R(Z)}}+Z\right) \tag{10-9}$$

测保留指数时，柱子与柱温要与文献规定相同。

### 二、定量分析

气相色谱定量分析是一种相对定量方法，而不是绝对定量分析方法。

#### 1. 气相色谱的定量依据

在一定色谱条件下，分析组分 $i$ 的质量（$m_i$）或其在流动相中的浓度是与检测器的响应信号（色谱图上表现为峰面积 $A_i$ 或峰高 $h_i$）成正比。

$$m_i = f_i A_i \tag{10-10}$$

或

$$m_i = f_i h_i \tag{10-11}$$

式中　$m_i$——被测组分的质量；

$f_i$——为组分 $i$ 的校正因子，又叫绝对校正因子。

这就是色谱法定量的依据。对浓度敏感型检测器，常用峰高定量；对质量敏感型检测器，常用峰面积定量。

当用记录仪记录色谱峰时，需要用手工测量的方法对色谱峰或峰面积进行测量。

峰高的测量是当各种实验条件严格保持不变时，一定进样范围内色谱峰的半峰宽不变，即可用峰高来定量，特别对于狭窄的峰，较面积定量法更为准确。

① 峰高（$h$）乘半峰宽（$W_{1/2}$）法。当测量对称且不太窄的峰面积时，近似将色谱峰当作等腰三角形，此法算出的面积是实际峰面积的 0.94 倍，即

$$A = 1.064 h W_{1/2} \tag{10-12}$$

② 峰高乘平均峰宽法。当测量不对称形峰面积时，如仍用峰高乘以半峰宽，误差就较大，因此采用峰高乘平均峰宽法，即

$$A = 1/2(W_{0.15} + W_{0.85})h \tag{10-13}$$

式中，$W_{0.15}$、$W_{0.85}$ 分别为峰高 0.15 倍和 0.85 倍处的峰宽。

③ 采用峰高乘保留时间法。在一定操作条件下，同系物的半峰宽与保留时间成正比，对于难于测量半峰宽的窄峰、重叠峰（未完全重叠），可用此法测定峰面积，即

$$W_{1/2} \propto t_R \qquad W_{1/2} = b\, t_R$$

$$A = hb\, t_R \tag{10-14}$$

作相对计算时，$b$ 可以约去。

④ 剪纸称量法。将记录仪所绘制出的色谱图，用剪刀剪下，在分析天平上称质量，含量越高，面积越大，纸越重，与标准图谱得出色谱图纸重比较，求出被则组分含量。

### 2. 定量校正因子

式（10-10）、式（10-11）中绝对校正因子 $f_i$ 为组分 $i$ 的绝对校正因子，当 $m_i$、$m_s$ 用 g 或 mol 为单位时，分别称为质量校正因子和摩尔校正因子，它的大小主要由操作条件和仪器的灵敏度所决定，既不容易准确测量，也无统一标准；当操作条件波动时，$f_i$ 也发生变化。故 $f_i$ 无法直接应用，定量分析时，一般采用相对校正因子。

相对校正因子（$f_i'$）是指组分 $i$ 与另一标准物 s 的绝对校正因子之比，即

$$f_i' = \frac{f_i}{f_s} = \frac{m_i/A_i}{m_s/A_s} = \frac{m_i A_s}{m_s A_i} \tag{10-15}$$

相对校正因子可以自行测定，也可以查文献、手册获得。应用时常省略“相对”两字。

**例**　准确称取一定质量的色谱纯对二甲苯、甲苯、苯及仲丁醇，混合后稀释，采用氢火焰检测器，定量进样并测量各物质所对应的峰面积，数据如下：

| 物质 | 苯 | 仲丁醇 | 甲苯 | 对二甲苯 |
|---|---|---|---|---|
| $m/\mu g$ | 0.4720 | 0.6325 | 0.8149 | 0.4547 |
| $A/cm^2$ | 2.60 | 3.40 | 4.10 | 2.20 |

以仲丁醇为标准，计算各物质的相对质量校正因子。

**解：**

$$f_m(\text{仲丁醇}) = \frac{0.6325\mu g}{3.40 cm^2}$$

$$f_m(\text{甲苯})=\frac{0.8149\mu g}{4.10cm^2}$$

$$f'_m(\text{甲苯})=\frac{f_m(\text{甲苯})}{f_m(\text{仲丁醇})}=\frac{A(\text{仲丁醇})}{A(\text{甲苯})}\times\frac{m(\text{甲苯})}{m(\text{仲丁醇})}=\frac{3.40\times0.8149}{4.10\times0.6325}=1.06$$

同理 $f'_m$(苯)=0.98，$f'_m$(对二甲苯)=1.10。

### 3. 定量方法

（1）外标法（标准曲线法）　将预测组分的纯物质配制成不同浓度的标准溶液，在一定的色谱条件下获得色谱图，作峰面积或峰高与浓度的关系曲线，作为标准曲线。固定色谱条件，测出待测物质的峰面积或峰高，在标准曲线上查出其浓度。进一步计算待测组分的含量。

此法不需要校正因子，比较方便，但要求操作条件稳定，进样量准确。

（2）归一化法　应用条件是试样中所有组分全部流出色谱柱，并在检测器上产生信号。归一化法就是以样品中被测组分经校正过的峰面积（或峰高）占样品中各组分经过校正的峰面积（或峰高）的总和的比例来表示样品中各组分含量的定量方法。

对于狭窄的色谱峰，也有用峰高代替峰面积来进行定量测定。当各种条件保持不变时，在一定的进样量范围内，峰的半宽度是不变的，因为峰高就直接代表某一组分的量。

$$w_i=\frac{h_i f'_{i(h)}}{h_1 f'_{1(h)}+h_2 f'_{2(h)}+\cdots+h_i f'_{i(h)}+\cdots+h_n f'_{n(h)}}\times100\% \tag{10-16}$$

式中，$f'_{n(h)}$ 为峰高相对校正因子。

此法准确简便，进样量与操作条件对结果影响都不大。

（3）内标法　当试样中所有组分不可能全部出峰，或只需测定试样中某几个组分，或试样各组分含量悬殊时，可采用内标法。

内标法是将一定质量的非被测组分的纯物质作为内标物，加入到准确称取的试样中，根据被测物质和内标物的质量及其在色谱图上相应峰面积之比，求出被测组分的质量分数。

试样配制方法是准确称取一定量的试样 $m$，加入一定量内标物 $m_s$，计算式如下：

$$m_i=f_iA_i,\ m_s=f_sA_s$$

$$\frac{m_i}{m_s}=\frac{f_iA_i}{f_sA_s}=f'_i\frac{A_i}{A_s}$$

$$m_i=f'_i\frac{A_i}{A_s}m_s \tag{10-17}$$

设样品的质量为 $m_{试样}$，则待测组分 $i$ 的质量分数为

$$w_i=\frac{m_i}{m_{试样}}\times100\%=\frac{m_s\frac{f'_iA_i}{f'_sA_s}}{m_{试样}}\times100\%=\frac{m_sA_if'_i}{m_{试样}A_sf'_s}\times100\% \tag{10-18}$$

式中　$f'_i$、$f'_s$——组分 $i$ 和内标物 s 的质量校正因子；

$A_i$、$A_s$——组分 $i$ 和内标物 s 的峰面积。

也可用峰高代替面积，则

$$w_i=\frac{m_sh_if'_{i(h)}}{m_{试样}\ h_sf'_{s(h)}}\times100\% \tag{10-19}$$

式中，$f'_{i(h)}$、$f'_{s(h)}$ 为组分 $i$ 和内标物 s 的峰高校正因子。

$$w_i=f'_i\frac{m_sA_i}{m_{试样}\ A_s}\times100\% \tag{10-20}$$

$$w_i = f'_{i(h)} \frac{m_s h_i}{m_{试样} h_s} \times 100\% \qquad (10\text{-}21)$$

此法要求试样中不含有所选的内标物，内标物应该与被测组分性质比较接近，不与试样发生化学反应，出峰位置应位于被测组分附近，且无组分峰影响等。

## 想一想

气相色谱定量分析的依据是什么？

## 专题六　【阅读材料 1】氢火焰离子化检测器

1958 年 Mewillan 和 Harley 等分别研制成功氢火焰离子化检测器（FID），它是典型的破坏性、质量型检测器，是以氢气和空气燃烧生成的火焰为能源，当有机化合物进入以氢气和氧气燃烧的火焰，在高温下发生化学电离，电离产生比基流高几个数量级的离子，在高压电场的定向作用下，形成离子流，微弱的离子流（$10^{-12}$～$10^{-8}$A）经过高阻（$10^6$～$10^{11}\Omega$）放大，成为与进入火焰的有机化合物量成正比的电信号，因此可以根据信号的大小对有机物进行定量分析。氢火焰检测器由于结构简单、性能优异、稳定可靠、操作方便，所以经过多年的发展，今天的 FID 结构仍无实质性的变化。

其主要优点是对几乎所有挥发性的有机化合物均有响应，对所有烃类化合物（碳数≥3）的相对响应值几乎相等，对含杂原子的烃类有机物中的同系物（碳数≥3）的相对响应值也几乎相等。这给化合物的定量带来很大的方便，而且具有灵敏度高（$10^{-13}$～$10^{-10}$g/s），基流小（$10^{-14}$～$10^{-13}$A），线性范围宽（$10^6$～$10^7$），死体积小（≤1μL），响应快（1ms），可以和毛细管柱直接联用，对气体流速、压力和温度变化不敏感等优点，所以成为应用广泛的气相色谱检测器。

其主要缺点是需要三种气源及其流速控制系统，尤其是对防爆有严格的要求。

氢火焰离子化检测器的结构氢火焰离子化检测器（FID）由电离室和放大电路组成，分别如图 10-4（a）、图 10-4（b）所示。

FID 的电离室由金属圆筒作外罩，底座中心有喷嘴；喷嘴附近有环状金属圈（极化极，

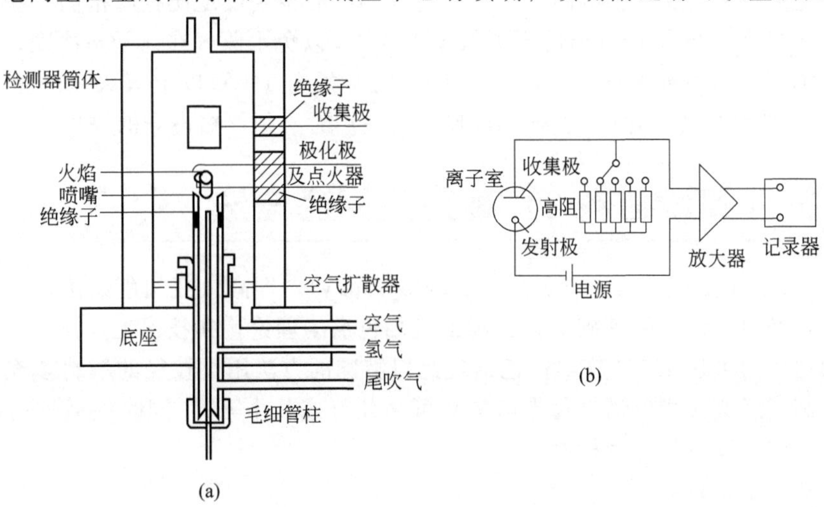


图 10-4　氢火焰离子化检测器的结构

又称发射极)，上端有一个金属圆筒（收集极)。两者间加 90～300V 的直流电压，形成电离电场加速电离的离子。收集极捕集的离子硫经放大器的高阻产生信号、放大后送至数据采集系统；燃烧气、辅助气和色谱柱由底座引入；燃烧气及水蒸气由外罩上方小孔逸出。

氢火焰离子化检测器的操作条件：火焰温度、离子化程度和收集效率都与载气、氢气、空气的流量和相对比值有关。其影响如下所述。

（1）氢气流速的影响　氢气作为燃烧气与氮气（载气）预混合后进入喷嘴，当氮气流速固定时，随着氢气流速的增加，输出信号也随之增加，并达到一个最大值后迅速下降。通常氢气的最佳流速为 40～60mL/min。有时是氢气作为载气，氮气作为补充气，其效果是一样的。

（2）氮气流速的影响　在我国多用 $N_2$ 作载气，$H_2$ 作为柱后吹扫气进入检测器，对不同 $k$ 值的化合物，氮气流速在一定范围增加时，其响应值也增加，在 30mL/min 左右达到一个最大值而后迅速下降。这是由于氮气流量小时，减少了火焰中的传导作用，导致火焰温度降低，从而减少电离效率，使响应降低；而氮气流量太大时，火焰因受高线速气流的干扰而燃烧不稳定，不仅使电离效率和收集效率降低，导致响应降低，同时噪声也会因火焰不稳定而响应增加。所以氮气一般采用流量在 30mL/min 左右，检测器可以得到较好的灵敏度。在用 $H_2$ 作载气时，$N_2$ 作为柱后吹扫气与 $H_2$ 预混合后进入喷嘴，其效果也是一样的。此外氮气和氢气的体积比不一样时，火焰燃烧的效果也不相同，因而直接影响 FID 的响应。$N_2$∶$H_2$ 的最佳流量比为 1～1.5。也有文献报道，在补充气中加一定比例 $NH_3$，可增加 FID 的灵敏度。

（3）空气流速的影响　空气是助燃剂。同时还是燃烧生成的 $H_2O$ 和 $CO_2$ 的清扫气。空气流量往往比保证完全燃烧所需要的量大许多，这是由于大流量的空气在喷嘴周围形成快速均匀流场，可减少峰的拖尾和记忆效应。其空气最佳流速需大于 300mL/min，一般采用空气与氢气流量比为 1∶10 左右。由于不同厂家不同型号的色谱仪配置的 FID 其喷口的内径不相同，其氢气、氮气和空气的最佳流量也不相同，可以参考说明书进行调节，但其原理是相同的。

（4）检测器温度的影响　增加 FID 的温度会同时增大响应和噪声；相对其他检测器而言，FID 的温度不是主要的影响因素，一般将检测器的温度设定比柱温稍高一些，以保证样品在 FID 内不冷凝；此外 FID 温度不可低于 100℃，以免水蒸气在离子室冷凝，导致离子室内电绝缘下降，引起噪声骤增；所以 FID 停机时必须在 100℃以上灭火（通常是先停 $H_2$，后停 FID 检测器的加热电流)，这是 FID 检测器使用时必须严格遵守的操作。

## 专题七　【阅读材料 2】高效液相色谱法

HPLC（high-performance liquid chromatography)，即高效液相色谱法，又称高压液相色谱法，是在经典色谱法的基础上，引用了气相色谱的理论，在技术上，流动相改为高压输送（最高输送压力可达 4.9107Pa)；色谱柱是以特殊的方法用小粒径的填料填充而成，从而使柱效大大高于经典液相色谱（每米塔板数可达几万或几十万)；同时柱后连有高灵敏度的检测器，可对流出物进行连续检测。

HPLC 有以下特点：

高压——压力可达 150～300kgf/cm$^2$。色谱柱每米降压为 75kgf/cm$^2$ 以上。

高速——流速为 0.1～10.0mL/min。

高效——可达 5000 塔板每米。在一根柱中同时分离成分可达 100 种。

高灵敏度——紫外检测器灵敏度可达 0.01ng。同时消耗样品少。

HPLC 与经典液相色谱相比有以下优点：

速度快——通常分析一个样品在 15～30min，有些样品甚至在 5min 内即可完成。

分辨率高——可选择固定相和流动相以达到最佳分离效果。

灵敏度高——紫外检测器可达 0.01ng，荧光和电化学检测器可达 0.1pg。

柱子可反复使用——用一根色谱柱可分离不同的化合物。

样品量少，容易回收——样品经过色谱柱后不被破坏，可以收集单一组分或做制备。

HPLC 系统一般由输液泵、进样器、色谱柱、检测器、数据记录及处理装置等组成。其中输液泵、色谱柱、检测器是关键部件。有的仪器还有梯度洗脱装置、在线脱气机、自动进样器、预柱或保护柱、柱温控制器等，现代 HPLC 仪还有微机控制系统，进行自动化仪器控制和数据处理。制备型 HPLC 仪还备有自动馏分收集装置。

最早的液相色谱仪由粗糙的高压泵、低效的柱、固定波长的检测器、绘图仪组成，绘出的峰是通过手工测量计算峰面积。后来的高压泵精度很高并可编程进行梯度洗脱，柱填料从单一品种发展至几百种类型，检测器从单波长至可变波长，可得三维色谱图的二极管阵列检测器，可确证物质结构的质谱检测器。数据处理不再用绘图仪，逐渐取而代之的是最简单的积分仪、计算机、工作站及网络处理系统。

目前常见的 HPLC 仪生产厂家国外有 Waters 公司、Agilent 公司（原 HP 公司）、岛津公司等，国内有大连依利特公司、上海分析仪器厂、北京分析仪器厂等。

## 本章小结

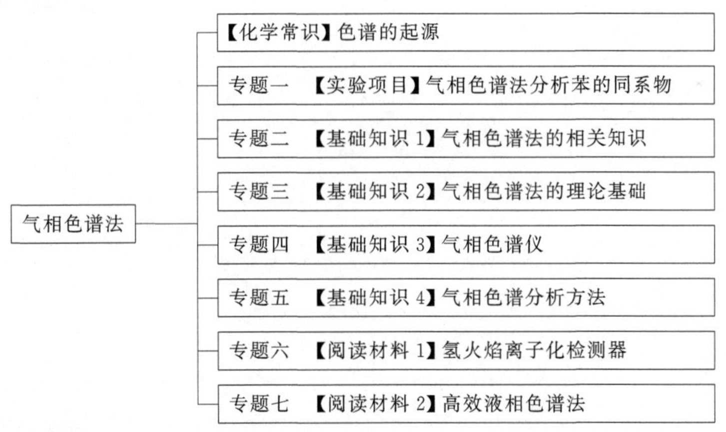


## 课后习题

1. 选择题

（1）不被固定相吸附或溶解的气体，进入色谱柱时，从进样到柱后出现极大值的时间称为（　　）。

A. 死时间　　B. 保留时间　　C. 固定保留时间　　D. 调整保留时间

（2）气相色谱中，和流动相流速有关的保留值是（　　）。

A. 保留体积　　B. 保留时间　　C. 调整保留体积　　D. 调整保留时间

（3）下列不是描述色谱图术语的是（　　）。

A. 峰面积　　B. 半宽度　　C. 容量因子　　D. 峰高

（4）范第姆特方程中不是影响 $A$ 项的因素是（　　）。

A. 载气流速　　B. 固体颗粒直径　　C. 载气分子量　　D. 柱温

（5）对于试样中各组分不能完全出峰的色谱分析，不能使用（　　）进行定量计算。

A. 内标法　　B. 外标法　　C. 内加法　　D. 归一化法

2. 填空题

（1）按机理分，色谱分析有________、________、________和________等。

（2）气相色谱仪的操作条件有________。

（3）色谱法的基本理论有________和________两种。

3. 色谱定量分析中，为什么要用定量校正因子？在什么条件下可以不用校正因子？

4. 归一化法计算为什么要用校正因子？

5. 在一个苯系混合液中，用气相色谱法分析，测得如下数据。计算各组分的含量。

| 组分 | 苯 | 甲苯 | 邻二甲苯 | 对二甲苯 | 间二甲苯 |
|---|---|---|---|---|---|
| $f_i$ | 0.780 | 0.794 | 0.840 | 0.812 | 0.801 |
| $h$/cm | 4.20 | 3.06 | 7.50 | 2.98 | 1.67 |
| $b$/cm | 0.30 | 0.32 | 0.34 | 0.35 | 0.38 |

# 第十一章

# 常用的分离与富集方法

## 知识目标

1. 掌握萃取分离法的基本原理；
2. 掌握离子交换树脂的结构；
3. 掌握回收率、萃取率、分配比的计算。

## 能力目标

1. 能根据物质性质选择合适的分离与富集方法；
2. 能根据分离物质的性质选择合适的沉淀剂。

## 生活常识

### 衣柜里的樟脑丸去哪了

人们经常在衣柜里，放进一些白色的樟脑丸，从而防止羊毛衣物被虫蛀。

在热带以及亚热带，有一种身材相当魁梧的大树，就叫作樟树。樟木箱，一般是用樟树的树干做的。在我国的台湾，盛产樟树，江西以及湖南和浙江也有很多樟树。樟树的木头特别香。人们把樟木锯碎以后用水蒸气进行蒸馏，从而制得芳香的樟油。樟油经提纯以后，就制得白色的樟脑。纯净的樟脑一般是白色或无色透明的棱形晶体，很香。

你看见过碘的晶体吗？它主要是灰黑色的结晶。而且在晶体周围，总是罩着一层紫色的“云”——碘的蒸气。这是因为碘尽管是固体，但它与酒精、水等一样，十分容易挥发，从而变成蒸气，而不同的只是：碘能不经液态而直接变为蒸气，这在化学上叫作“升华”。

樟脑与碘一样，也相当易升华。在樟脑丸四周，经常有一团云——樟脑蒸气。只是樟脑蒸气是无色的，眼睛也看不见罢了。但是，它具有十分特别的香味，鼻子能“侦察”到它的存在。

樟脑时刻在升华。在 100℃ 时，一颗樟脑丸，过一会儿就“不翼而飞”了。在室温下，通常要挥发得慢一点。但是，日子久了，樟脑丸慢慢地变成蒸气飞到空气中去，最终也就“不翼而飞”了。

## 专题一 【实验项目】茶叶中提取咖啡因

**【任务描述】**

学习从植物中提取生物碱的原理及方法；学会脂肪提取器（索氏提取器）的安装及使用；学习升华法纯化咖啡因的方法。

**【教学器材】**

冷凝管、提取器、圆底烧瓶、酒精灯、漏斗、蒸馏烧瓶、锥形瓶、乳胶管、球形冷凝管、蒸发皿。

**【教学药品】**

酒精、茶叶。

**【组织形式】**

三个同学为一实验小组，根据教师给出的引导步骤和要求，自行完成实验。

**【注意事项】**

本实验的关键是升华一步，一定要小火加热，慢慢升温，最好是酒精灯的火焰尖刚好接触石棉网，缓慢加热 10～15min。如果火焰太大，加热太快，滤纸和咖啡因都会炭化变黑；如果火焰太小，升温太慢，会浪费时间，部分咖啡因还没有升华，影响收率。

初步提纯后的液体中含的酒精一定要少。

**【实验步骤】**

### 1. 提取咖啡因溶液

将装好茶叶的纸套放入提取器中，然后向圆底烧瓶中加入 60mL 无水乙醇，再向提取器中加入 30mL 无水乙醇。向圆底烧瓶中加入几粒沸石，接好冷凝水开始加热，连续虹吸 5～6 次，直到提取器中溶剂的颜色呈无色或浅绿色时可以停止提取，但是必须提取器中的提取液刚刚虹吸下去后方可停止加热。

### 2. 初步提纯

稍冷后将提取的溶液转移到蒸馏装置中进行加热蒸馏，待还有 2～3mL 时停止加热，回收酒精，并将溶液转移到蒸发皿中再加入 2～3g 生石灰进行脱水。

### 3. 升华提纯

将蒸发皿盖一个事先刺许多小孔的滤纸和一个漏斗，漏斗口用棉花塞死，将蒸发皿放在石棉网上徐徐加热，大约需要 10min，停止加热让其自然冷却至不太烫手时，小心取下漏斗和滤纸，会看到滤纸上附有大量无色针状晶体。

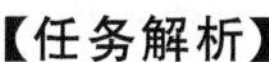

【任务解析】

1. 实验原理

茶叶中含有多种生物碱，其中以咖啡为主且易溶于酒精中，然后再蒸馏浓缩升华进行提纯，得到纯的咖啡因。

2. 操作解析

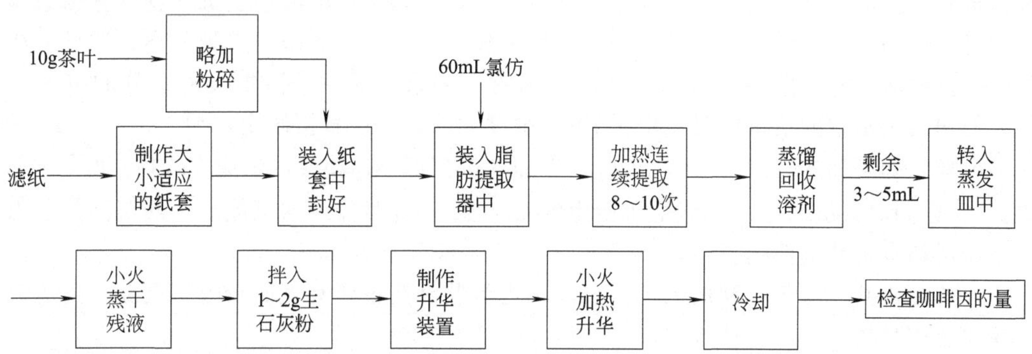


## 专题二　【基础知识 1】概述

在化学检验及分析工作中经常碰到多种组分同时存在的样品，这些组分在进行分析测定时往往会彼此干扰，这样不仅影响分析结果的准确度，甚至导致有些组分无法进行测定。为了保证分析测定正常进行，需要采取措施消除组分间的相互干扰，比较简单的方法是控制分析条件或采用适当的掩蔽剂。但是在许多情况下，仅仅控制分析条件或加入掩蔽剂并不能完全消除干扰，还必须把被测元素与干扰组分分离以后才能进行测定。所以，定量分离是分析化学的重要内容之一。

另外，在痕量分析的试样中，被测元素含量很低，如饮用水中挥发酚含量不能超过0.05mg/L、Cr（Ⅵ）的含量不能超过0.65mg/L等，这样低的含量难以用一般方法直接测定，这种情况下，可以在分离的同时把被测组分富集起来，然后进行测定。这样分离的过程也同时起到富集的作用，可以提高测定方法的灵敏度。

一种分离方法的分离效果是否符合定量分析的要求，可以通过回收率的大小来判断。当分离物质 r 时，回收率 $R_r$ 为：

$$R_r=\frac{\text{分离后 r 的质量}}{\text{分离前 r 的质量}}\times 100\%$$

式中，$R_r$ 表示被分离组分回收的完全程度。在分离过程中，$R_r$ 越大表示分离效果越好。常量组分的分析，要求 $R_r \geqslant 99.9\%$；组分含量为1%时，回收率要求99%；微量组分的分析，要求 $R_r \geqslant 95\%$；如果被分离组分含量极低（例如0.0001%～0.001%），则 $R_r \geqslant 90\%$ 就可以满足要求。

## 一、沉淀分离法

### 1. 常量组分的沉淀分离

沉淀分离法是利用沉淀反应使被测离子与干扰离子分离的一种方法。它是根据溶解度原理，在试液中加入适当的沉淀剂，并控制反应条件，使待测组分或者干扰组分与沉淀剂反应，把待测组分沉淀出来，或者将干扰组分沉淀析出而除去，从而达到将被测离子与干扰离子分离的目的。在定量分析中，沉淀分离法只适合于常量组分的分离而不适合于微量组分。

2. 微量组分的共沉淀分离和富集

在称量分析中，溶液中一种沉淀析出时，有时会引起某些可溶性物质一起沉淀，这种现象称为共沉淀现象。共沉淀现象的产生会造成沉淀不纯，从而影响分析结果的准确度，是称量分析时误差的主要来源之一。但在分离方法中，可以利用溶液中主沉淀物（称为载体）析出时将共存的某些痕量组分载带下来，从而使痕量组分富集起来而得到分离，这种方法称为共沉淀分离法。共沉淀分离法变不利因素为有利因素，反而是富集痕量组分的有效方法之一。例如测定水中的痕量铅时，由于 $Pb^{2+}$ 浓度太低，无法直接测定，加入沉淀剂 $Pb^{2+}$ 也沉淀不出来。如果加入适量的 $Ca^{2+}$ 之后，再加入沉淀剂 $Na_2CO_3$，生成 $CaCO_3$ 沉淀，则痕量的 $Pb^{2+}$ 也同时共沉淀下来，这里所产生的 $CaCO_3$ 称为载体或共沉淀剂。共沉淀剂分为无机共沉淀剂和有机共沉淀剂。

（1）无机共沉淀剂　利用无机共沉淀剂进行共沉淀主要有表面吸附共沉淀、生成混晶共沉淀和形成晶核共沉淀三种方法。

① 表面吸附共沉淀是利用共沉淀剂对痕量元素的吸附作用使其共沉淀。为了增大吸附作用，应选择总表面积大的胶状沉淀作为载体。常用的共沉淀剂有 $Fe(OH)_3$、$Al(OH)_3$、$Mn(OH)_2$ 等，它们是比表面积大、吸附能力强的胶体沉淀，有利于痕量组分的共沉淀，例如以 $Fe(OH)_3$ 作载体可以共沉淀微量的 $Al^{3+}$、$Sn^{4+}$、$Bi^{3+}$、$Ga^{3+}$、$In^{3+}$、$Tl^{3+}$、$Be^{2+}$ 和 U（Ⅵ）、W（Ⅵ）、V（Ⅴ）等离子；以 $Al(OH)_3$ 作载体可以共沉淀微量的 $Fe^{3+}$、$TiO^{2+}$ 和 U（Ⅵ）等离子；还常以 $Mn(OH)_2$ 为载体富集 $Sb^{3+}$；以 CuS 为载体富集 $Hg^{2+}$ 等。但这种共沉淀方法对吸附元素的选择性不高。

② 生成混晶共沉淀是利用痕量元素与载体离子生成混晶进行共沉淀。生成混晶的条件十分严格，要求痕量元素与载体的离子电荷相同、半径尽可能接近，形成的晶格相同，常用的混晶有 $BaSO_4$-$PbSO_4$、$MgNH_4PO_4$-$MgNH_4AsO_4$、ZnHg $(SCN)_4$-CuHg $(SCN)_4$ 等。混晶中一种是被测物，另一种是共沉淀剂。以混晶方式存在的杂质不能通过洗涤方法除去，陈化的方法也不奏效。如果有这种杂质，只能在沉淀操作之前预先分离。生成混晶共沉淀法的选择性比吸附共沉淀法高。

③ 形成晶核共沉淀法是利用形成晶核使载体离子与痕量组分共沉淀。有些痕量组分由于含量太少，即使转化为难溶物质也无法沉淀出来，但可以把它作为晶核，使另一种物质聚集其上，使晶核长大形成沉淀。例如在含有痕量 Ag、Au、Hg、Pd 或 Pt 的离子溶液中，加入少量的亚碲酸钠和氯化亚锡，在贵金属离子还原为金属微粒的同时，亚碲酸钠还原为游离碲，此时以贵金属微粒为晶核，游离的碲聚集在其表面，使晶核长大后一起析出，从而与其他离子分离。

无机共沉淀剂有强烈的吸附性，但选择性较差，而且仅有极少数（汞化合物）可经灼烧挥发除去，大多数情况还需要进一步与载体元素分离，因此，有时选择有机共沉淀剂富集的方法更为有利。

（2）有机共沉淀剂　有机共沉淀剂具有较高的选择性，得到的沉淀较纯净。沉淀通过灼烧即可除去有机共沉淀剂而留下待测定的元素。由于有机共沉淀剂具有这些优越性，因而它的实际应用和发展，受到了人们的注意和重视。利用有机共沉淀剂进行分离和富集的作用，大致可分为以下三种类型。

① 利用胶体的凝聚作用。常用的共沉淀剂有辛可宁、单宁、动物胶等。被共沉淀的组分有钨、铌、钽、硅等的含氧酸。例如，$H_2WO_4$ 在酸性溶液中常呈带负电荷的胶体，不易凝聚，当加入有机共沉淀剂辛可宁（一种含氨基的生物碱）时，它在溶液中形成带正电荷的大分子，能与带负电荷的钨酸胶体共同凝聚而析出，可以富集微量的钨。

② 利用形成离子缔合物。甲基紫、孔雀绿、品红及亚甲基蓝等分子量较大的有机化合物，在酸性溶液中以带正电荷的形式存在，遇到一些以配位离子形式存在的金属阴离子（包括酸根阴离子），能生成微溶性的离子缔合物而被共沉淀出来。例如在含有痕量 $Zn^{2+}$ 的弱酸性溶液中，加入 $NH_4SCN$ 和甲基紫，甲基紫在溶液中电离为带正电荷的阳离子 $MVH^+$，其共沉淀反应为：

$$MVH^+ + SCN^- \xlongequal{} MVH^+ \cdot SCN^- \downarrow \text{(形成载体)}$$

$$Zn^{2+} + 4SCN^- \xlongequal{} [Zn(SCN)_4]^{2-}$$

$$2MVH^+ + [Zn(SCN)_4]^{2-} \xlongequal{} (MVH^+)_2 \cdot [Zn(SCN)_4]^{2-} \text{(形成缔合物)}$$

生成的 $(MVH^+)_2 \cdot [Zn(SCN)_4]^{2-}$ 便与 $MVH^+ \cdot SCN^-$ 共同沉淀下来，沉淀经过洗涤灰化之后，即可将痕量的 $Zn^{2+}$ 富集在沉淀之中，用酸溶解之后即可进行锌的测定。

③ 利用惰性共沉淀剂。载带难溶的金属螯合物时，可以加入一种有机试剂，这种有机试剂不与体系中任何物质反应，但它沉淀时，却起着诱导难溶金属螯合物被沉淀载带的作用。这种有机试剂称为惰性共沉淀剂。常见的惰性共沉淀剂有酚酞、β-萘酚、间硝基苯甲酸和 β-羟基萘甲酸等。例如 U（Ⅵ）能与 1-亚硝基-2-萘酚生成微溶性螯合物，当 U（Ⅵ）含量很低时，不能析出沉淀。若在溶液中加入 1-萘酚或酚酞的乙醇溶液，由于这两种试剂在水中溶解度很小而析出沉淀，遂将铀-1-亚硝基-2-萘酚螯合物共沉淀下来。

## 二、挥发和萃取分离法

### 1. 挥发分离法

挥发分离法是指利用物质挥发性的差异分离共存组分的方法。它是将组分从液体或固体样品中转变为气相的过程，包括蒸发、蒸馏、升华、灰化和驱气等。

（1）无机待测物的分离　易挥发的无机待测物并不多，一般要经过一定的反应，使待测物转变为易挥发的物质，再进行分离。因此，这种方法的选择性较高。

例如测定水中 $F^-$ 的含量时，$Al^{3+}$、$Fe^{3+}$ 会对测定产生干扰，为避免干扰，可先在水中加入浓硫酸，将溶液加热到 180℃使氟化物以 HF 的形式挥发出来，然后用水吸收，再进行测定。

又如测定水或食品等试样中的微量砷，干扰物有 $H_2S$、$SbH_3$，可以在制成一定的试液后，先用还原剂（$Zn+H_2SO_4$ 或 $NaBH_4$）将试样中的砷还原成 $AsH_3$，经挥发和收集后再进行分析。

再如 $NH_3$ 的测定，为了消除干扰，可加 NaOH，加热使 $NH_3$ 挥发出来，然后用酸吸收测定。

硅酸盐的存在可能会对一些测定产生影响，可以用 HF-$H_2SO_4$ 混合酸加热，使其形成 $SiF_4$ 挥发除去。

挥发过程可以通过加热进行，如 HF、$NH_3$、HCN 的挥发；也可以用惰性气体作为载气带出，如以 $H_2$ 作为载气将 $AsH_3$ 带出。

适于气态分离的无机化合物（不包括金属螯合物和有机金属化合物）见表 11-1。

表 11-1 适于气态分离的无机化合物

| 挥发形式 | 无机元素 | 挥发形式 | 无机元素 |
| --- | --- | --- | --- |
| 单质 | H、N、卤素、Hg 等 | 溴化物 | As、Bi、Hg、Sb、Se、Sr |
| 氢化物 | As、Sb、Bi、Te、Sn、Pb、Ge、F、Cl、S、N、O | 碘化物 | As、Sb、Te、Sn |
| 氟化物 | B、Mo、Nb、Si、Ta、Ti、V、W | | |
| 氧化物 | Al、As、Cd、Cr、Ga、Ge、Hg、Sb、Sn、Ta、Ti、V、W、Zn | 氯化物 | As、C、H、Re、Rn、S、Te、Se |

(2) 有机待测物的分离　在有机物的分析中，也常用挥发和蒸馏分离方法。如各种有机化合物的分离提纯，有机化合物中 C、H 的测定，有机化合物中 N 的测定——克氏（Kjeldahl）定氮法。

### 2. 萃取分离法

在性质相似的混合物中加入某种试剂（称为萃取剂），利用萃取剂与混合物中各组分相互作用的不同，改变被萃取物的挥发性。如 $\alpha$-蒎烯和 $\beta$-蒎烯的分离、二甲苯异构体的分离。

## 专题三 【基础知识 2】萃取分离法

萃取分离法包括液-液、固-液和气-液萃取分离等几种方法，其中应用最广泛的为液-液萃取分离法（又称溶剂萃取分离法）。液-液萃取分离法是将一种与水不相溶的有机溶剂与试液一起混合振荡，由于混合物中各组分与有机溶剂的作用不同，便有一种或几种组分转入有机相中，而另一些组分仍留在试液中，将振荡后的混合液静置后溶液分层，从而达到分离的目的。

溶剂萃取分离法既适用于常量元素的分离，又适用于痕量元素的分离与富集，而且方法简单、快速。如果萃取的组分是有色化合物，便可直接进行比色测定，称为萃取比色法，这种方法具有较高的灵敏度和选择性。

## 一、萃取分离法的基本原理

### 1. 萃取分离法的本质

极性化合物易溶于极性的溶剂中，而非极性化合物易溶于非极性的溶剂中，这一规律称为“相似相溶规则”。萃取过程的本质就是根据相似相溶规则，利用溶质在互不相溶的溶剂里溶解度的不同，用一种溶剂把溶质从另一溶剂所组成的溶液里提取出来的操作方法。例如 $I_2$ 是一种非极性化合物，$CCl_4$ 是非极性溶剂，水是极性溶剂，所以 $I_2$ 易溶于 $CCl_4$ 而难溶于水，当用等体积的 $CCl_4$ 从 $I_2$ 的水溶液中提取 $I_2$ 时，萃取率可达 98.8%，又如用水可以从丙醇和溴丙烷的混合液中萃取极性的丙醇。常用的非极性溶剂有酮类、醚类、苯、$CCl_4$ 和 $CHCl_3$ 等。

无机化合物在水溶液中受水分子极性的作用，电离成为带电荷的亲水性离子，并进一步结合成为水合离子而易溶于水。为了从水溶液中萃取某种金属离子，就必须设法脱去水合离子周围的水分子，并中和所带的电荷，使之变成极性很弱的可溶于有机溶剂的化合物，就是说将亲水性的离子变成疏水性的化合物。为此，常加入某种试剂使之与被萃取的金属离子作用，生成一种不带电荷的易溶于有机溶剂的分子，然后用有机溶剂萃取。例如，$Ni^{2+}$ 在水溶液中是亲水性的，以水合离子 $[Ni(H_2O)_6]^{2+}$ 的状态存在。如果在氨性溶液中，加入丁二酮肟试剂，生成疏水性的丁二酮肟镍螯合物分子，它不带电荷并由疏水基团取代了水合离子中的水分子，成为亲有机溶剂的疏水性化合物，即可用 $CHCl_3$ 萃取。

### 2. 分配系数

设物质 A 在萃取过程中分配在不互溶的水相和有机相中：

$$A_{水} \rightleftharpoons A_{有}$$

在一定温度下，当物质 A 在水相和有机相中的分配达到平衡时，物质 A 在两种溶剂中的活度（或浓度）比保持恒定，即分配定律。分配定律是溶剂萃取的基本原理，可用下式表示：

$$K_D = \frac{[A_{有}]}{[A_{水}]}$$

式中，$K_D$ 称为分配系数。分配系数可用于表示该物质对水相和有机相的亲和性的差异。分配系数越大的物质在有机相中含量越多，分配系数越小的物质留在水相中的含量越多。

### 3. 分配比

分配系数 $K_D$ 仅适用于溶质在萃取过程中没有发生任何化学反应的情况，例如 $I_2$ 在 $CCl_4$ 和水中均不会发生化学反应，以 $I_2$ 的形式存在。而在许多情况下，溶质在水相和有机相中并非单一形态存在，而是多种形态共存，例如用 $CCl_4$ 萃取 $OsO_4$ 时，在有机相中存在 $OsO_4$ 和 $(OsO_4)_4$ 两种形式，在水相中存在 $OsO_4$、$OsO_5^{2-}$ 和 $HOsO_5^-$ 三种形式，此种情况若用分配系数表示，$K_D = [OsO_{4有}]/[OsO_{4水}]$，便无法表示萃取的多少。此时可以应用溶质在两相中的总浓度之比来表示分配情况。

$$D = \frac{c_{A(有)}}{c_{A(水)}}$$

$D$ 称为分配比，是指在溶剂萃取过程中，当萃取体系达到平衡后，被萃取物在有机相的总浓度和在水相的总浓度之比。分配比大的物质，易从水相中转移到有机相，分配比小的物质，易留在水相，借此将它们分离。

分配比的大小与溶质的本性、萃取体系和萃取条件有关。

### 4. 萃取率

常用萃取率（$E$）来表示对于某种物质的萃取效率大小，即

$$E = \frac{\text{A 在有机相中的总量}}{\text{A 在两相中的总量}} \times 100\%$$

设某物质在有机相中的总浓度为 $c_{有}$，在水相中的总浓度为 $c_{水}$，两相的体积分别为 $V_{有}$ 和 $V_{水}$，则萃取率等于：

$$E = \frac{c_{有} V_{有}}{c_{有} V_{有} + c_{水} V_{水}} \times 100\% = \frac{D}{D + V_{水}/V_{有}} \times 100\%$$

从上式可以看出，分配比越大，则萃取率越大，萃取效率越高，萃取率可以通过分配比计算。

### 5. 分离系数

在萃取操作中，两种物质是否容易分离，起决定作用的不仅是萃取剂对某种物质的萃取程度如何，还有萃取剂对两种组分萃取程度的差别。例如 A、B 两种物质的分离程度可用两

者的分配比 $D_A$、$D_B$ 的比值来表示。

$$\beta_{A/B}=\frac{D_A}{D_B}$$

式中，$\beta_{A/B}$ 称为分离系数。$D_A$ 与 $D_B$ 之间相差越大，则两种物质之间的分离效果越好，如果 $D_A$ 与 $D_B$ 很接近，则 $\beta_{A/B}$ 接近于 1，两种物质便难以分离。

## 二、重要的萃取体系

### 1. 金属螯合物萃取体系

金属螯合物萃取是指金属离子与螯合剂（亦称萃取配位剂）的阴离子结合而形成疏水性中性螯合物分子后，被有机溶剂萃取。这类金属螯合物难溶于水，而易溶于有机溶剂，因而能被有机溶剂所萃取，如丁二酮肟镍即属于这种类型，$Fe^{3+}$ 与铜铁试剂所形成的螯合物也属于此种类型。

除此以外，常用的螯合剂还有 8-羟基喹啉、二硫腙（二苯硫腙、二苯基硫卡巴腙）、乙酰丙酮和噻吩甲酰三氟丙酮（TTA）等。

（1）金属螯合物的萃取平衡　以二硫腙萃取水溶液中的金属离子 $M^{2+}$ 为例来说明。二硫腙与 $M^{2+}$ 的反应为：

$$M^{2+}+2H_2Dz \rightleftharpoons M(HDz)_2+2H^+$$

二硫腙为二元弱酸，可以用 $H_2Dz$ 表示。它难溶于水，而溶于 $CCl_4$（0.0021mol/L）和 $CHCl_3$（约 0.08mol/L）。若 $K$ 为反应平衡常数，其大小与螯合剂的电离度、螯合剂的分配比、螯合物的稳定常数和螯合物的分配比有关。当萃取溶剂和螯合剂一定时，则萃取效率的高低，可以通过 $M^{2+}$ 的分配比来判断。

（2）金属螯合物萃取条件的选择

① 螯合剂的选择。螯合物越稳定，则萃取效率越高，因此螯合剂必须与被萃取的金属离子生成稳定的金属螯合物。此外螯合剂必须具有一定的亲水基团，易溶于水，才能在溶液中与金属离子结合生成螯合物，但亲水基团过多，生成的螯合物疏水性差，反而不易被萃取到有机相中。因此要求螯合剂的亲水基团要少，疏水基团要多，亲水基团有—OH、—$NH_2$、—COOH、—$SO_3H$，疏水基团有脂肪基（—$CH_3$、—$C_2H_5$ 等）、芳香基（苯和萘基）等。需要注意的是，EDTA 虽然能与许多种金属离子生成螯合物，但这些螯合物多带有电荷，不易被有机溶剂所萃取，故不能用作萃取螯合剂。

② 萃取溶剂的选择。被萃取的螯合物在萃取溶剂中的溶解度越大，则萃取效率越高，因此要求萃取溶剂对螯合物要有较高的溶解度。同时，萃取溶剂与水的密度要有较大的差别，这样便于分层，萃取溶剂的黏度要小，有利于操作的进行。另外，萃取溶剂还应具有良好的化学稳定性，挥发性小，毒性小，而且不易燃烧。

③ 溶液酸度的控制。溶液的酸度越小，则被萃取的物质分配比越大，越有利于萃取。但酸度过低可能引起金属离子的水解或其他干扰反应的发生。因此对不同的金属离子应控制适宜的酸度以提高萃取效率。

例如，用二硫腙作螯合剂，用 $CCl_4$ 从不同酸度的溶液中萃取 $Zn^{2+}$ 时，萃取溶剂的 pH 值必须大于 6.5 才能完全萃取，但是当 pH 值大于 10 以上时，生成难配合的 $[ZnO_2]^{2-}$，萃取效率反而降低，因此萃取 $Zn^{2+}$ 应将萃取溶剂的 pH 值控制在 6.5～10。

④ 干扰离子的消除。进行金属离子含量测定时，通常会有其他元素离子与螯合剂结合

造成干扰，这种情况可以通过控制溶液酸度进行选择性萃取，将待测组分与干扰组分分离。当通过控制酸度仍然不能消除干扰时，还可以在溶液中加入掩蔽剂，使干扰离子生成亲水性化合物而不被萃取。例如测量铅合金中的银含量时，用二硫腙-$CCl_4$ 萃取，为了避免大量 $Pb^{2+}$ 和其他元素离子的干扰，可以采取控制 pH 与加入 EDTA 等掩蔽剂的办法，把 $Pb^{2+}$ 及其他少量干扰元素掩蔽起来。常用的掩蔽剂有氯化物、EDTA、酒石酸盐、柠檬酸盐和草酸盐等。

### 2. 离子缔合物萃取体系

离子缔合物是阳离子和阴离子通过静电引力结合形成的电中性化合物，在萃取体系中，离子缔合物是由金属配离子与异电性离子以静电引力作用结合成的不带电荷的化合物。离子缔合物由于具有疏水性而能被有机溶剂萃取。通常情况下，离子的体积越大，所带电荷越低，越容易形成疏水性的离子缔合物。

金属离子在不同的萃取剂中形成的缔合物不同，常遇到的有以下几类：

(1) 金属阳离子的离子缔合物　金属阳离子与大体积的配位剂作用，形成没有或有很少配位水分子的配阳离子，然后与适当的阴离子缔合，形成疏水性的离子缔合物。

(2) 金属阴离子的离子缔合物　金属阴离子与溶液中的简单配位阴离子形成配阴离子，然后与大体积的有机阳离子缔合，形成疏水性的离子缔合物。

(3) 形成锌盐的缔合物　能发生这类萃取的萃取剂是含氧的有机萃取剂，如醚类、醇类、酮类和酸类等，常用的有乙醚、环己醇、甲基异丁基酮（MIBK）、乙酸乙酯等，它们的氧原子具有孤对电子，因而能够与 $H^+$ 或其他阳离子结合而形成锌离子，它可以与金属配离子结合形成易溶于有机溶剂的锌盐而被萃取，例如在盐酸介质中，用乙醚萃取 $Fe^{2+}$，这里乙醚既是萃取剂又是有机溶剂。实验证明，含氧有机溶剂形成锌盐的能力按下列次序增强：

$$R_2O < ROH < RCOOH < RCOOR < RCOR$$

(4) 其他离子缔合物　如利用铼酸根与氯化四苯砷反应生成的离子缔合物可被苯或甲苯萃取，可以用含砷的有机萃取剂萃取铼。另外，含磷的有机萃取剂由于具有不易挥发、选择性高、化学性质稳定等优点近年来发展很快，如磷酸三丁酯萃取铀的化合物等。

### 3. 无机共价化合物萃取体系

某些无机共价化合物如 $I_2$、$Br_2$、$Cl_2$、$GeCl_4$ 和 $OsO_4$ 等，可以直接用 $CCl_4$、苯等惰性溶剂萃取。

## 三、萃取操作方法

萃取方法有实验室模式和工业大规模萃取模式两种，两者原理相同，但操作方式和所用装置差异极大。

在分析实验室中应用较广泛的萃取方法为间歇法（亦称单效萃取法）。这种方法是在一定体积的被萃取溶液中加入适当的萃取剂，调节至应控制的酸度。然后移入分液漏斗中，加入一定体积的溶剂，充分振荡至达到平衡为止。静置待两相分层后，轻轻转动分液漏斗的活塞，使水溶液层或有机溶剂层流入另一容器中，两相彼此分离。对于分配比较大的体系，单效萃取法能获得良好的效果，但对于分配比较小的体系，单效萃取往往不能达到理想的分离效果，可以在第一次分离之后，再加入新鲜溶剂，重复操作，进行两次或三次萃取。

## 专题四 【基础知识3】离子交换分离法

离子交换分离法是将待分离组分离子富集或除去溶液中的杂质离子的方法之一。离子交换分离法是利用离子交换材料与溶液中的离子发生交换作用，将溶液中的某些离子有选择地保留在交换材料上而使离子分离的方法。

20世纪初期，工业上就开始用天然的无机离子交换剂泡沸石来软化硬水，但这类无机交换剂的交换能力低，化学稳定性和机械强度差，应用受到很大限制。实际使用的离子交换材料以离子交换树脂为主，这种有机离子交换剂基本上克服了无机离子交换剂的缺陷，因此在生产和科研各方面得到了广泛的应用。近十年来，特种交换剂和离子交换膜的使用也日益频繁。

## 一、离子交换树脂的结构和性能指标

### 1. 离子交换树脂的结构

离子交换树脂是带有官能团（有交换离子的活性基团）、具有网状结构、不溶的有机高分子聚合物。其结构分为两部分：高分子的离子交换剂骨架和活性基团。网状结构的交换剂骨架部分一段很稳定，不溶于酸、碱和一般溶剂，活性基团在网状结构的骨架上，带有可交换离子。根据活性基团的不同，离子交换树脂可分为阳离子交换树脂和阴离子交换树脂两大类，阴离子交换树脂的化学稳定性及耐热性都不如阳离子交换树脂。

（1）阳离子交换树脂　具有酸性基团的是阳离子交换树脂，如应用最广泛的强酸性磺酸型聚苯乙烯树脂，是以苯乙烯和二乙烯苯聚合后经浓硫酸磺化而制得的聚合物。这种树脂的化学性质很稳定，具有耐强酸、强碱、氧化剂和还原剂的性质，因此应用非常广泛。

各种阳离子交换树脂含有不同的活性基团，根据活性基团离解出 $H^+$ 能力的大小不同分为强酸性和弱酸性两种，常见的活性基团有磺酸基（$—SO_3H$）、羧基（—COOH）和羟基（—OH）等。例如含$—SO_3H$ 的为强酸性阳离子交换树脂，常用 $R—SO_3H$ 表示（R表示树脂的骨架），含—COOH 和—OH 的为弱酸性阳离子交换树脂，分别用 R—COOH 和 R—OH 表示。

强酸性阳离子交换树脂应用较广泛。弱酸性阳离子交换树脂的 $H^+$ 不易电离，所以在酸性溶液中不能应用，但它的选择性较高而且易于洗脱。

（2）阴离子交换树脂　具有碱性基团的是阴离子交换树脂，其网状骨架与阳离子交换树脂的有机骨架相同。常见的活性基团有季铵基［$—N^+(CH_3)_3$］、伯氨基（$—NH_2$）、仲氨基（$—NHCH_3$）和叔氨基［$—N(CH_3)_2$］等，这些基团水化后分别形成 $R—NH_3OH$、$R—NH_2CH_3OH$、$R—NH(CH_3)_2OH$ 和 $R—N(CH_3)_3OH$ 等氢氧型阴离子交换树脂，所连的 $OH^-$ 可被阴离子交换和洗脱。含季铵树脂的 $H^+$ 不易电离，称为强碱性阴离子交换树脂；含伯氨基（$—NH_2$）、仲氨基（$—NHCH_3$）和叔氨基［$—N(CH_3)_2$］的树脂称为弱碱性阴离子交换树脂。

### 2. 离子交换树脂的性能指标

（1）物理性能指标

① 外观。通常为透明或半透明，颜色视其组成不同而异，苯乙烯系均呈黄色，其他也有黑色及赤褐色，形状一般为球形。

② 粒度。树脂颗粒大则交换速度慢，颗粒小则压力增大，颗粒更不均匀。用于水处理的树脂颗粒粒径一般为 0.3～1.2mm，应尽量均匀。

③ 含水率。树脂的含水率是指离子交换树脂在潮湿空气中所能保持的水量，可以反映交联度和网眼中的孔隙率。树脂的含水率越大，表示它的孔隙率越大，交联度越小。

④ 耐磨性。在运行中，交换树脂颗粒由于相互磨轧和胀缩作用，会发生碎裂现象而造成损耗。一般的，合适的机械强度应能保证树脂的年耗损量不超过 3%～7%。

⑤ 溶解性。离子交换树脂本不溶于水，但会含有少量较易溶解的低聚物，这些低聚物在使用的最初阶段会逐渐溶解。在使用中有时也会因电离能力大、交联度小等形成化学降解产生胶溶而渐渐溶于水（强碱性阴树脂尤甚）。另外，使用环境也会对溶解性产生影响，比如在蒸馏水中比在盐溶液中易胶溶，Na 型比 Ca 型易胶溶，因此实际运行中要密切注意操作条件。

⑥ 耐热性。加热会导致树脂分解，因此离子交换树脂有最高使用温度：一般阳离子交换树脂可耐受 100℃或更高温度；强碱性阴离子交换树脂可耐受 60℃，弱碱性阴离子交换树脂可耐受 80℃以上，盐型要比酸型或碱型更稳定。

⑦ 导电性。干燥的离子交换树脂不导电，纯水也不导电，但用纯水润湿的离子交换树脂可以导电，属于离子型导电。这种导电性在离子交换膜及离子交换树脂的催化作用上很重要。

（2）化学性能指标　离子交换树脂本身具有酸碱性，对离子的交换有选择性，也必须具有可逆性，更重要的是对离子的交换能力。其衡量指标主要有以下几个：

① 交换容量。离子交换树脂交换能力的大小，可用交换容量表示。理论上的交换容量是指每克干树脂所含活性基团的物质的量，而实际交换容量是指在实验条件下，每克干树脂能交换的 1 价离子的物质的量，一般在 2～9mol，其大小取决于网状结构内所含活性基团的数目。

交换容量可通过实验测得。例如强酸性阳离子交换树脂交换容量的测定步骤如下：

称取干树脂 1.0g，置于 250mL 锥形瓶中，准确加入 0.1mol/L NaOH 标准溶液 100mL，振荡后放置过夜，用移液管吸取上层清液 25mL，加 1 滴酚酞指示剂，用 0.1mol/L HCl 标准溶液滴定至红色消失，设用去 HCl 标准溶液 14.0mL，树脂的交换容量可以计算为 5.6mol/g。

② 交联度。离子交换树脂的骨架是由各种有机原料聚合而成的网状结构。以强酸性阳离子交换树脂为例，先由苯乙烯聚合成长的链状分子，再由二乙烯苯把各链状分子联成立体型的网状体，这里二乙烯苯称为交联剂。交联剂在原料总量中所占的质量分数称为树脂的交联度。如二乙烯苯在原料总量中占 10%，则称该树脂的交联度为 10%。

交联度的大小对离子交换树脂的溶解度、机械稳定性、交换容量、吸水性、选择性以及抗氧化性等都有影响。树脂的交联度越大，则网眼越小，交换时体积大的离子进入树脂便受到限制，因此会提高交换的选择性；另外，交联度大时，形成的树脂结构紧密，机械强度高。但是如果交联度过大，网状结构太紧密，网间间隙太小，则对水的膨胀性能差（一般要求 1g 干树脂在水中能膨胀至 1.5～2$cm^3$ 为宜），交换反应的速率慢，因此要求树脂的交联度一般为 4%～14%。

③ 亲和力。离子对树脂亲和力的大小，与离子的水合离子半径大小、带电荷的多少、溶液组成以及树脂性质等诸多因素有关。虽无完善理论可进行预测，但经实验证明，在低浓度、常温下，离子交换树脂对不同离子的亲和力顺序有下列规律：

a. 强酸性阳离子交换树脂。不同价态的离子，电荷越高，亲和力越大：

$$Th^{4+} > Al^{3+} > Ca^{2+} > Na^{+}$$

相同价态离子的亲和力顺序为：

$$Ag^{+} > Cs^{+} > Rb^{+} > K^{+} > NH_4^{+} > Na^{+} > H^{+} > Li^{+}$$

$$Ba^{2+} > Pb^{2+} > Sr^{2+} > Ca^{2+} > Ni^{2+}$$

$$Cd^{2+} > Cu^{2+} > Co^{2+} > Zn^{2+} > Mg^{2+} > UO_2^{2+}$$

$$La^{3+} > Ce^{3+} > Pr^{3+} > Eu^{3+} > Y^{3+} > Se^{3+} > Al^{3+}$$

b. 弱酸性阳离子交换树脂。与强酸性阳离子交换树脂相同，只是对于 $H^{+}$ 的亲和力大于其他阳离子。

c. 强碱性阴离子交换树脂。

$$Cr_2O_7^{2-} > SO_4^{2-} > I^{-} > NO_3^{-} > CrO_4^{2-} > Br^{-} > CN^{-} > Cl^{-} > OH^{-} > F^{-} > Ac^{-}$$

d. 弱碱性阴离子交换树脂。

$$OH^{-} > SO_4^{2-} > CrO_4^{2-} > NO_3^{-} > AsO_4^{3-} > PO_4^{3-} > Ac^{-} > I^{-} > Br^{-} > Cl^{-} \gg F^{-}$$

## 二、离子交换分离技术及应用

### 1. 离子交换分离技术

在分析工作中，离子的分离或富集一般采用动态交换的方法。这种交换方法在交换柱中进行，其操作过程如下。

（1）选择和处理树脂　在化学分析中应用最多的交换树脂是强酸性阳离子交换树脂和强碱性阴离子交换树脂，使用过程中应尽量选用大小一定的颗粒，但由于出厂时树脂颗粒大小往往不够均匀，故使用时应当先过筛以除去太大和太小的颗粒，也可以用水泡胀后用筛在水中选取大小一定的颗粒备用。

另外，离子交换树脂在使用前必须进行净化处理，以除去树脂中的杂质。对强碱性和强酸性阴阳离子交换树脂，可以用 4mol/L HCl 溶液浸泡溶解各种杂质，然后用蒸馏水洗涤至中性，这样就得到在活性基团上含有可被交换的 $H^{+}$ 或 $Cl^{-}$ 的氢型阳离子交换树脂或氯型阴离子交换树脂。同样，如果需要钠型阳离子交换树脂，则用 NaCl 处理氢型阳离子交换树脂。

（2）装柱　离子交换通常在离子交换柱中进行。离子交换柱一般用玻璃制成，装置交换柱时，先在交换柱的下端铺上一层玻璃丝，灌入少量水，然后倾入带水的树脂，树脂在交换柱中下沉而形成交换层，树脂高度一般约为柱高的 90%，交换柱装好后应用蒸馏水洗涤。装柱时若树脂层中存留气泡会导致交换时试液与树脂无法充分接触，因此应注意防止气泡的产生。为防止加试液时树脂被冲起，在柱的上端也应铺一层玻璃纤维。

（3）交换　将试液加到交换柱上，用活塞控制一定的流速进行交换。经过一段时间之后，上层树脂全部被交换，下层未被交换，中间则部分被交换，这一段称为“交界层”。交换过程中，随着试液的不断加入，交界层逐渐下移，至流出液中开始出现交换离子时，称为始漏点（亦称泄漏点或突破点），此时交换柱上被交换离子的物质的量称为始漏量。在到达始漏点时，交界层的下端刚到达交换柱的底部，而交换层中尚有未被交换的树脂存在，所以始漏量总是小于总交换量。

（4）洗脱　交换完成后用蒸馏水洗去残存溶液，然后用适当的洗脱液进行洗脱。洗脱过程中，上层被交换的离子先被洗脱下来，经过下层未被交换的树脂时，又可以被再次交换。

随着洗脱的进行，洗出液离子浓度逐渐增大，达到最大值之后又逐渐减小，至完全洗脱之后，被洗出的离子浓度又等于零。

阳离子交换树脂洗脱液常采用 HCl 溶液，经洗脱之后树脂转为氢型；阴离子交换树脂洗脱液常采用 NaCl 或 NaOH 溶液，树脂经洗脱之后转为氯型或氢氧型。洗脱之后的树脂已得到再生，用蒸馏水洗涤干净即可再次使用。

### 2. 离子交换分离技术的应用

（1）纯水的制备　纯水制备时需要除去天然水中含有的一些无机盐类，以水中的杂质 $CaCl_2$ 为例，可以通过氢型强酸性阳离子交换树脂除去阳离子，离子交换反应为：

$$2R—SO_3H+Ca^{2+} \longrightarrow (R—SO_3)_2Ca+2H^+$$

再通过氢氧型强碱性阴离子交换树脂除去各种阴离子，离子交换反应为：

$$RN(CH_3)_3OH+Cl^- \longrightarrow RN(CH_3)_3Cl+OH^-$$

交换下来的 $H^+$ 和 $OH^-$ 结合成 $H_2O$，这样就可以得到纯净的“去离子水”。

（2）干扰离子的分离

① 阴阳离子的分离。在分析测定过程中，其他离子的存在会对测定造成干扰，因此需要采取措施将干扰离子除去。对含有不同电荷干扰离子的溶液，离子交换分离的方法是除干扰最方便的方法。例如，用 $BaSO_4$ 称量沉淀法测定黄铁矿中硫的含量时，黄铁矿中大量存在的 $Fe^{3+}$、$Ca^{2+}$ 同时沉淀，导致 $BaSO_4$ 沉淀不纯，因此可先将试液通过氢型强酸性阳离子交换树脂除去干扰离子，然后再将流出液中的 $SO_4^{2-}$ 沉淀为 $BaSO_4$ 进行硫的测定，这样便可以大大提高测定的准确度。

② 同性电荷离子的分离。根据各种离子对树脂的亲和力不同，可以将几种阳离子或几种阴离子进行分离。例如，对同时存在 $Li^+$、$Na^+$、$K^+$ 三种离子的溶液，可以将试液通过阳离子树脂交换柱，然后用稀 HCl 洗脱，交换能力最小的 $Li^+$ 先流出柱外，其次是 $Na^+$，而交换能力最大的 $K^+$ 最后流出来。

（3）微量组分的富集　以测定矿石中的铂、钯为例来说明。由于铂、钯在矿石中的含量极低，一般为 $10^{-6}\%\sim10^{-5}\%$，因此即使称取 10g 试样进行分析，也只含铂、钯 0.1μg 左右，因此必须经过富集之后才能进行测定。富集的方法是：称取 10～20g 试样，在 700℃灼烧之后用王水溶解，加浓 HCl 蒸发，铂、钯形成 $[PtCl_6]^{2-}$ 和 $[PdCl_4]^{2-}$ 配阴离子。稀释之后，通过强碱性阴离子交换，即可将铂富集在交换柱上。用稀 HCl 将树脂洗净，取出树脂移入瓷坩埚中，在 700℃灰化，用王水溶解残渣，加盐酸蒸发。然后在 8mol/L HCl 介质中，钯（Ⅱ）与双十二烷基二硫代乙二酰胺（DDO）生成黄色配合物，用石油醚-三氯甲烷混合溶剂萃取，用比色法测定钯。铂（Ⅵ）用二氯化锡还原为铂（Ⅱ），与双十二烷基二硫代乙二酰胺（DDO）生成樱红色螯合物可进行比色法测定。

（4）各种专用的、特殊的离子交换剂在医学、生物化学等方面的应用取得了许多重要的成果　强酸性阳离子交换树脂用于尿毒症、急性肝衰竭者、急性药物中毒患者等进行血液速流治疗时可明显清除尿素氮和血氨；阴离子交换树脂对非结合胆红素及巴比妥类药物具有良好的吸附功能。在药学方面，离子交换树脂已用于胃肠道中控制药物释放（口服药物树脂缓控释系统）和作为载体用于靶向释放系统。此外，将药物与弱酸性阳离子交换树脂（如丙烯酸聚合物等共聚物）制成药树脂在保证较高载药量的同时可掩盖苦味。药树脂还可以提高复方制剂的稳定性。在药物提纯和有效成分提取中，离子交换树脂同样有用武之地。

## 专题五 【基础知识4】液相色谱分离法

色谱法作为一种分析技术已有100余年的历史了，现在已经是一种相当成熟的仪器分析方法，广泛用于复杂混合物的分离和分析。从本质上讲色谱是一种物理分离方法，其分离机理是基于混合物中各组分对两相亲和力的差别，它利用被研究物质组分在两相（流动相和固定相）间分配系数的差异，当样品随流动相经过固定相时，其组分就在两相间经过反复多次的分配或吸附/解吸，最终实现分离。

根据固定相的不同，液相色谱分为液-固色谱、液-液色谱和键合相色谱。应用最广的是以硅胶为填料的液-固色谱和以微硅胶为基质的键合相色谱。根据固定相的形式，液相色谱法可以分为柱色谱法、纸色谱法及薄层色谱法。近年来，在液相柱色谱系统中加上高压液流系统，使流动相在高压下快速流动，以提高分离效果，因此出现了高效（又称高压）液相色谱法。

### 一、液-液分配色谱

在液-液分配色潜中，流动相和固定相均为液体，作为固定相的液体，是涂在很细的惰性载体上。它能适用于各种类型试样的分离和分析。

（1）分离原理　液-液分配色谱的分离原理是根据物质在两种互不相溶的液体中溶解度不同，具有不同的分配系数。液-液分配色谱的分配在色谱柱中进行，这种分配可以反复多次进行。当试样进入色谱柱后，各组分按照它们各自的分配系数，很快地在两相间达到分配平衡，这种分配平衡的总结果导致各组分随流动相前进的迁移速度不同，从而实现了组分的分离。

（2）应用　液-液分配色谱既能分离极性化合物，又能分离非极性化合物，如烷烃、芳烃、稠环化合物、甾族化合物等。

### 二、液-固吸附色谱

液-固吸附色谱是指流动相为液体，固定相为固体的色谱方法。分离实质是利用组分在吸附剂（固定相）上的吸附能力的不同而获得分离，因此称为吸附色谱法。吸附剂通常是多孔性的固体颗粒物质，它们的表面存在吸附中心。

（1）分离原理　当流动相通过固体吸附剂时，溶质（组分）分子在吸附剂表面发生吸附，取代吸附剂上的溶剂（流动相）分子。试样中各组分的分离程度取决于组分分子和吸附剂之间作用力的强弱，也取决于组分分子与流动相分子之间作用力的强弱。组分分子中的基团对吸附剂表面亲和力的大小，决定了组分的保留时间的长短。

液-固吸附色谱适用于溶于有机溶剂的非离子型化合物间的分离，尤其是异构体间以及具有不同极性取代基的化合物间的分离。

（2）应用　液-固吸附色谱是以表面吸附性能为依据进行分离的，因此它常用于分离极性不同的化合物，但也可以分离一些基团极性相同但基团数量不同的试样。此外，异构体由于具有不同的空间排列方式，导致吸附剂对它们的吸附能力有所不同，因此液-固吸附色谱还可用于分离异构体。

### 三、键合相色谱

采用化学键合固定相的液相色谱法简称为键合相色谱。所谓键合固定相就是使固定液通

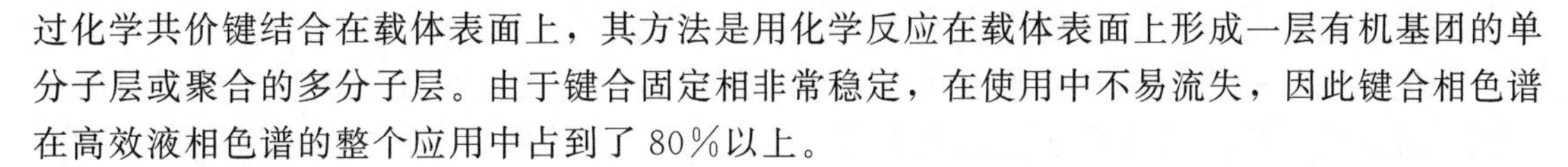

过化学共价键结合在载体表面上，其方法是用化学反应在载体表面上形成一层有机基团的单分子层或聚合的多分子层。由于键合固定相非常稳定，在使用中不易流失，因此键合相色谱在高效液相色谱的整个应用中占到了80%以上。

### 1. 分离原理

(1) 正相键合相色谱的分离原理　正相键合相色谱使用的是极性键合固定相，溶质在此类固定相上的分离原理属于分配色谱。

(2) 反相键合相色谱的分离原理　反相键合相色谱使用的是极性较小的键合固定相。键合在硅胶表面的非极性或弱极性基团具有较强的疏水特性，当用极性溶剂为流动相来分离含有极性官能团的有机化合物时，一方面，分子中的非极性部分与疏水基团产生缔合作用，使它保留在固定相中；另一方面，被分离物的极性部分受到极性流动相的作用，促使它离开固定相（解缔），并减小其保留作用。显然，两种作用力之差，决定了溶质分子在色谱分离过程中的保留值。由于不同溶质分子这种能力的差异是不一致的，所以流出色谱柱的速度是不一致的，从而使得各种不同组分得到了分离。

### 2. 应用

正相键合相色谱多用于分离中等极性化合物、异构体等，如染料、炸药、芳香胺、酯、氨基酸、甾体激素、脂溶性维生素和药物等。反相键合相色谱系统由于操作简单，重复性与稳定性好，已经成为一种通用型液相色谱分离方法。无论极性与非极性、水溶性与油溶性、离子性与非离子性的物质，均可采用反相液相色谱技术实现分离。

## 专题六 【阅读材料 1】仿生分子识别分离技术

分子识别是受体对于底物（或者说主体对于客体）的选择性结合，它是基于某些分子对（如抗原-抗体、酶-底物等）之间的特殊相互作用情况而提出的概念，其本质是除常规四种分子间相互作用力（色散力、偶极力、诱导力和氢键力）之外的、来源于分子间在空间结构上的匹配性而产生的“选择性分子间作用力”。

从1940年Pauling提出“将一个分子‘烙印’到一种基质上”的设想后，分子印迹技术已经成为当前的一个重要的具有特殊选择性作用的分子识别分离方法。环糊精、大环冠醚等具有特别结构的分子对特种分离也起到了很重要的积极作用。分子识别分离的研究日趋活跃，相关的印迹分子聚合物在色谱分离、抗体或受体仿生分离、人造酶体系、化学传感器、手性分离、药物有效成分分离等方面具有广泛的应用前景。分子印迹技术目前已开始应用于固相萃取和色谱分离中。

利用分子识别可在保持生物物质活性前提下，高效地分离氨基酸、糖、多肽、药物核蛋白等生物物质，但这方面的技术尚未完全成熟，也未实现工业化，有待进一步探索研究。分子识别正逐步发展成为一个新的科学领域，其主客体理论将不断完善，尤其是“分子间选择性作用力”模型的推广应用，它在分离科学中也将获得更广泛的应用。

## 专题七 【阅读材料 2】膜分离技术在食品工业中的应用

膜是具有选择性分离功能的材料。利用膜的选择性分离实现料液的不同组分的分离、纯化、浓缩的过程称作膜分离。它与传统过滤的不同在于，膜可以在分子范围内进行分离，并且这过程是一种物理过程，不需发生相的变化和添加助剂。膜的孔径一般为微米级，依据其孔径的不同，可将膜分为微滤膜、超滤膜、纳滤膜和反渗透膜；根据材料的不同，可分为无机膜和有机膜。无机膜主要是微滤级别的膜，主要是陶瓷膜和金属膜。有机膜是由高分子材料做成的，如醋酸纤维素、芳香族聚酰胺、聚醚砜、聚氟聚合物等等。

膜分离是在20世纪初出现的，在20世纪60年代后迅速崛起的一门分离新技术。膜分离技术兼有分离、浓缩、纯化和精制的功能，又有高效、节能、环保、分子级过滤及过滤过程简单、易于控制等特征，因此，目前已广泛应用于食品、医药、生物、环保、化工、冶金、能源、石油、水处理、电子、仿生等领域，产生了巨大的经济效益和社会效益，已成为当今分离科学中最重要的手段之一。

膜分离技术用于食品工业始于20世纪60年代末。首先是从乳品加工和啤酒无菌过滤开始的，随后逐渐用于果汁、饮料加工、酒类精制、酶工业等方面。我国在膜分离用于食品加工的开发方面相对比较滞缓，多年来基本上仅停留在某些酶制剂的生产上。直至20世纪90年代初，我国食品生产厂才开始对膜分离重视。

### 1. 膜分离技术在大豆食品加工中的应用

超滤技术具有无相变、能耗低、工艺设备简单，操作方便可靠，分离效果好等优越性，所以近年来在饮料、乳品、大豆分离蛋白等生产中应用越来越广泛。利用超滤技术生产大豆分离蛋白可从根本上改变传统的碱溶酸沉水洗法，可以大幅度提高产品品质，大豆蛋白分子量较大，分子量在20000以上的占95%以上，有利于采用膜分离技术，在实际中，超滤膜的分子截留量为20000，膜型选择管式超滤膜，将大豆蛋白液的pH值调整到距离等电点较远的pH值7～9处，同时适当地提高料液的温度以降低黏度，提高扩散系数，在实际操作中要加大膜面料液的流速，使之处于湍流状态，以防止膜表面的浓差畅化现象和凝胶的形式，这样就可以在没有相变的条件下分离提纯和浓缩大豆分离蛋白，有效地避免传统工艺中酸碱调节过程反复变性的盐分增多，大大提高蛋白纯度（可达92%）和降低灰分含量（≤4.0%）。

### 2. 膜分离技术在油脂加工中的应用

将超滤技术应用于油的脱胶、胶色工序，可使脱胶和脱色合二为一，省去了传统工艺中的许多工序，使得油的得率大为提高。还可降低脱色的白土用量和处理废白土费用，以及减少脱色白土所吸收中性油脂的损失。采用膜分离另一好处是便于油脂脱酸采用物理精炼工艺，而物理精炼比常规的碱炼有如下优越性：设备投资低22%，蒸汽消耗低28%，冷却水耗低7%，工艺过程补充水低85%，废水处理量低65%，电耗低62%，精炼损耗低60%。另外，在油脂副产品的加工中，用膜分离技术从植物油中直接制备磷脂，不仅省去精炼工艺中脱胶用水和离心机的使用，而且还可省去投资较大的旋转薄膜蒸发器，得到的产品品质可以和传统方法制备的产品媲美。由此看来，膜分离技术应用于油脂业对于简化工艺，节约能耗，减少损失等方面潜力巨大。

虽然膜分离技术应用于粮油食品领域是令人兴奋和神往的，但若要膜分离技术特别是让超滤技术走向成熟，真正能应用于工业生产，则在工业化的过程中还尚需解决以下几个问题：浓度因素；浓差极化因素；实际生产中料液中的其他微小颗粒影响等。只有彻底地解决这些问题，才能使膜分离技术更好地应用到生产当中，为提高产品技术含量，促进我国粮油食品的升级换代发挥其更大贡献。

### 3. 膜分离技术在果汁的澄清与浓缩中的应用

膜分离用于果汁的澄清与浓缩是研究得相当多的课题，国内外许多学者对此做出了不少贡献。1977 年，Heatherbell 等就用膜分离法生产出了稳定澄清的苹果汁。1983 年 D. E Kirk 等对梨汁也进行膜分离的尝试，并取得成功。Wilson 等第一次探讨了超滤法生产猕猴桃汁并回收蛋白酶。

膜分离技术在食品加工领域中的应用日益广泛，利用膜技术生产的食品有其明显的优势。为了提高产品附加值及开发新产品而采用膜分离技术是食品加工的发展方向之一，膜分离技术一旦实现大规模的工业应用，将会引起工业生产的重大革新。

## 本章小结

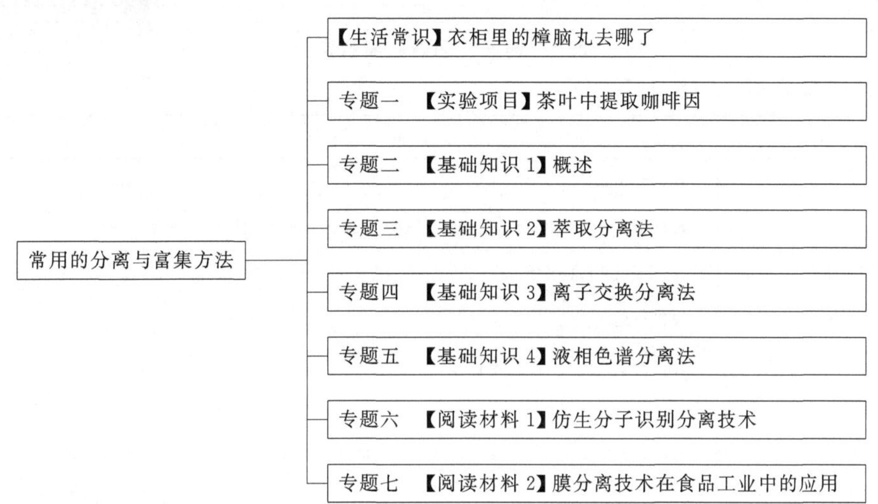


## 课后习题

1. 对下列组分的测定，其回收率要求是什么？

(1) 含量>1%的组分；(2) 微量组分

2. 试说明定量分离在分析工作中的作用。

3. 举例说明什么叫共沉淀剂？它应具备什么条件？

4. 简述用有机共沉淀剂进行分离和富集的作用原理。

5. 0.020mol/L $Fe^{2+}$ 溶液，加 NaOH 进行沉淀时，要使其沉淀达 99.99%以上，试问溶液中的 pH 值至少应为多少？若考虑溶液中剩余 $Fe^{2+}$ 外，尚有少量 $FeOH^{+}$ ($\beta=1\times10^{4}$)，溶液的 pH 值又至少应为多少？已知 $K_{sp}=8\times10^{-16}$。

6. 含有 NaCl 和 KBr 的混合物 0.2567g，溶解后使之通过 $H^{+}$ 型离子交换树脂，流出液用 0.1023mol/L NaOH 溶液滴定至终点，用去 34.56mL，问混合物中各种盐的质量分数是多少？

7. 100mL 含矾 40μg 的试液，用 10mL 钽试剂 $CHCl_3$ 溶液萃取，萃取率为 90%，求分配比。

# 附　　录

**表 1　弱酸、弱碱的离解常数**

(1) 弱酸的离解常数 (298.15K)

| 弱　　酸 | 离　解　常　数 $K_a^{\ominus}$ |
|---|---|
| $H_3AlO_3$ | $K_1^{\ominus}=6.3\times10^{-12}$ |
| $H_3AsO_4$ | $K_1^{\ominus}=6.0\times10^{-3}$;$K_2^{\ominus}=1.0\times10^{-7}$;$K_3^{\ominus}=3.2\times10^{-12}$ |
| $H_3AsO_3$ | $K_1^{\ominus}=6.6\times10^{-10}$ |
| $H_3BO_3$ | $K_1^{\ominus}=5.8\times10^{-10}$ |
| $H_2B_4O_7$ | $K_1^{\ominus}=1\times10^{-4}$;$K_2^{\ominus}=1\times10^{-9}$ |
| HBrO | $K_1^{\ominus}=2.0\times10^{-9}$ |
| $H_2CO_3$ | $K_1^{\ominus}=4.4\times10^{-7}$;$K_2^{\ominus}=4.7\times10^{-11}$ |
| HCN | $K_1^{\ominus}=6.2\times10^{-10}$ |
| $H_2CrO_4$ | $K_1^{\ominus}=4.1$;$K_2^{\ominus}=1.3\times10^{-6}$ |
| HClO | $K_1^{\ominus}=2.8\times10^{-8}$ |
| HF | $K_1^{\ominus}=6.6\times10^{-4}$ |
| HIO | $K_1^{\ominus}=2.3\times10^{-11}$ |
| $HIO_3$ | $K_1^{\ominus}=0.16$ |
| $H_5IO_6$ | $K_1^{\ominus}=2.8\times10^{-2}$;$K_2^{\ominus}=5.0\times10^{-9}$ |
| $H_2MnO_4$ | $K_2^{\ominus}=7.1\times10^{-11}$ |
| $HNO_2$ | $K_1^{\ominus}=7.2\times10^{-4}$ |
| $HNO_3$ | $K_1^{\ominus}=1.9\times10^{-5}$ |
| $H_2O_2$ | $K_1^{\ominus}=2.2\times10^{-12}$ |
| $H_2O$ | $K_1^{\ominus}=1.8\times10^{-16}$ |
| $H_3PO_4$ | $K_1^{\ominus}=7.1\times10^{-3}$;$K_2^{\ominus}=6.3\times10^{-8}$;$K_3^{\ominus}=4.2\times10^{-13}$ |
| $H_4P_2O_7$ | $K_1^{\ominus}=3.0\times10^{-2}$;$K_2^{\ominus}=4.4\times10^{-3}$;$K_3^{\ominus}=2.5\times10^{-7}$;$K_4^{\ominus}=5.6\times10^{-10}$ |
| $H_5P_3O_{10}$ | $K_3^{\ominus}=1.6\times10^{-3}$;$K_4^{\ominus}=3.4\times10^{-7}$;$K_5^{\ominus}=5.8\times10^{-10}$ |
| $H_3PO_3$ | $K_1^{\ominus}=6.3\times10^{-3}$;$K_2^{\ominus}=2.0\times10^{-7}$ |

续表

| 弱酸 | 离解常数 $K_a^\ominus$ |
|---|---|
| $H_2SO_4$ | $K_2^\ominus=1.0\times10^{-2}$ |
| $H_2SO_3$ | $K_1^\ominus=1.3\times10^{-2}$;$K_2^\ominus=6.1\times10^{-3}$ |
| $H_2S_2O_3$ | $K_1^\ominus=0.25$;$K_2^\ominus=3.2\times10^{-2}\rightarrow2.0\times10^{-2}$ |
| $H_2S_2O_4$ | $K_1^\ominus=0.45$;$K_2^\ominus=3.5\times10^{-3}$ |
| $H_2Se$ | $K_1^\ominus=1.3\times10^{-4}$;$K_2^\ominus=1.0\times10^{-11}$ |
| $H_2S$ | $K_1^\ominus=1.32\times10^{-7}$;$K_2^\ominus=7.10\times10^{-15}$ |
| $H_2SeO_4$ | $K_2^\ominus=2.2\times10^{-2}$ |
| $H_2SeO_3$ | $K_1^\ominus=2.3\times10^{-3}$;$K_2^\ominus=5.0\times10^{-9}$ |
| HSCN | $K_1^\ominus=1.41\times10^{-1}$ |
| $H_2SiO_3$ | $K_1^\ominus=1.7\times10^{-10}$;$K_2^\ominus=1.6\times10^{-12}$ |
| $HSb(OH)_6$ | $K_1^\ominus=2.8\times10^{-3}$ |
| $H_2TeO_3$ | $K_1^\ominus=3.5\times10^{-3}$;$K_2^\ominus=1.9\times10^{-8}$ |
| $H_2Te$ | $K_1^\ominus=2.3\times10^{-3}$;$K_2^\ominus=1.0\times10^{-11}\rightarrow10^{-12}$ |
| $H_2WO_4$ | $K_1^\ominus=3.2\times10^{-4}$;$K_2^\ominus=2.5\times10^{-5}$ |
| $NH_4^+$ | $K_1^\ominus=5.8\times10^{-10}$ |
| $H_2C_2O_4$(草酸) | $K_1^\ominus=5.4\times10^{-2}$;$K_2^\ominus=5.4\times10^{-5}$ |
| HCOOH(甲酸) | $K_1^\ominus=1.77\times10^{-4}$ |
| $CH_3COOH$(乙酸) | $K_1^\ominus=1.75\times10^{-5}$ |
| $ClCH_2COOH$(氯代乙酸) | $K_1^\ominus=1.4\times10^{-3}$ |
| $CH_2CHCO_2H$(丙烯酸) | $K_1^\ominus=5.5\times10^{-5}$ |
| $CH_3COCH_2CO_2H$(乙酰乙酸) | $K_1^\ominus=2.6\times10^{-4}$(316.15K) |
| $C_6H_8O_7$(柠檬酸) | $K_1^\ominus=7.4\times10^{-4}$;$K_2^\ominus=1.73\times10^{-5}$;$K_3^\ominus=4\times10^{-7}$ |
| $H_4Y$(乙二胺四乙酸) | $K_1^\ominus=10^{-2}$;$K_2^\ominus=2.1\times10^{-3}$;$K_3^\ominus=6.9\times10^{-7}$;$K_4^\ominus=5.9\times10^{-11}$ |

(2) 弱碱的离解常数(298.15K)

| 弱碱 | 离解常数 $K_b^\ominus$ | 弱碱 | 离解常数 $K_b^\ominus$ |
|---|---|---|---|
| $NH_3\cdot H_2O$ | $1.8\times10^{-5}$ | $C_6H_5NH_2$(苯胺) | $4\times10^{-4}$ |
| $NH_2$-$NH_2$(联氨) | $9.8\times10^{-7}$ | $C_5H_5N$(吡啶) | $1.5\times10^{-9}$ |
| $NH_2OH$(羟胺) | $9.1\times10^{-9}$ | $(CH_2)_6N_4$(六亚甲基四胺) | $1.4\times10^{-9}$ |

注:本表及后面的表 2、表 3 的数据主要取自 Lange's Handbook of Chemistry,13th ed. 1985。

表 2　溶度积常数（298.15K）

| 化合物 | $K_{sp}^{\ominus}$ | 化合物 | $K_{sp}^{\ominus}$ |
|---|---|---|---|
| AgAc | $4.4\times10^{-3}$ | $BaSO_4$ | $1.1\times10^{-10}$ |
| $Ag_3AsO_4$ | $1.0\times10^{-22}$ | $BaSO_3$ | $8\times10^{-7}$ |
| AgBr | $5.0\times10^{-13}$ | $BaS_2O_3$ | $1.6\times10^{-5}$ |
| AgCl | $1.8\times10^{-10}$ | $BeCO_3\cdot4H_2O$ | $1\times10^{-3}$ |
| $Ag_2CO_3$ | $8.1\times10^{-12}$ | $Be(OH)_2$（无定形） | $1.6\times10^{-22}$ |
| $Ag_2CrO_4$ | $1.1\times10^{-12}$ | $Bi(OH)_3$ | $4\times10^{-31}$ |
| AgCN | $1.2\times10^{-16}$ | $BiI_3$ | $8.1\times10^{-19}$ |
| $Ag_2Cr_2O_7$ | $2.0\times10^{-7}$ | $Bi_2S_3$ | $1\times10^{-97}$ |
| $Ag_2C_2O_4$ | $3.4\times10^{-11}$ | BiOBr | $3.0\times10^{-7}$ |
| $Ag_2[Fe(CN)_6]$ | $1.6\times10^{-41}$ | BiOCl | $1.8\times10^{-31}$ |
| AgOH | $2.0\times10^{-8}$ | $BiONO_3$ | $2.82\times10^{-3}$ |
| $AgIO_3$ | $3.0\times10^{-8}$ | $CaCO_3$ | $2.8\times10^{-9}$ |
| AgI | $8.3\times10^{-17}$ | $CaC_2O_4\cdot H_2O$ | $4\times10^{-9}$ |
| $Ag_2MoO_4$ | $2.8\times10^{-12}$ | $CaCrO_4$ | $7.1\times10^{-4}$ |
| $AgNO_2$ | $6.0\times10^{-4}$ | $CaF_2$ | $5.3\times10^{-9}$ |
| $Ag_3PO_4$ | $1.4\times10^{-16}$ | $Ca(OH)_2$ | $5.5\times10^{-6}$ |
| $Ag_2SO_4$ | $1.4\times10^{-5}$ | $CaHPO_4$ | $1\times10^{-7}$ |
| $Ag_2SO_3$ | $1.5\times10^{-14}$ | $Ca_3(PO_4)_2$ | $2.0\times10^{-29}$ |
| $Ag_2S$ | $6.3\times10^{-50}$ | $CaSiO_3$ | $2.5\times10^{-8}$ |
| AgSCN | $1.0\times10^{-12}$ | $CaSO_4$ | $9.1\times10^{-6}$ |
| $AlAsO_4$ | $1.6\times10^{-16}$ | $CdCO_3$ | $5.2\times10^{-12}$ |
| $Al(OH)_3$（无定形） | $1.3\times10^{-33}$ | $Cd(OH)_2$（新鲜） | $2.5\times10^{-14}$ |
| $AlPO_4$ | $6.3\times10^{-19}$ | CdS | $8.0\times10^{-27}$ |
| $Al_2S_3$ | $2.0\times10^{-17}$ | $CeF_3$ | $8\times10^{-16}$ |
| AuCl | $2.0\times10^{-13}$ | $Ce(OH)_3$ | $1.6\times10^{-20}$ |
| $AuCl_3$ | $3.2\times10^{-25}$ | $Ce(OH)_4$ | $2\times10^{-28}$ |
| AuI | $1.6\times10^{-23}$ | $Ce_2S_3$ | $6.0\times10^{-11}$ |
| $AuI_3$ | $1.0\times10^{-46}$ | $Co(OH)_2$（新鲜） | $1.6\times10^{-15}$ |
| $BaCO_3$ | $5.1\times10^{-9}$ | $Co(OH)_3$ | $1.6\times10^{-44}$ |
| $BaC_2O_4$ | $1.6\times10^{-7}$ | α-CoS | $4.0\times10^{-21}$ |
| $BaCrO_4$ | $1.2\times10^{-10}$ | β-CoS | $2.0\times10^{-25}$ |
| $Ba_2[Fe(CN)_6]\cdot6H_2O$ | $3.2\times10^{-8}$ | $Cr(OH)_3$ | $6.3\times10^{-31}$ |
| $BaF_2$ | $1.0\times10^{-6}$ | CuBr | $5.3\times10^{-9}$ |
| $Ba(OH)_2$ | $5.0\times10^{-3}$ | CuCl | $1.2\times10^{-6}$ |
| $Ba(NO_3)_2$ | $4.5\times10^{-3}$ | CuCN | $3.2\times10^{-20}$ |
| $BaHPO_4$ | $3.2\times10^{-7}$ | CuI | $1.1\times10^{-12}$ |
| $Ba_3(PO_4)_2$ | $3.4\times10^{-23}$ | CuOH | $1\times10^{-14}$ |
| $Ba_2P_2O_7$ | $3.2\times10^{-11}$ | $Cu_2S$ | $2.5\times10^{-48}$ |

续表

| 化合物 | $K_{sp}^{\ominus}$ | 化合物 | $K_{sp}^{\ominus}$ |
|---|---|---|---|
| CuSCN | $4.8\times10^{-15}$ | $MnCO_3$ | $1.8\times10^{-11}$ |
| $CuCO_3$ | $1.4\times10^{-10}$ | $Mn(OH)_2$ | $1.9\times10^{-13}$ |
| $CuCrO_4$ | $3.6\times10^{-6}$ | MnS(无定形) | $2.5\times10^{-10}$ |
| $Cu[Fe(CN)_6]$ | $1.3\times10^{-6}$ | MnS(晶体) | $2.5\times10^{-13}$ |
| $Cu(OH)_2$ | $2.2\times10^{-20}$ | $Na_3AlF_6$ | $4.0\times10^{-10}$ |
| $CuC_2O_4$ | $2.3\times10^{-8}$ | $NiCO_3$ | $6.6\times10^{-9}$ |
| $Cu_3(PO_4)_2$ | $1.3\times10^{-37}$ | $Ni(OH)_2$(新鲜) | $2.0\times10^{-15}$ |
| $CuCr_2O_7$ | $8.3\times10^{-16}$ | α-NiS | $3.2\times10^{-19}$ |
| CuS | $6.3\times10^{-36}$ | β-NiS | $1.0\times10^{-24}$ |
| $FeCO_3$ | $3.2\times10^{-11}$ | γ-NiS | $2.0\times10^{-26}$ |
| $Fe(OH)_2$ | $8.0\times10^{-16}$ | $PbCO_3$ | $7.4\times10^{-14}$ |
| $FeC_2O_4\cdot H_2O$ | $3.6\times10^{-7}$ | $PbCl_2$ | $1.6\times10^{-5}$ |
| $Fe_4[Fe(CN)_6]_3$ | $3.3\times10^{-41}$ | $PbCrO_4$ | $2.8\times10^{-13}$ |
| $Fe(OH)_3$ | $4\times10^{-38}$ | $PbC_2O_4$ | $4.8\times10^{-10}$ |
| FeS | $6.3\times10^{-18}$ | $PbI_2$ | $7.1\times10^{-9}$ |
| $Hg_2CO_3$ | $8.9\times10^{-17}$ | $Pb(NO_3)_2$ | $2.5\times10^{-9}$ |
| $Hg_2(CN)_2$ | $5\times10^{-40}$ | $Pb(OH)_2$ | $1.2\times10^{-15}$ |
| $Hg_2Cl_2$ | $1.3\times10^{-18}$ | $Pb(OH)_4$ | $3.2\times10^{-66}$ |
| $Hg_2CrO_4$ | $2.0\times10^{-9}$ | $Pb_3(PO_4)_2$ | $8.0\times10^{-43}$ |
| $Hg_2I_2$ | $4.5\times10^{-29}$ | $PbSO_4$ | $1.6\times10^{-8}$ |
| $Hg_2(OH)_2$ | $2.0\times10^{-24}$ | PbS | $8.0\times10^{-28}$ |
| $Hg(OH)_2$ | $3.0\times10^{-26}$ | $Pt(OH)_2$ | $1\times10^{-35}$ |
| $Hg_2SO_4$ | $7.4\times10^{-7}$ | $Sn(OH)_2$ | $1.4\times10^{-28}$ |
| $Hg_2S$ | $1.0\times10^{-47}$ | $Sn(OH)_4$ | $1\times10^{-56}$ |
| HgS(红) | $4\times10^{-53}$ | SnS | $1.0\times10^{-25}$ |
| HgS(黑) | $1.6\times10^{-52}$ | $SrCO_3$ | $1.1\times10^{-10}$ |
| $K_2Na[Co(NO_2)_6]\cdot H_2O$ | $2.2\times10^{-11}$ | $SrC_2O_4\cdot H_2O$ | $1.6\times10^{-7}$ |
| $K_2[PtCl_6]$ | $1.1\times10^{-5}$ | $SrCrO_4$ | $2.2\times10^{-5}$ |
| $K_2SiF_6$ | $8.7\times10^{-7}$ | $TlCl_4$ | $1.7\times10^{-4}$ |
| $Li_2CO_3$ | $2.5\times10^{-2}$ | TlI | $6.5\times10^{-8}$ |
| LiF | $3.8\times10^{-3}$ | $Tl(OH)_3$ | $6.3\times10^{-46}$ |
| $Li_3PO_4$ | $3.2\times10^{-9}$ | $Tl_2S$ | $5.0\times10^{-21}$ |
| $MgCO_3$ | $3.5\times10^{-8}$ | $ZnCO_3$ | $1.4\times10^{-11}$ |
| $MgF_2$ | $6.5\times10^{-9}$ | $Zn(OH)_2$ | $1.2\times10^{-17}$ |
| $Mg(OH)_2$ | $1.8\times10^{-11}$ | α-ZnS | $1.6\times10^{-24}$ |
| $Mg_3(PO_4)_2$ | $10^{-27}\rightarrow10^{-28}$ | β-ZnS | $2.5\times10^{-22}$ |

表 3　标准电极电势（298.15K）

| 电极反应 | | $E^\ominus$/V |
| --- | --- | --- |
| 氧化型 | 还原型 | |
| $Li+e^- \rightleftharpoons$ | $Li$ | −3.045 |
| $K^++e^- \rightleftharpoons$ | $K$ | −2.925 |
| $Rb^++e^- \rightleftharpoons$ | $Rb$ | −2.925 |
| $Cs^++e^- \rightleftharpoons$ | $Cs$ | −2.923 |
| $Ra^{2+}+2e^- \rightleftharpoons$ | $Ra$ | −2.92 |
| $Ba^{2+}+2e^- \rightleftharpoons$ | $Ba$ | −2.90 |
| $Sr^{2+}+2e^- \rightleftharpoons$ | $Sr$ | −2.89 |
| $Ca^{2+}+2e^- \rightleftharpoons$ | $Ca$ | −2.87 |
| $Na^++e^- \rightleftharpoons$ | $Na$ | −2.714 |
| $La^{3+}+3e^- \rightleftharpoons$ | $La$ | −2.52 |
| $Mg^{2+}+2e^- \rightleftharpoons$ | $Mg$ | −2.37 |
| $Sc^{3+}+3e^- \rightleftharpoons$ | $Sc$ | −2.08 |
| $[AlF_6]^{3-}+3e^- \rightleftharpoons$ | $Al+6F^-$ | −2.07 |
| $Be^{2+}+2e^- \rightleftharpoons$ | $Be$ | −1.85 |
| $Al^{3+}+3e^- \rightleftharpoons$ | $Al$ | −1.66 |
| $Ti^{2+}+2e^- \rightleftharpoons$ | $Ti$ | −1.63 |
| $Zr^{4+}+4e^- \rightleftharpoons$ | $Zr$ | −1.53 |
| $[TiF_6]^{2-}+4e^- \rightleftharpoons$ | $Ti+6F^-$ | −1.24 |
| $[SiF_6]^{2-}+4e^- \rightleftharpoons$ | $Si+6F^-$ | −1.2 |
| $Mn^{2+}+2e^- \rightleftharpoons$ | $Mn$ | −1.18 |
| $*SO_4^{2-}+H_2O+2e^- \rightleftharpoons$ | $SO_3^{2-}+2OH^-$ | −0.93 |
| $TiO^{2+}+2H^++4e^- \rightleftharpoons$ | $Ti+H_2O$ | −0.89 |
| $*Fe(OH)_2+2e^- \rightleftharpoons$ | $Fe+2OH^-$ | −0.887 |
| $H_3BO_3+3H^++3e^- \rightleftharpoons$ | $B+3H_2O$ | −0.87 |
| $SiO_2(s)+4H^++4e^- \rightleftharpoons$ | $Si+2H_2O$ | −0.86 |
| $Zn^{2+}+2e^- \rightleftharpoons$ | $Zn$ | −0.763 |
| $*FeCO_3+2e^- \rightleftharpoons$ | $Fe+CO_3^{2-}$ | −0.756 |
| $Cr^{3+}+3e^- \rightleftharpoons$ | $Cr$ | −0.74 |
| $As+3H^++3e^- \rightleftharpoons$ | $AsH_3$ | −0.60 |
| $*2SO_3^{2-}+3H_2O+4e^- \rightleftharpoons$ | $S_2O_3^{2-}+6OH^-$ | −0.58 |
| $*Fe(OH)_3+e^- \rightleftharpoons$ | $Fe(OH)_2+OH^-$ | −0.56 |
| $Ga^{3+}+3e^- \rightleftharpoons$ | $Ga$ | −0.56 |
| $Sb+3H^++3e^- \rightleftharpoons$ | $SbH_3(g)$ | −0.51 |
| $H_3PO_2+H^++e^- \rightleftharpoons$ | $P+2H_2O$ | −0.51 |
| $H_3PO_3+2H^++2e^- \rightleftharpoons$ | $H_3PO_2+H_2O$ | −0.50 |
| $2CO_2+2H^++2e^- \rightleftharpoons$ | $H_2C_2O_4$ | −0.49 |
| $*S+2e^- \rightleftharpoons$ | $S^{2-}$ | −0.48 |

续表

| 电极反应 | | $E^{\ominus}/V$ |
|---|---|---|
| 氧化型 | 还原型 | |
| $Fe^{2+}+2e^- \rightleftharpoons$ | $Fe$ | −0.44 |
| $Cr^{3+}+e^- \rightleftharpoons$ | $Cr^{2+}$ | −0.41 |
| $Cd^{2+}+2e^- \rightleftharpoons$ | $Cd$ | −0.403 |
| $Se+2H^++2e^- \rightleftharpoons$ | $H_2Se$ | −0.40 |
| $Ti^{3+}+e^- \rightleftharpoons$ | $Ti^{2+}$ | −0.37 |
| $PbI_2+2e^- \rightleftharpoons$ | $Pb+2I^-$ | −0.365 |
| * $Cu_2O+H_2O+2e^- \rightleftharpoons$ | $2Cu+2OH^-$ | −0.361 |
| $PbSO_4+2e^- \rightleftharpoons$ | $Pb+SO_4^{2-}$ | −0.3553 |
| $In^{3+}+3e^- \rightleftharpoons$ | $In$ | −0.342 |
| $Tl^++e^- \rightleftharpoons$ | $Tl$ | −0.336 |
| * $Ag(CN)_2^-+e^- \rightleftharpoons$ | $Ag+2CN^-$ | −0.31 |
| $PtS+2H^++2e^- \rightleftharpoons$ | $Pt+H_2S(g)$ | −0.30 |
| $PbBr_2+2e^- \rightleftharpoons$ | $Pb+2Br^-$ | −0.280 |
| $Co^{2+}+2e^- \rightleftharpoons$ | $Co$ | −0.277 |
| $H_3PO_4+2H^++2e^- \rightleftharpoons$ | $H_3PO_3+H_2O$ | −0.276 |
| $PbCl_2+2e^- \rightleftharpoons$ | $Pb+2Cl^-$ | −0.268 |
| $V^{3+}+e^- \rightleftharpoons$ | $V^{2+}$ | −0.255 |
| $VO_2^++4H^++5e^- \rightleftharpoons$ | $V+2H_2O$ | −0.253 |
| $[SnF_6]^{2-}+4e^- \rightleftharpoons$ | $Sn+6F^-$ | −0.25 |
| $Ni^{2+}+2e^- \rightleftharpoons$ | $Ni$ | −0.246 |
| $N_2+5H^++4e^- \rightleftharpoons$ | $N_2H_5^+$ | −0.23 |
| $Mo^{3+}+3e^- \rightleftharpoons$ | $Mo$ | −0.20 |
| $CuI+e^- \rightleftharpoons$ | $Cu+I^-$ | −0.185 |
| $AgI+e^- \rightleftharpoons$ | $Ag+I^-$ | −0.152 |
| $Sn^{2+}+2e^- \rightleftharpoons$ | $Sn$ | −0.136 |
| $Pb^{2+}+2e^- \rightleftharpoons$ | $Pb$ | −0.126 |
| * $Cu(NH_3)_2^++e^- \rightleftharpoons$ | $Cu+2NH_3$ | −0.12 |
| * $CrO_4^{2-}+2H_2O+3e^- \rightleftharpoons$ | $CrO_2^-+4OH^-$ | −0.12 |
| $WO_3(cr)+6H^++6e^- \rightleftharpoons$ | $W+3H_2O$ | −0.09 |
| * $2Cu(OH)_2+2e^- \rightleftharpoons$ | $Cu_2O+2OH^-+H_2O$ | −0.08 |
| * $MnO_2+H_2O+2e^- \rightleftharpoons$ | $Mn(OH)_2+2OH^-$ | −0.05 |
| $[HgI_4]^{2-}+2e^- \rightleftharpoons$ | $Hg+4I^-$ | −0.039 |
| * $AgCN+e^- \rightleftharpoons$ | $Ag+CN^-$ | −0.017 |
| $2H^++2e^- \rightleftharpoons$ | $H_2(g)$ | −0.00 |
| $[Ag(S_2O_3)_2]^{3-}+e^- \rightleftharpoons$ | $Ag+2S_2O_3^{2-}$ | 0.01 |
| * $NO_3^-+H_2O+2e^- \rightleftharpoons$ | $NO_2^-+2OH^-$ | 0.01 |

续表

| 电极反应 | | $E^{\ominus}$/V |
|---|---|---|
| 氧化型 | 还原型 | |
| $AgBr(s)+e^- \rightleftharpoons$ | $Ag+Br^-$ | 0.071 |
| $S_4O_6^{2-}+2e^- \rightleftharpoons$ | $2S_2O_3^{2-}$ | 0.08 |
| * $[Co(NH_3)_6]^{3+}+e^- \rightleftharpoons$ | $[Co(NH_3)_6]^{2+}$ | 0.1 |
| $TiO^{2+}+2H^++e^- \rightleftharpoons$ | $Ti^{3+}+H_2O$ | 0.10 |
| $S+2H^++2e^- \rightleftharpoons$ | $H_2S(aq)$ | 0.141 |
| $Sn^{4+}+2e^- \rightleftharpoons$ | $Sn^{2+}$ | 0.154 |
| $Cu^{2+}+e^- \rightleftharpoons$ | $Cu^+$ | 0.159 |
| $SO_4^{2-}+4H^++3e^- \rightleftharpoons$ | $H_2SO_3+H_2O$ | 0.17 |
| $[HgBr_4]^{2-}+2e^- \rightleftharpoons$ | $Hg+4Br^-$ | 0.21 |
| $AgCl(s)+e^- \rightleftharpoons$ | $Ag+Cl^-$ | 0.2223 |
| * $PbO_2+H_2O+2e^- \rightleftharpoons$ | $PbO+2OH^-$ | 0.247 |
| $HAsO_2+4H^++3e^- \rightleftharpoons$ | $As+2H_2O$ | 0.248 |
| $Hg_2Cl_2(s)+2e^- \rightleftharpoons$ | $2Hg+2Cl^-$ | 0.268 |
| $BiO^++2H^++3e^- \rightleftharpoons$ | $Bi+H_2O$ | 0.32 |
| $Cu^{2+}+2e^- \rightleftharpoons$ | $Cu$ | 0.337 |
| * $Ag_2O+H_2O+2e^- \rightleftharpoons$ | $2Ag+2OH^-$ | 0.342 |
| $[Fe(CN)_6]^{3-}+e^- \rightleftharpoons$ | $[Fe(CN)_6]^{4-}$ | 0.36 |
| * $ClO_4^-+H_2O+2e^- \rightleftharpoons$ | $ClO_3^-+2OH^-$ | 0.36 |
| * $[Ag(NH_3)_2]^++e^- \rightleftharpoons$ | $Ag+2NH_3$ | 0.373 |
| $2H_2SO_3+2H_2O+4e^- \rightleftharpoons$ | $S_2O_3^{2-}+3H_2O$ | 0.40 |
| * $O_2+2H_2O+4e^- \rightleftharpoons$ | $4OH^-$ | 0.401 |
| $Ag_2CrO_4+2e^- \rightleftharpoons$ | $2Ag+CrO_4^{2-}$ | 0.447 |
| $H_2SO_3+4H^++4e^- \rightleftharpoons$ | $S+3H_2O$ | 0.45 |
| $Cu^++e^- \rightleftharpoons$ | $Cu$ | 0.52 |
| $TeO_2(s)+4H^++4e^- \rightleftharpoons$ | $Te+2H_2O$ | 0.529 |
| $I_2(s)+2e^- \rightleftharpoons$ | $2I^-$ | 0.5345 |
| $H_3AsO_4+2H^++4e^- \rightleftharpoons$ | $H_3AsO_3+H_2O$ | 0.560 |
| $MnO_4^-+e^- \rightleftharpoons$ | $MnO_4^{2-}$ | 0.564 |
| * $MnO_4^-+2H_2O+3e^- \rightleftharpoons$ | $MnO_2+4OH^-$ | −0.588 |
| * $MnO_4^{2-}+2H_2O+2e^- \rightleftharpoons$ | $MnO_2+4OH^-$ | 0.60 |
| * $BrO_3^-+3H_2O+6e^- \rightleftharpoons$ | $Br^-+6OH^-$ | 0.61 |
| $2HgCl_2+2e^- \rightleftharpoons$ | $Hg_2Cl_2(s)+2Cl^-$ | 0.63 |
| * $ClO_2^-+H_2O+2e^- \rightleftharpoons$ | $ClO^-+2OH^-$ | 0.66 |
| $O_2(g)+2H^++2e^- \rightleftharpoons$ | $H_2O_2(aq)$ | 0.682 |
| $[PtCl_4]^{2-}+2e^- \rightleftharpoons$ | $Pt+4Cl^-$ | 0.73 |
| $Fe^{3+}+e^- \rightleftharpoons$ | $Fe^{2+}$ | 0.771 |

续表

| 电极反应 | | $E^{\ominus}/V$ |
|---|---|---|
| 氧化型 | 还原型 | |
| $Hg_2^{2+}+2e^- \rightleftharpoons$ | $2Hg$ | 0.793 |
| $Ag^++e^- \rightleftharpoons$ | $Ag$ | 0.799 |
| $NO_3^-+2H^++2e^- \rightleftharpoons$ | $NO_2^-+H_2O$ | 0.80 |
| * $HO_2^-+H_2O+2e^- \rightleftharpoons$ | $3OH^-$ | 0.88 |
| * $ClO^-+H_2O+2e^- \rightleftharpoons$ | $Cl^-+2OH^-$ | 0.89 |
| $2Hg^{2+}+2e^- \rightleftharpoons$ | $Hg_2^{2+}$ | 0.920 |
| $NO_3^-+3H^++2e^- \rightleftharpoons$ | $HNO_2+H_2O$ | 0.94 |
| $NO_3^-+4H^++3e^- \rightleftharpoons$ | $NO+2H_2O$ | 0.96 |
| $HNO_2+H^++e^- \rightleftharpoons$ | $NO+H_2O$ | 1.00 |
| $NO_2+2H^++2e^- \rightleftharpoons$ | $NO+H_2O$ | 1.03 |
| $Br(l)+2e^- \rightleftharpoons$ | $2Br^-$ | 1.065 |
| $NO_2+H^++e^- \rightleftharpoons$ | $HNO_2$ | 1.07 |
| $Cu^{2+}+2CN^-+e^- \rightleftharpoons$ | $Cu(CN)_2^-$ | 1.12 |
| $ClO_2+e^- \rightleftharpoons$ | $ClO_2^-$ | 1.16 |
| $ClO_4^-+2H^++2e^- \rightleftharpoons$ | $ClO_3^-+H_2O$ | 1.19 |
| $2IO_3^-+12H^++10e^- \rightleftharpoons$ | $I_2+6H_2O$ | 1.20 |
| $ClO_3^-+3H^++2e^- \rightleftharpoons$ | $HClO_2+H_2O$ | 1.21 |
| $O_2+4H^++4e^- \rightleftharpoons$ | $2H_2O(l)$ | 1.229 |
| $MnO_2+4H^++2e^- \rightleftharpoons$ | $Mn^{2+}+2H_2O$ | 1.23 |
| * $O_3+H_2O+2e^- \rightleftharpoons$ | $O_2+2OH^-$ | 1.24 |
| $ClO_2+H^++e^- \rightleftharpoons$ | $HClO_2$ | 1.275 |
| $2HNO_2+4H^++4e^- \rightleftharpoons$ | $N_2O+3H_2O$ | 1.29 |
| $Cr_2O_7^{2-}+14H^++6e^- \rightleftharpoons$ | $2Cr^{3+}+7H_2O$ | 1.33 |
| $Cl_2+2e^- \rightleftharpoons$ | $Cl^-$ | 1.36 |
| $2HIO+2H^++2e^- \rightleftharpoons$ | $I_2+2H_2O$ | 1.45 |
| $PbO_2+4H^++2e^- \rightleftharpoons$ | $Pb^{2+}+2H_2O$ | 1.455 |
| $Au^{3+}+3e^- \rightleftharpoons$ | $Au$ | 1.50 |
| $Mn^{3+}+e^- \rightleftharpoons$ | $Mn^{2+}$ | 1.51 |
| $MnO_4^-+8H^++5e^- \rightleftharpoons$ | $Mn^{2+}+4H_2O$ | 1.51 |
| $2BrO_3^-+12H^++10e^- \rightleftharpoons$ | $Br_2(l)+6H_2O$ | 1.52 |
| $2HBrO+2H^++2e^- \rightleftharpoons$ | $Br_2(l)+2H_2O$ | 1.59 |
| $H_5IO_6+H^++2e^- \rightleftharpoons$ | $IO_3^-+3H_2O$ | 1.60 |
| $2HClO+2H^++2e^- \rightleftharpoons$ | $Cl_2+2H_2O$ | 1.63 |
| $HClO_2+2H^++2e^- \rightleftharpoons$ | $HClO+H_2O$ | 1.64 |
| $Au^++e^- \rightleftharpoons$ | $Au$ | 1.68 |

续表

| 电极反应 | | $E^{\ominus}$/V |
|---|---|---|
| 氧化型 | 还原型 | |
| $NiO_2+4H^++2e^-$ ⇌ | $Ni^{2+}+2H_2O$ | 1.68 |
| $MnO_4^-+4H^++3e^-$ ⇌ | $MnO_2+2H_2O$ | 1.695 |
| $H_2O_2+2H^++2e^-$ ⇌ | $2H_2O$ | 1.77 |
| $Co^{3+}+e^-$ ⇌ | $Co^{2+}$ | 1.84 |
| $Ag^{2+}+e^-$ ⇌ | $Ag^+$ | 1.98 |
| $S_2O_8^{2-}+2e^-$ ⇌ | $2SO_4^{2-}$ | 2.01 |
| $O_3+2H^++2e^-$ ⇌ | $O_2+H_2O$ | 2.07 |
| $F_2+2e^-$ ⇌ | $2F^-$ | 2.87 |
| $F_2+2H^++2e^-$ ⇌ | $2HF$ | 3.06 |

本表中凡前面有*符号的电极反应是在碱性溶液中进行，其余都在酸性溶液中进行。

**表4　配离子的稳定常数**（298.15K）

| 化学式 | 稳定常数β | lgβ | 化学式 | 稳定常数β | lgβ |
|---|---|---|---|---|---|
| *$[AgCl_2]^-$ | $1.1\times10^5$ | 5.04 | *$[Cu(en)_2]^{2+}$ | $1.0\times10^{20}$ | 20.00 |
| *$[AgI_2]^-$ | $5.5\times10^{11}$ | 11.74 | $[Cu(NH_3)_2]^+$ | $7.4\times10^{10}$ | 10.87 |
| $[Ag(CN)_2]^-$ | $5.6\times10^{18}$ | 18.74 | $[Cu(NH_3)_4]^{2+}$ | $4.3\times10^{13}$ | 13.63 |
| $[Ag(NH_3)_2]^+$ | $1.7\times10^7$ | 7.23 | $[Fe(C_2O_4)_3]^{3-}$ | $10^{20}$ | 20 |
| $[Ag(S_2O_3)_2]^{3-}$ | $1.7\times10^{13}$ | 13.22 | $[FeF_6]^{3-}$ | 约 $2\times10^{15}$ | 约15.3 |
| $[AlF_6]^{3-}$ | $6.9\times10^{19}$ | 19.84 | $[Fe(CN)_6]^{4-}$ | $10^{35}$ | 35 |
| $[AuCl_4]^-$ | $2\times10^{21}$ | 21.3 | $[Fe(CN)_6]^{3-}$ | $10^{42}$ | 42 |
| $[Au(CN)_2]^-$ | $2.0\times10^{38}$ | 38.3 | $[Fe(NCS)_6]^{3-}$ | $1.3\times10^9$ | 9.10 |
| $[CdI_4]^{2-}$ | $2\times10^6$ | 6.3 | $[HgCl_4]^{2-}$ | $9.1\times10^{15}$ | 15.96 |
| $[Cd(CN)_4]^{2-}$ | $7.1\times10^{18}$ | 18.85 | $[HgI_4]^{2-}$ | $1.9\times10^{30}$ | 30.28 |
| $[Cd(NH_3)_4]^{2+}$ | $1.3\times10^7$ | 7.12 | $[Hg(CN)_4]^{2-}$ | $2.5\times10^{41}$ | 41.40 |
| *$[Co(NCS)_4]^{2-}$ | $1.0\times10^3$ | 3.00 | $[Hg(NH_3)_4]^{2+}$ | $1.9\times10^{19}$ | 19.28 |
| $[Co(NH_3)_6]^{2+}$ | $8.0\times10^4$ | 4.90 | $[Hg(SCN)_4]^{2-}$ | $2\times10^{19}$ | 19.3 |
| $[Co(NH_3)_6]^{3+}$ | $4.6\times10^{33}$ | 33.66 | $[Ni(CN)_4]^{2-}$ | $10^{22}$ | 22 |
| *$[CuCl_2]^-$ | $3.2\times10^5$ | 5.50 | *$[Ni(en)_3]^{2+}$ | $2.1\times10^{18}$ | 18.33 |
| $[CuBr_2]^-$ | $7.8\times10^5$ | 5.89 | $[Ni(NH_3)_6]^{2+}$ | $5.6\times10^8$ | 8.74 |
| $[CuI_2]^-$ | $7.1\times10^8$ | 8.85 | $[Zn(CN)_4]^{2-}$ | $7.8\times10^{16}$ | 16.89 |
| $[Cu(CN)_2]^-$ | $1\times10^{16}$ | 16.0 | $[Zn(en)_2]^{2+}$ | $6.8\times10^{10}$ | 10.83 |
| $[Cu(CN)_4]^{3-}$ | $1.0\times10^{30}$ | 30.00 | $[Zn(NH_3)_4]^{2+}$ | $2.9\times10^9$　$1.0\times10^{30}$ | 9.47 |

本表标有*的引自 J. A. Deam，"Lange's Handbook of Chemistry"，其余引自 W. M. Atimer，Oxidation Potentials .

**表 5　工业常用气瓶的标志**

| 气　体 | 气瓶外壳颜色 | 字　样 | 字样颜色 |
|---|---|---|---|
| $H_2$ | 深绿 | 氢 | 红 |
| $O_2$ | 天蓝 | 氧 | 黑 |
| $N_2$ | 黑 | 氮 | 黄 |
| He | 灰 | 氦 | 绿 |
| $Cl_2$ | 草绿 | 液氯 | 白 |
| $CO_2$ | 铅白 | 液化二氧化碳 | 黑 |
| $SO_2$ | 灰 | 液化二氧化硫 | 黑 |
| $NH_3$ | 黄 | 液氨 | 黑 |
| $H_2S$ | 白 | 液化硫化氢 | 红 |
| HCl | 灰 | 液化氯化氢 | 黑 |

摘自：中华人民共和国劳动总局颁发《气瓶安全监察规程》(1979)。

**表 6　常用的干燥剂**

（一）普通干燥器内常用的干燥剂

| 干燥剂 | 吸收的溶剂 | 干燥剂 | 吸收的溶剂 |
|---|---|---|---|
| CaO | 水、乙酸 | $H_2SO_4$ | 水、醇、乙酸 |
| $CaCl_2$(无色) | 水、醇 | $P_2O_5(P_4O_{10})$ | 水、醇 |
| 硅胶 | 水 | 石蜡刨片或橄榄油 | 醇、醚、石油醚、苯、甲苯、氯仿、四氯化碳 |
| NaOH | 水、醇、酚、乙酸、氯化氢 | | |

（二）干燥剂干燥后空气中的水的质量浓度 $\rho_{H_2O}$

| 干燥剂 | 水的质量浓度 $\rho_{H_2O}/(g/m^3)$ | 干燥剂 | 水的质量浓度 $\rho_{H_2O}/(g/m^3)$ |
|---|---|---|---|
| $P_2O_5(P_4O_{10})$ | $2\times10^{-5}$ | 硅胶 | 0.03 |
| $Mg(ClO_4)_2$ | 0.0005 | $CaBr_2$ | 0.14 |
| BaO | 0.00065 | NaOH(熔融) | 0.16 |
| $Mg(ClO_4)_2\cdot3H_2O$ | 0.002 | CaO | 0.2 |
| KOH(熔融) | 0.002 | $H_2SO_4$(95.1%) | 0.3 |
| $H_2SO_4$(100%) | 0.003 | $CaCl_2$(熔融) | 0.36 |
| $Al_2O_3$ | 0.003 | $ZnCl_2$ | 0.85 |
| $CaSO_4$ | 0.004 | $ZnBr_2$ | 1.16 |
| MgO | 0.008 | $CuSO_4$ | 1.4 |

**表 7　常用的致冷剂**

（一）盐-水致冷剂的致冷温度

（15℃下指定量的盐和 100g 水混合）

| 盐 | 最低温度 $t$/℃ | 混　合　盐 | 最低温度 $t$/℃ |
|---|---|---|---|
| 100gKCNS | −24 | 113gKCNS＋5g$NH_4NO_3$ | −32.4 |
| 133g$NH_4SCN$ | −16 | 59g$NH_4SCN$＋32g$NH_4NO_3$ | −30.6 |
| 100g$NH_4NO_3$ | −12 | 57g$NH_4SCN$＋57g$NaNO_3$ | −29.8 |
| 250g$CaCl_2$ | −8 | 56g$NH_4NO_3$＋55g$NaNO_3$ | −23.8 |

续表

| 盐 | 最低温度 $t$/℃ | 混合盐 | 最低温度 $t$/℃ |
|---|---|---|---|
| $30gNH_4Cl$ | −3 | $18gNH_4Cl+43gNaNO_3$ | −22.4 |
| 30gKCl | 2 | $26gNH_4Cl+14gKNO_3$ | −17.8 |
| $30g(NH_4)_2CO_3$ | 3 | $98gNH_4SCN+22gKNO_3$ | −13.8 |
| $16gKNO_3$ | 5 | $88gNH_4NO_3+63gNaNO_3$ | −10.8 |
| $40gNa_2CO_3$ | 6 | $32gNH_4Cl+21gKNO_3$ | −3.9 |
| $20gNa_2SO_4 \cdot 10H_2O$ | 8 | $26gNH_4Cl+57gKNO_3$ | −1.6 |

（二）盐-冰致冷剂的致冷温度

（15℃下指定量的盐和100g雪或碎冰混合）

| 盐 | 最低温度 $t$/℃ | 混合盐 | 最低温度 $t$/℃ |
|---|---|---|---|
| $51gZnCl_2$ | −62 | $39.5gNH_4SCN+54.5gNaNO_3$ | −37.4 |
| $29.8gCaCl_2$ | −55 | $2gKNO_3+112gKCNS$ | −34.1 |
| $36gCuCl_2$ | −40 | $13gNH_4Cl+38gKNO_3$ | −31 |
| $39.5gK_2CO_3$ | −36.5 | $32gNH_4NO_3+59gNH_4SCN$ | −30.6 |
| $26.1gMgCl_2$ | −33.6 | $9gKNO_3+67gNH_4SCN$ | −28.2 |
| $39.4gZn(NO_3)_2$ | −29 | $52gNH_4NO_3+55gNaNO_3$ | −25.8 |
| 23.3gNaCl | −21.3 | $9gKNO_3+67gNH_4SCN$ | −25 |
| $23.2g(NH_4)_2SO_4$ | −19.05 | $12gNH_4Cl+50.5g(NH_4)_2SO_4$ | −22.5 |
| $18.6gNH_4Cl$ | −15.8 | $18.8gNH_4Cl+44gNH_4NO_3$ | −22.1 |
| 19.75gKCl | −11.1 | $26gNH_4Cl+13.5gKNO_3$ | −17.8 |

**表8　常用基准物质的干燥条件和应用范围**

| 基准物质 | | 干燥后组成 | 干燥条件/℃ | 标定对象 |
|---|---|---|---|---|
| 名称 | 化学式 | | | |
| 碳酸氢钠 | $NaHCO_3$ | $Na_2CO_3$ | 270～300 | 酸 |
| 碳酸钠 | $Na_2CO_3 \cdot 10H_2O$ | $Na_2CO_3$ | 270～300 | 酸 |
| 硼砂 | $Na_2B_4O_7 \cdot 10H_2O$ | $Na_2B_4O_7 \cdot 10H_2O$ | 放在含NaCl和蔗糖饱和水溶液的干燥器中 | 酸 |
| 碳酸氢钾 | $KHCO_3$ | $K_2CO_3$ | 270～300 | 酸 |
| 草酸 | $H_2C_2O_4 \cdot 2H_2O$ | $H_2C_2O_4 \cdot 2H_2O$ | 室温空气干燥 | 碱或 $KMnO_4$ |
| 邻苯二甲酸氢钾 | $KHC_8H_4O_4$ | $KHC_8H_4O_4$ | 110～120 | 碱 |
| 重铬酸钾 | $K_2Cr_2O_7$ | $K_2Cr_2O_7$ | 140～150 | 还原剂 |
| 溴酸钾 | $KBrO_3$ | $KBrO_3$ | 130 | 还原剂 |
| 碘酸钾 | $KIO_3$ | $KIO_3$ | 130 | 还原剂 |
| 铜 | Cu | Cu | 室温干燥器中保存 | 还原剂 |
| 三氧化二砷 | $As_2O_3$ | $As_2O_3$ | 室温干燥器中保存 | 氧化剂 |
| 草酸钠 | $Na_2C_2O_4$ | $Na_2C_2O_4$ | 130 | 氧化剂 |
| 碳酸钙 | $CaCO_3$ | $CaCO_3$ | 110 | EDTA |

续表

| 基准物质 | | 干燥后组成 | 干燥条件/℃ | 标定对象 |
| --- | --- | --- | --- | --- |
| 名称 | 化学式 | | | |
| 锌 | Zn | Zn | 室温干燥器中保存 | EDTA |
| 氧化锌 | ZnO | ZnO | 900～1 000 | EDTA |
| 氧化钾 | NaCl | NaCl | 500～600 | $AgNO_3$ |
| 氢化钾 | KCl | KCl | 500～600 | $AgNO_3$ |
| 硝酸银 | $AgNO_3$ | $AgNO_3$ | 180～290 | 氯化物 |

**表 9　通用化学试剂的规格和标志**

| 我国等级 | GR(一级、优级纯) | AR(二级、分析纯) | CP(三级、化学纯) | LR(四级、实验试剂) |
| --- | --- | --- | --- | --- |
| 英文标记 | GUARANTEED TEAGENTS | ANALYTICAL TEAGENTS | CHEMICAL PURE | LABORATORY TEAGENTS |
| 瓶签颜色 | 绿色 | 红色 | 蓝色 | 中黄色 |

**表 10　国际原子量表**

| 原子序数 | 名称 | 元素符号 | 原子量 | 原子序数 | 名称 | 元素符号 | 原子量 | 原子序数 | 名称 | 元素符号 | 原子量 |
| --- | --- | --- | --- | --- | --- | --- | --- | --- | --- | --- | --- |
| 1 | 氢 | H | 1.0079 | 23 | 钒 | V | 50.9415 | 45 | 铑 | Rh | 102.9055 |
| 2 | 氦 | He | 4.002602 | 24 | 铬 | Cr | 51.9961 | 46 | 钯 | Pd | 106.42 |
| 3 | 锂 | Li | 6.941 | 25 | 锰 | Mn | 54.9380 | 47 | 银 | Ag | 107.868 |
| 4 | 铍 | Be | 9.01218 | 26 | 铁 | Fe | 55.847 | 48 | 镉 | Cd | 112.41 |
| 5 | 硼 | B | 10.811 | 27 | 钴 | Co | 58.9332 | 49 | 铟 | In | 114.82 |
| 6 | 碳 | C | 12.011 | 28 | 镍 | Ni | 58.69 | 50 | 锡 | Sn | 118.710 |
| 7 | 氮 | N | 14.0067 | 29 | 铜 | Cu | 63.546 | 51 | 锑 | Sb | 121.75 |
| 8 | 氧 | O | 15.9994 | 30 | 锌 | Zn | 65.39 | 52 | 碲 | Te | 127.60 |
| 9 | 氟 | F | 18.99840 | 31 | 镓 | Ga | 69.723 | 53 | 碘 | I | 126.9045 |
| 10 | 氖 | Ne | 20.179 | 32 | 锗 | Ge | 72.59 | 54 | 氙 | Xe | 131.29 |
| 11 | 钠 | Na | 22.98977 | 33 | 砷 | As | 74.9216 | 55 | 铯 | Cs | 132.9054 |
| 12 | 镁 | Mg | 24.305 | 34 | 硒 | Se | 78.96 | 56 | 钡 | Ba | 137.33 |
| 13 | 铝 | Al | 26.98154 | 35 | 溴 | Br | 79.904 | 57 | 镧 | La | 138.9055 |
| 14 | 硅 | Si | 28.0855 | 36 | 氪 | Kr | 83.80 | 58 | 铈 | Ce | 140.12 |
| 15 | 磷 | P | 30.97376 | 37 | 铷 | Rb | 85.4678 | 59 | 镨 | Pr | 140.9077 |
| 16 | 硫 | S | 32.066 | 38 | 锶 | Sr | 87.62 | 60 | 钕 | Nd | 144.24 |
| 17 | 氯 | Cl | 35.453 | 39 | 钇 | Y | 88.9059 | 61 | 钷 | Pm | (145) |
| 18 | 氩 | Ar | 39.948 | 40 | 锆 | Zr | 91.224 | 62 | 钐 | Sm | 150.36 |
| 19 | 钾 | K | 39.0983 | 41 | 铌 | Nb | 92.9064 | 63 | 铕 | Eu | 151.96 |
| 20 | 钙 | Ca | 40.078 | 42 | 钼 | Mo | 95.94 | 64 | 钆 | Gd | 157.25 |
| 21 | 钪 | Sc | 44.95591 | 43 | 锝 | Tc | (98) | 65 | 铽 | Tb | 158.9254 |
| 22 | 钛 | Ti | 47.88 | 44 | 钌 | Ru | 101.07 | 66 | 镝 | Dy | 162.50 |

续表

| 原子序数 | 名称 | 元素符号 | 原子量 | 原子序数 | 名称 | 元素符号 | 原子量 | 原子序数 | 名称 | 元素符号 | 原子量 |
|---|---|---|---|---|---|---|---|---|---|---|---|
| 67 | 钬 | Ho | 164.9304 | 82 | 铅 | Pb | 207.2 | 97 | 锫 | Bk | (247) |
| 68 | 铒 | Er | 167.26 | 83 | 铋 | Bi | 208.9804 | 98 | 锎 | Cf | (251) |
| 69 | 铥 | Tm | 168.9342 | 84 | 钋 | Po | (209) | 99 | 锿 | Es | (252) |
| 70 | 镱 | Yb | 173.04 | 85 | 砹 | At | (210) | 100 | 镄 | Fm | (257) |
| 71 | 镥 | Lu | 174.967 | 86 | 氡 | Rn | (222) | 101 | 钔 | Md | (258) |
| 72 | 铪 | Hf | 178.49 | 87 | 钫 | Fr | (223) | 102 | 锘 | No | (259) |
| 73 | 钽 | Ta | 180.9479 | 88 | 镭 | Re | 226.0254 | 103 | 铹 | Lr | (262) |
| 74 | 钨 | W | 183.85 | 89 | 锕 | Ac | 227.0278 | 104 | 铲 | Rf | (261) |
| 75 | 铼 | Re | 186.207 | 90 | 钍 | Th | 232.0381 | 105 | 钳 | Db | (262) |
| 76 | 锇 | Os | 190.2 | 91 | 镤 | Pa | 231.0359 | 106 | 镱 | Sg | (263) |
| 77 | 铱 | Ir | 192.22 | 92 | 铀 | U | 238.0289 | 107 | 铍 | Bh | (262) |
| 78 | 铂 | Pt | 195.08 | 93 | 镎 | Np | 237.0482 | 108 | 镙 | Hs | (265) |
| 79 | 金 | Au | 196.9665 | 94 | 钚 | Pu | (244) | 109 | 铵 | Mt | (266) |
| 80 | 汞 | Hg | 200.59 | 95 | 镅 | Am | (243) | | | | |
| 81 | 铊 | Tl | 204.383 | 96 | 锔 | Cm | (247) | | | | |

括号中的数值是该放射性元素已知的半衰期最长的同位素的原子数。

# 参考答案

## 第一章

1.(1) C (2) C (3) E (4) C (5) A (6) D (7) C (8) C (9) A (10) D

2.(1) 14.36 1.28 0.0884

(2) −0.0001g −0.0056% −0.056%

(3) ±0.0005g ±0.001g ±0.002g

(4) 38.01% 0.09% 0.24% 0.12% 0.32% 0.32%

3.(1) −0.0001g −0.0001g −0.0056% −0.056%

称量的 $E_a$ 相等时，称量物质量越大，$E_r$ 越小，准确度越高

(2) 0.5086mol/L 应舍去，0.5042mol/L 应保留

4.(1) 0.022% 0.019% (1.13±0.03)% (2) 略

## 第二章

1.(1) A (2) C (3) B (4) B (5) A (6) D (7) E (8) D (9) D (10) C

2.(1) 2

(2) 10 烧杯 少量 冷却 玻璃棒 250 3～4 容量瓶 低 2～3cm 胶头滴管 低 重新配制 摇匀 试剂瓶

(3) 三

3.略

4.(1) 12mol/L 4.2mL (2) 0.05030mol/L 0.6740g

## 第三章

1.(1) C (2) D (3) B (4) D (5) B (6) A (7) B、C、D (8) F、G、H、I、J

2.略

3.(1) 0.1000mol/L (2) 0.13g (3) 96.43%

## 第四章

1.(1) 由于 $CrO_4^{2-}$ 在水溶液中存在下述平衡：

$$2H^+ + 2CrO_4^{2-} \rightleftharpoons 2HCrO_4^- \rightleftharpoons Cr_2O_7^{2-} + H_2O$$

在酸性溶液中，平衡右移，$CrO_4^{2-}$ 的浓度因此降低，影响 $Ag_2CrO_4$ 沉淀的形成，导致

终点拖后。在强碱性溶液中，则易析出 $Ag_2O$ 沉淀：

$$2Ag^+ + 2OH^- \rightleftharpoons 2AgOH\downarrow \longrightarrow Ag_2O\downarrow + H_2O$$

因此，莫尔法只能在中性或弱碱性（pH=6.5～10.5）溶液中进行。

(2) 指示剂浓度过大或过小时，$CrO_4^{2-}$ 浓度过高或过低，$Ag_2CrO_4$ 沉淀的析出就会提前或滞后，导致产生一定的终点误差，另外由于 $K_2CrO_4$ 本身呈黄色，若浓度太高还会影响 $Ag_2CrO_4$ 沉淀的颜色观察。

(3) 银量法可分为莫尔法、佛尔哈德法和法扬司法。分类依据是所采用的指示剂不同。

(4) 重量分析法通过物理或化学的方法将待测物与试样的其他组分分离后，称量待测物或其转化后的产物，由所称得的物质质量计算待测物含量。

(5) 反应产生的 AgCl 沉淀容易吸附 $Cl^-$，使溶液中的 $Cl^-$ 浓度降低，以致终点提早到达而引起误差，因此，在滴定时应剧烈摇动。

2.(1) C (2) B (3) B (4) B (5) C (6) B (7) D

3.写出下列微溶化合物在纯水中的溶度积表达式：AgCl、$Ag_2S$、$CaF_2$、$Ag_2CrO_4$。

AgCl：$K_{sp}=c(Ag^+)c(Cl^-)$

$Ag_2S$：$K_{sp}=c(Ag^+)^2c(S^{2-})$

$CaF_2$：$K_{sp}=c(Ca^{2+})c(F^-)^2$

$Ag_2CrO_4$：$K_{sp}=c(Ag^+)^2c(CrO_4^{2-})$

4.(1) $CaC_2O_4(s) \rightleftharpoons Ca^{2+}(aq) + C_2O_4^{2-}(aq)$

$$K_{sp}=c(Ca^{2+})c(C_2O_4^{2-})=5.07\times10^{-5}\times5.07\times10^{-5}=2.57\times10^{-9}$$

(2) $PbF_2(s) \rightleftharpoons Pb^{2+}(aq)+2F^-(aq)$

$$K_{sp}=c(Ca^{2+})c(F^-)^2=2.1\times10^{-3}\times(4.2\times10^{-3})^2=3.704\times10^{-8}$$

(3) $Ag_2CO_3$ 分子量为 $M_{Ag_2CO_3}=275.75$，则 $Ag_2CO_3$ 的溶解度为

$$c_{Ag_2CO_3}=\frac{m_{Ag_2CO_3}}{M_{Ag_2CO_3}}=\frac{0.035g/L}{275.75g/mol}=1.270\times10^{-4}mol/L$$

$$Ag_2CO_3(s) \rightleftharpoons 2Ag^+(aq)+CO_3^{2-}(aq)$$

$$K_{sp}=c(Ag^+)^2c(CO_3^{2-})=(2.540\times10^{-4})^2\times1.270\times10^{-4}=8.194\times10^{-12}$$

## 第五章

1.(1) D (2) C (3) C (4) B (5) A (6) B (7) B (8) C (9) A (10) D

2.略

3.(1) 0.07328mol/L 0.01666mol/L (2) 1.34V (3) 17.39%

(4) $w(Cu) \ll \frac{0.1034\times27.16\times63.54}{0.5085\times1000}\times100\%=35.09\%$

## 第六章

1.(1) D (2) A (3) A (4) D (5) B (6) C

2.(1) 总硬度$=\frac{cV_{EDTA}M_{CaCO_3}}{V_水\times10^{-3}}=\frac{0.01060\times31.30\times100.1}{100.0\times10^{-3}}=332.1(mg/L)$

钙含量$=\frac{cV_{EDTA}M_{CaCO_3}}{V_水\times10^{-3}}=\frac{0.01060\times19.20\times100.1}{100.0\times10^{-3}}=203.7(mg/L)$

镁含量$=\frac{cV_{EDTA}M_{MgCO_3}}{V_{水}\times 10^{-3}}=\frac{0.01060\times(31.30-19.20)\times 84.32}{100.0\times 10^{-3}}=108.1(mg/L)$

(2) 返滴定法测定

Al，$n_{Al}=n_{EDTA}-n_{Zn}$

$$w_{Al}=\frac{m_{Al}}{m}\times 100\%=\frac{(c_{EDTA}V_{EDTA}-c_{Zn}V_{Zn})M_{Al}}{m}\times 100\%$$

$$=\frac{(0.05000mol/L\times 25.00\times 10^{-3}L-0.02000mol/L\times 21.50\times 10^{-3}L)\times 26.98g/mol}{1.250g}\times 100\%$$

$=1.77\%$

## 第七章

1.(1) 光源　原子化系统　分光系统　检测系统

(2) 中的待测元素转变成气态的基态原子　　火焰原子化器和非火焰原子化器

(3) 空心阴极灯

(4) 干燥、灰化、原子化、净化

2.(1) A　(2) A　(3) C　(4) A　(5) C　(6) C　(7) A

3. 5.0mg/L

## 第八章

1.(1) A　(2) B　(3) B　(4) B

2.(1) 指示电极　参比电极　　(2) 温度　酸度　干扰离子　响应时间、电动势的测量等

(3) 非晶体膜电极　晶体膜电极　敏化电极

3. pH 玻璃电极的响应机理是用离子选择性电极测定有关离子，一般都是基于内部溶液与外部溶液之间产生的电位差，即所谓膜电位。膜电位的产生是由于溶液中的离子与电极膜上的离子发生了交换作用的结果。膜电位的大小与响应离子活度之间的关系服从 Nernst 方程式。

$$E_{膜}=K+0.059\lg a_{H^+(试)}=K-0.059pH_{试}$$

$K$ 为常数，由玻璃膜电极本身的性质决定。上式说明，在一定温度下，玻璃膜电极的膜电位与试液的 pH 呈线性关系。

$$pH_x=pH_s+\frac{E_x-E_s}{0.059}\quad 或 \quad pH_x=pH_s+\frac{E_s-E_x}{0.059}$$

为按实际操作方式对水溶液 pH 的实用定义，亦称 pH 标度。实验测出 $E_s$ 和 $E_x$ 后，即可计算出试液的 $pH_x$。而在实际工作中，用 pH 计测量 pH 值时，先用 pH 标准缓冲溶液对仪器进行定位，然后测量试液，从仪表上直接读出试液的 pH 值。

4. 5.6

## 第九章

1.(1) B　(2) A　(3) D　(4) D

2.(1) 光源　单色器　吸收池　检测器　显示系统

(2) $A=Kcb$

(3) 石英池玻璃池

3. 对于指定组分，先配制一系列浓度不同的标准溶液，在与样品相同条件下，分别测量其吸光度，以吸光度 $A$ 为纵坐标、浓度 $c$ 或 $\rho$ 为横坐标，绘制得到吸光度与浓度关系曲线，

称为工作曲线（标准曲线）。根据工作曲线，在相同的条件下，测定试样的吸光度，从工作曲线上查出试样溶液的浓度，再计算试样中待测组分的含量。

4. 包括样品溶剂的选择、测定波长的选择、参比溶液的选择、吸光度范围的选择、仪器狭缝宽度的选择以及干扰的消除。

5. $T=77\%$，$A=0.111$

**第十章**

1.（1）A　（2）B　（3）C　（4）D　（5）D

2.（1）吸附色谱法　分配色谱法　空间排斥（阻）色谱法　离子交换色谱

（2）载气及流速的选择　色谱柱及柱温的选择　汽化室温度的选择　进样量和进样时间的选择

（3）塔板理论　速率理论

3. 定量校正因子包括绝对校正因子和相对校正因子。$m_i=f_iA_i$ 式中 $f_i$ 为组分 $i$ 的绝对校正因子。它的大小主要由操作条件和仪器的灵敏度所决定，既不容易准确测量，也无统一标准；当操作条件波动时，$f_i$ 也发生变化。故 $f_i$ 无法直接应用，定量分析时，一般采用相对校正因子。相对校正因子（$f_i'$）是指组分 $i$ 与另一标准物 s 的绝对校正因子之比，即

$$f_i'=\frac{f_i}{f_s}=\frac{m_i/A_i}{m_s/A_s}=\frac{m_iA_s}{m_sA_i}$$

4. 归一化法是以样品中被测组分经校正过的峰面积（或峰高）占样品中各组分经过校正的峰面积（或峰高）的总和的比例来表示样品中各组分含量的定量方法，所以用校正因子。

5. 苯 18.69%，甲苯 14.79%，邻二甲苯 40.74%，对二甲苯 16.11%，间二甲苯 9.67%。

**第十一章**

1.（1）含量>1%的组分；（2）微量组分

答：常量组分的分析，要求 $R_r \geqslant 99.9\%$；组分含量为 1%时，回收率要求 99%；微量组分的分析，要求 $R_r \geqslant 95\%$。

2. 在化学检验及分析工作中经常碰到多种组分同时存在的样品，这些组分在进行分析测定时往往会彼此干扰，这样不仅影响分析结果的准确度，甚至导致有些组分无法进行测定。定量分离可以把被测元素与干扰组分分离，消除组分间的相互干扰，保证测定能够正常进行。

3. 例如测定水中的痕量铅时，由于 $Pb^{2+}$ 浓度太低，无法直接测定，加入沉淀剂 $Pb^{2+}$ 也沉淀不出来。如果加入适量的 $Ca^{2+}$ 之后，再加入沉淀剂 $Na_2CO_3$，生成 $CaCO_3$ 沉淀，则痕量的 $Pb^{2+}$ 也同时共沉淀下来，这里所产生的 $CaCO_3$ 称为共沉淀剂。

共沉淀剂应具有较高的选择性，得到的沉淀较纯净；沉淀应为易挥发或易分解的物质，通过灼烧即可除去。

4. 用有机共沉淀剂进行分离和富集的作用原理分三种：①利用胶体的凝聚作用；②利用形成离子缔合物；③利用惰性共沉淀剂。

5. 答：沉淀完全时 $[Fe^{2+}]=0.020\times0.01\%=2\times10^{-6}$（mol/L）

pH=9.30

若考虑溶液中剩余 $Fe^{2+}$ 外，尚有少量 $FeOH^+$，则 $[Fe(\text{Ⅱ})]=2\times10^{-5}$（mol/L）

$[Fe(II)][OH^-]^2=K_{sp}(1+[OH^-]\beta)$，即 $2\times10^{-6}[OH^-]^2=8\times10^{-16}$

$[OH^-]=2.21\times10^{-5}$ mol/L，pH＝9.34

6. 交换在 $H^+$ 型离子交换树脂的 $M^+$ 总量为：$n_{M^+} \ll 0.1023\times34.56 \ll 3.535$(mol)

$m_{KBr} \ll 0.2567-m_{NaCl}$

$n_{M^+} \ll \frac{m_{NaCl}}{M_{NaCl}}+\frac{m_{KBr}}{M_{KBr}}$，即 $3.535\times10^{-3} \ll \frac{m_{NaCl}}{58.443}+\frac{0.2567-m_{NaCl}}{119.0}$，$m_{NaCl} \ll 0.1583$g

$w_{NaCl} \ll \frac{0.1583}{0.2567}\times100\% \ll 61.67\%$，$w_{KBr} \ll 38.33\%$

7. $E \ll \frac{D}{D+\frac{V_w}{V_o}}$，即 $0.9 \ll \frac{D}{D+\frac{100}{10}}$，$D=90$

# 参 考 文 献


[1] 高职高专化学教材编写组.分析化学.第3版.北京：高等教育出版社，2008.

[2] 高职高专化学教材编写组.分析化学实验.第3版.北京：高等教育出版社，2008.

[3] 孙凤霞.仪器分析.北京：化学工业出版社，2004.

[4] 索陇宁.化学实验技术.北京：高等教育出版社，2006.

[5] 武汉大学等.分析化学.第4版.北京：高等教育出版社，2000.

[6] 周性尧，任建国编著，化学分析中的离子平衡.北京：北京科学出版社，1998.

[7] 高琳.基础化学.北京：高等教育出版社，2012.

[8] 叶芬霞，无机及分析化学.北京：高等教育出版社，2004.

[9] 汪尔康主编.21世纪的分析化学.北京：科学出版社，1999.

[10] 高鸿主编.分析化学前沿.北京：科学出版社，1991.

[11] 方惠群，史坚，倪君蒂.仪器分析原理.南京：南京大学出版社，1994.

[12] 赵藻藩等.仪器分析.北京：高等教育出版社，1993.

[13] 金钦汉译.仪器分析原理.第2版.上海：上海科技出版社，1998.

[14] 高鸿主编.分析化学前沿.北京：科学出版社，1991.

[15] 邓勃，宁永成，刘密新.仪器分析.北京：清华大学出版社，1991.

[16] 谢庆娟主编.分析化学.北京：人民卫生出版社，2003.

[17] 李桂馨主编.分析化学.第3版.北京：人民卫生出版社，1997.

[18] 孙毓庆主编.分析化学：上册.第4版.北京：人民卫生出版社，1999.

[19] 李发美主编.分析化学.第5版.北京：人民卫生出版社，2003.

[20] 张其河主编.分析化学.北京：中国医药科技出版社，1996.

[21] 武汉大学主编.分析化学实验.北京：高等教育出版社，1996.

[22] 张济新等.仪器分析实验.北京：高等教育出版社，1996.

[23] 林树昌，曾泳淮.分析化学.北京：高等教育出版社，1996.

[24] 张新锋.分析化学.北京：化学工业出版社，2014.